MANUEL D'HISTOIRE NATURELLE

AIDE-MÉMOIRE

DE

ZOOLOGIE

8159-94. — CORBEIL. Imprimerie CRÉTÉ.

MANUEL D'HISTOIRE NATURELLE

AIDE-MÉMOIRE

DE

ZOOLOGIE

PAR

Le Professeur Henri GIRARD

AVEC 90 FIGURES INTERCALÉES DANS LE TEXTE

PARIS

LIBRAIRIE J.-B. BAILLIÈRE ET FILS

19, rue Hautefeuille, près du boulevard Saint-Germain.

1895

PRÉFACE

La série d'*Aide-mémoire* dont l'ensemble formera le *Manuel d'histoire naturelle* a pour objet de permettre aux candidats ayant à subir un examen dont le programme comporte l'étude des sciences naturelles, de repasser, en un temps très court, les diverses questions que peuvent poser les professeurs d'une Faculté ou le Jury d'un concours pour l'admission à une école.

L'auteur de ces *Aide-mémoire* s'est efforcé d'embrasser, aussi brièvement que possible et sans rien omettre, les sujets des divers programmes, aussi bien celui de la licence-ès-sciences naturelles, du baccalauréat-ès-sciences, de la première année d'études médicales publié récemment, que celui des concours pour l'admission aux écoles d'agriculture.

Il s'est proposé de mettre en évidence les points les plus importants, avec assez de netteté et de concision pour que le candidat puisse, d'un seul coup d'œil, revoir l'ensemble des matières exigées à son examen. Le but du manuel est plutôt de *rappeler* que d'*apprendre*, et souvent il suffit d'un mot, de l'énoncé d'un principe, ou du nom d'un professeur pour éveiller dans la mémoire le souvenir d'un fait, d'une théorie, d'une découverte ou d'une idée personnelle.

Ainsi conçu, le plan du *Manuel d'histoire naturelle* permet de traiter tous les sujets d'une manière à la fois succincte et précise et néanmoins suffisante pour répondre à toutes les questions de sciences naturelles.

Au début des études, il permettra d'acquérir rapidement les notions nécessaires pour profiter des cours spéciaux ou lire avec fruit les traités complets ; aux fins d'année, il facilitera toutes les revisions indispensables.

H. G.

Septembre 1894.

AIDE-MÉMOIRE

DE

ZOOLOGIE

CHAPITRE PREMIER

ZOOLOGIE GÉNÉRALE.

Définition de la zoologie. — La zoologie est la partie de la biologie qui étudie les animaux.

Tous les êtres vivants, animaux ou végétaux, renferment dans leur composition une substance fondamentale, de consistance molle, le *protoplasma*.

Propriétés du protoplasma. — Le protoplasma est une matière albuminoïde c'est-à-dire formée par la combinaison de quatre éléments, l'oxygène, l'hydrogène, l'azote et le carbone. Sa composition chimique est très instable, à cause des phénomènes dont il est sans cesse le siège.

Le protoplasma peut, suivant les circonstances, augmenter ou diminuer de volume; l'eau joue dans ces variations un rôle très important; il assimile, c'est-à-dire qu'il absorbe des matières étrangères et leur fait subir un certain nombre de réactions chimiques, à la suite desquelles elles entrent dans sa composition intime; de même, il désassimile, c'est-à-dire que certaines matières absorbées sont expulsées ensuite, à un état chimique plus simple. L'ensemble de l'assimilation et de la désassimilation est la *nutrition*. On peut donc dire que le protoplasma se *nourrit*.

La nutrition est complétée par la *respiration*, phénomène qui consiste en une absorption d'oxygène, suivie d'une exhalation d'eau et d'anhydride carbonique.

La matière protoplasmique se *reproduit;* en outre, elle est *irritable* et *contractile;* enfin elle jouit d'une dernière propriété, l'*évolutilité*, c'est-à-dire qu'elle se nourrit, s'accroît, puis finit par se décomposer, par mourir.

Cellule. — On donne le nom de *plastide* à une masse protoplasmique vivante, homogène. Lorsque, dans cette masse, on peut distinguer une partie condensée, un *noyau*, on lui donne le nom de *cytode* qui peut être pourvu ou non d'une membrane d'enveloppe (*lépocytode*, *gymnocytode*). On donne enfin le nom de *cellule* à toute masse organisée possédant un protoplasma et un noyau.

Le protoplasma cellulaire, auquel on donne aussi le nom de *cytoplasma*, se compose d'un réseau clair, transparent, incolore qu'on nomme *hyaloplasma*, dont les fibrilles contiennent des granules dits *microsomes*, et d'un suc fluide nommé *chylèma* ou *paraplasma*. Quand une cellule est jeune, le protoplasma l'occupe entièrement, puis, à mesure qu'elle s'accroît, on voit le paraplasma se séparer de l'hyaloplasma et remplir des vacuoles de plus en plus grandes. Bientôt le noyau est rejeté latéralement avec tout le protoplasma, qui forme une couche continue désignée parfois encore sous le nom d'*utricule primordial* ou d'*enveloppe azotée.*

Le paraplasma joue un rôle important dans la nutrition et la croissance de la cellule.

Le noyau est limité par une *membrane nucléaire* résultant de la condensation du protoplasma; elle enveloppe un liquide, le *suc nucléaire*, dans lequel est plongé un filament pelotonné dont la substance est la *nucléine*. Celle-ci se montre composée de deux substances, l'une amorphe, la *linine*, l'autre granuleuse, la *chromatine*. Cette dernière, riche en phosphore, absorbe facilement les liquides colorants et ne se dissout pas dans l'acide acétique, l'autre leur résiste énergiquement. Dans les plis du filament nucléaire se rencontrent fréquemment de petits noyaux secondaires, *nucléoles*, dont la substance, *pyrénine*, fixe les matières colorantes et se dissout dans l'acide acétique.

Enfin, dans les cellules, on remarque en dehors du noyau deux masses protoplasmiques, appartenant au cytoplasma, accolées contre la membrane nucléaire et dont le rôle est très important au point de vue des phénomènes de segmentation du noyau; ce sont les *sphères directrices* (Guignard).

Reproduction des cellules. — Lorsque les cellules ont acquis un certain accroissement, elles se reproduisent; et le phénomène a lieu par *bourgeonnement* ou *gemmation*, par *conjugaison*, ou par *division*.

1° *Bourgeonnement.* — Il se produit une division dont les produits sont inégaux, de telle sorte qu'on peut considérer la portion la plus petite comme résultant de l'accroissement de la plus grande; le bourgeon se sépare bientôt de la cellule mère et acquiert aussi la propriété de bourgeonner.

2° *Conjugaison.* — Il y a fusion de deux corps protoplasmiques en un seul, et en ce cas de deux choses l'une, ou les corps qui se conjuguent sont identiques, ou ils ne le sont pas. Dans le premier cas, la conjugaison est *égale;* dans le second, elle est *sexuelle*, il y a *fécondation.*

3° *Division.* — Quand les cellules se reproduisent par division, le noyau se segmente toujours le premier, et cette division peut s'effectuer de deux manières. Il y a *division directe*, ou *division indirecte* (dite *karyokinèse*).

a. Division directe. — Un noyau s'étrangle au milieu, puis il se divise en deux : la masse protoplasmique se divise ensuite de la même manière et forme deux nouvelles masses qui constituent deux cellules nouvelles.

b. Karyokinèse ou *division indirecte.* — Le processus est le suivant : Les premiers phénomènes se manifestent dans le cytoplasme, les sphères directrices viennent occuper les pôles de la cellule, des fils connectifs plus ou moins visibles les unissent. En même temps, le filament se contracte, les nucléoles disparaissent. Puis le filament se rompt et chaque segment prend la forme d'un crochet ou d'un bâtonnet. La membrane nucléaire disparaît et le protoplasma de la cellule envahit la cavité nucléaire. Bientôt, il se forme un *amphiaster*, sorte de fuseau formé par des filaments cytoplasmiques et dont les deux extrémités sont constituées par les sphères directrices, d'où émanent comme des radiations les fils cytoplasmiques. Les bâtonnets issus du filament restent vers l'équateur du fuseau, puis se dédoublent; chacun d'eux se dirige alors vers un pôle, et là ils s'assemblent, se groupent et donnent naissance à un noyau secondaire. Une cloison séparatrice se montre vers l'équateur du fuseau ; elle est formée par des granulations de matière albuminoïde. En ce point apparaîtra plus tard la cloison séparatrice des deux cellules nouvelles.

Organisation des animaux. — L'ensemble des parties et des phénomènes que présente un être vivant constitue son *organisation*. L'étude de l'organisation des animaux et des plantes (*biologie*) comprend celle de la structure (*anatomie*), de l'accomplissement des phénomènes vitaux (*physiologie*) et du développement (*embryogénie*). A ces trois études, la zoologie doit joindre la *morphologie*, qui s'occupe des formes et des rapports de forme entre les animaux ; l'*éthnologie*, qui étudie les mœurs, et la *classification*, qui les groupe en un ordre méthodique facilitant l'étude et la détermination.

Les plus petites parties dont se compose un être organisé sont les *éléments anatomiques*. Ceux-ci sont dits *cellules*, lorsque toutes leurs dimensions sont égales, et *fibres*, quand une des dimensions l'emporte sur les autres. Les éléments anatomiques semblables se groupent en *tissus ;* la réunion des parties formées par un même tissu, est un *système*.

Les tissus eux-mêmes forment en se réunissant un *organe*, destiné à un ou plusieurs usages et devant accomplir un ou plusieurs actes. Un ensemble d'organes différents, mais liés entre eux, solidaires, constitue un *appareil*. Chaque appareil accomplit une série d'actes coordonnés en vue d'un résultat, il remplit, en d'autres termes, une *fonction*.

On admet trois grands groupes de fonctions et à chacune de celles-ci correspond un appareil. On peut donc réunir les fonctions et les appareils dans un même tableau de classification. Ajoutons que les fonctions de nutrition et de reproduction, communes à tous les êtres, sont dites fonctions *végétatives*, parce que seules elles existent chez les végétaux. Les fonctions de relation, bien développées chez les animaux, sont dites, pour cette raison, fonctions *animales*.

Enfin, on peut réunir sous le nom de fonctions *organiques*, les fonctions végétatives et animales.

		Fonctions.	Appareils.
Fonctions de la vie animale ou de relation		Locomotion	Locomoteur.
		Innervation	Nerveux.
		Phonation	Phonateur.
		Tact	Organes des sens.
		Gustation	
		Olfaction	
		Audition	
		Vision	
Fonctions de la vie végétative.	Fonction de reproduction.	Reproduction.	Reproducteur.
	Fonction de nutrition.	Excrétion	Excréteur.
		Respiration	Respiratoire.
		Circulation	Circulatoire.
		Digestion	Digestif.

L'*ostéologie*, la *myologie* et l'*arthrologie* comprennent l'étude de l'appareil locomoteur.

Les organes qui composent les appareils correspondant à la fonction de nutrition, sont appelés des *viscères* et l'étude anatomique des viscères est souvent appelée *splanchnologie;* en particulier on nomme *angiologie* la partie de l'anatomie qui étudie les organes de la circulation. La *névrologie* est l'étude particulière du système nerveux.

Espèce. — On désignait autrefois sous ce nom, d'après Cuvier, la réunion des individus issus l'un de l'autre ou de parents communs, et de ceux qui leur ressemblent autant qu'ils se ressemblent entre eux. Cette définition suppose la fixité de l'espèce. Aujourd'hui, il est démontré qu'elle est temporaire et essentiellement variable, aussi la notion en a-t-elle disparu. On a seulement, dans la classification, conservé le terme.

Variétés, Races. — Une *variété* est un ensemble

d'individus issus d'une même espèce mais s'en distinguant par quelques caractères peu importants.

On entend par le mot *race* un ensemble d'individus ayant reçu et transmettant les caractères d'une variété. Un *métis* résulte du croisement d'animaux de races différentes. Les *métis* ressemblent, en général, aux parents, mais peuvent se reproduire entre eux ou avec le type dont ils dérivent. Souvent des caractères que ne possédaient pas les parents, mais qu'on trouvait chez les ancêtres, apparaissent dans les descendants. C'est ce fait qu'on désigne sous le nom d'*atavisme.*

Lorsque le croisement a lieu entre animaux d'espèces différentes, le produit est un *hybride.* L'hybridation peut être réciproque ou non. Ainsi le produit de l'âne et de la jument est le mulet, et le produit du cheval et de l'ânesse, le bardot; mais le croisement qui s'effectue entre bouc et brebis, ne s'effectue pas entre bélier et chèvre. Les hybrides sont généralement stériles. On peut cependant citer le croisement du zèbu mâle et de l'yack femelle comme donnant un produit fécond. Il peut arriver que la fécondité de l'hybride soit limitée, c'est-à-dire qu'elle disparaisse au bout d'un petit nombre de générations; lorsqu'elle persiste, on voit les produits se rapprocher de plus en plus d'une des souches ou se partager entre l'une et l'autre. C'est ce qu'on nomme le *retour au type.*

Théorie du transformisme. — Le principe du transformisme, énoncé pour la première fois par Lamarck, est le suivant : *Avec le temps, une espèce subit des variations suffisantes pour constituer une espèce distincte de la souche primitive.*

D'après ce principe, les variétés ne sont que des espèces en formation et produites sous l'influence d'actions très diverses; ensuite, s'adaptant à des conditions nouvelles, elles deviennent le point de départ de formes plus éloignées de la forme primordiale et, par génération, transmettent leurs variations à de nouvelles espèces.

La théorie admet, avec Lamarck, que *les organismes les plus compliqués dérivent d'organismes plus simples, issus eux-mêmes, par transformations lentes et successives, d'organismes rudimentaires*.

Les espèces sont donc liées entre elles par une véritable parenté : la classification devient un arbre généalogique n'exprimant que des rapports de descendance.

Nous allons énoncer la série des faits qui viennent à l'appui du transformisme, sans nous attarder à établir si les espèces dérivent d'une forme commune (hypothèse monophylétique), ou de plusieurs formes primordiales (hypothèse polyphylétique).

1° *Influence du milieu* (Geoffroy Saint-Hilaire).

2° *Influence des habitudes, des besoins*, etc. (Lamarck).

3° *Lutte pour l'existence* (Darwin), qui amène la formation d'espèces nouvelles par *sélection naturelle*.

Mimétisme (Wallace). — C'est la possibilité qu'ont beaucoup d'animaux de prendre la couleur du milieu dans lequel ils vivent.

Toute variation de couleur qui mettra un animal en évidence, l'empêchera soit d'échapper à ses ennemis, soit de poursuivre sa proie. La sélection naturelle contribuera donc à la disparition de cette couleur, tandis que celle qui constituera une sauvegarde pour l'animal, tendra à devenir la couleur de l'espèce.

Ségrégation (M. Wagner). — C'est-à-dire l'isolement des espèces, qui empêche des croisements soit avec la souche, soit avec des variétés nouvelles et joue un rôle important dans la modification de celles-ci.

Variations corrélatives (Lamarck). — Les diverses parties de l'organisme sont si intimement liées entre elles que si de légères variations affectent un organe, les autres, par sélection naturelle, se modifient de plus en plus.

Extinction de formes (Darwin). — Les types intermédiaires entre les formes les mieux douées, moins bien armés pour la lutte, disparaissent.

Divergence des caractères (Darwin). — D'après le principe des variations corrélatives et de l'extinction des formes, les variétés doivent différer de plus en plus les unes des autres, et de leur ancêtre; il y aura de moins en moins de croisements possibles et les variétés deviendront des espèces.

Connexion des organes (Gœthe). — La position des organes est constante, même lorsque leur forme et leurs usages changent.

Homologie et analogie des organes (Geoffroy Saint-Hilaire). — On entend par *homologues* des organes composés de parties semblables et par *analogues* ceux qui ont le même usage sans être pour cela formés de parties semblables.

L'homologie des organes est la conséquence de l'origine commune; les modifications qu'ils présentent sont dues à l'adaptation. Les faits d'analogie montrent comment des parties dissemblables, primitivement, peuvent, par l'adaptation, devenir similaires. Ainsi la vie aquatique des Cétacés (Mammifères), leur donne l'apparence de Poissons.

Organes rudimentaires (Lamarck, Geoffroy Saint-Hilaire). — D'après les principes qui précèdent, les organes rudimentaires ont existé chez les ancêtres et se sont maintenus par hérédité chez les descendants, en s'amoindrissant par suite du manque d'usage ou par le développement d'un autre organe.

Division du travail physiologique (Milne-Edwards). — Si l'on s'élève dans la série des êtres, on voit les fonctions s'exercer par un nombre d'organes de plus en plus grand. Le perfectionnement des organes en résulte par sélection naturelle ; seulement, la destruction de certains organes peut arrêter complètement le fonctionnement des autres.

Parallélisme entre l'ontogénie et la phylogénie (Haeckel). — Tous les êtres ont pour point de départ une cellule, et toute la série des formes présentées par un animal pendant son développement (ontogénie), est l'abrégé de celles que ses ancêtres ont successivement possédées (phylogénie).

Succession géologique des êtres organisés (Lyell, Darwin). — Beaucoup de formes sont communes à diverses époques successives, certaines datant de temps très reculés existent encore. Les espèces les plus anciennes diffèrent des modernes, et entre elles existent une multitude de variétés transitoires.

Distribution géographique (Haeckel, Darwin). — Malgré la diversité des conditions extérieures, les êtres différents d'un même groupe présentent des caractères indiquant une origine commune sous une même latitude. Dans des contrées isolées les unes des autres, les espèces animales ou végétales, malgré des conditions climatériques analogues, présentent des divergences considérables.

Classification des animaux. — On rapprochera ou on éloignera dans la classification les animaux qui sur un ensemble de caractères se rapprochent ou s'éloignent d'un même type idéal. Mais les ressemblances et les divergences étant souvent très difficiles à apprécier, la place de certains êtres est difficile à déterminer. Le nombre des classifications est donc variable au gré des auteurs.

Une classification naturelle attribue les caractères les plus importants aux groupes les plus considérables, elle doit, cependant, tenir compte des autres.

L'unité de classification est l'*espèce*, on la désigne par deux noms, l'un générique, l'autre spécifique. Un certain nombre d'espèces forme un *genre*, ceux-ci se groupent en *familles;* celles-ci en *ordres*, et les ordres en *classes*. Enfin la réunion des classes compose un *embranchement*. Ces expressions étant insuffisantes, on a créé les sous-embranchements, sous-classes, sous-ordres, sous-familles ou tribus, sous-genres et sous-espèces ou variétés.

Embranchements du règne animal. — Nous diviserons les animaux en neuf embranchements caractérisés comme il suit :

1° *Protozoaires.* — Constitués par une masse protoplasmique cellulaire, dans laquelle il n'y a, par conséquent, ni tissus ni organes.

2° *Spongiaires.* — Formés par des agrégats de cellules de forme variable. Aucun organe différencié. Un appareil de support ou squelette rudimentaire, formé de spicules, siliceux ou calcaires, des pores spéciaux pour l'entrée et la sortie de l'eau. .

3° *Cœlentérés.* — Organes peu différenciés, systèmes digestif et circulatoire confondus (*système gastro-vasculaire*), système nerveux diffus. Un squelette. Des capsules urticantes (*nématocystes*) dissimulées dans la paroi du corps servent à la défense. Réunis souvent en colonies.

4° *Échinodermes.* — La forme extérieure du corps est rayonnée, un examen attentif montre la symétrie bilatérale. Appareil digestif distinct de l'appareil circulatoire ; système locomoteur (*ambulacraire*), formé par des organes particuliers (*pieds ambula-*

craires) très nombreux. Système nerveux diffus. Un squelette externe très résistant.

5° *Vers*. — Animaux à symétrie bilatérale et pourvus d'un système de canaux excréteurs dont une paire existe dans chaque anneau du corps segmenté. Un système nerveux ganglionnaire, ventral, avec masses sus-œsophagiennes.

6° *Mollusques*. — Symétrie bilatérale au moins pendant une partie de la vie. Pas de squelette interne, en général, corps non segmenté. Un organe ventral, le *pied*, et une coquille bivalve, ou univalve et souvent spiralée. Le système nerveux comprend un système de *ganglions* et de *connectifs* réunissant les ganglions entre eux.

7° *Articulés* ou *Arthropodes*. — Symétrie bilatérale; corps segmenté. Un squelette externe. Membres articulés. Système nerveux : une chaîne de ganglions ventraux, réunis entre eux par des connectifs et des ganglions céphaliques, réunis à la chaîne ventrale par un collier entourant la partie antérieure du tube digestif (*collier œsophagien*) comme chez les Vers.

8° *Provertébrés*. — Animaux qui, temporairement au moins, présentent un squelette interne dit *corde dorsale* ou *notocorde*.

9° *Vertébrés*. — Animaux à symétrie bilatérale, possédant un appareil de support, ou squelette interne, la *colonne vertébrale*. Présentent des appendices dorsaux entourant le système nerveux (encéphale et moelle) et des appendices ventraux entourant une cavité qui renferme les viscères principaux. Les Vertébrés ont deux paires de membres et leur sang est rouge.

Nous résumons dans le tableau qui suit les principaux de ces caractères. Un tableau spécial donnera, dans les chapitres suivants, la division de chaque embranchement en classes, ordres et familles.

Pas de squelette interne en général.	Pas de tissus différenciés.	Unicellulés	*Protozoaires.*
		Squelette rudimentaire formé de spicules	*Spongiaires.*
	Symétrie rayonnée apparente.	Squelette interne. Des nématocystes	*Cœlentérés.*
		Squelette externe	*Échinodermes.*
	Symétrie bilatérale persistante.	Corps segmenté. Pas de squelette	*Vers.*
		Corps non segmenté. Une coquille	*Mollusques.*
		Corps segmenté. Squelette externe	*Articulés.*
Symétrie bilatérale persistante. Le squelette interne est:		Temporaire	*Provertébrés.*
		Persistant	*Vertébrés.*

CHAPITRE II

LES TISSUS.

On appelle *tissu* toute association d'éléments anatomiques.

L'étude des tissus a reçu le nom d'*histologie*. Les tissus qui contribuent à la constitution des organes de la vie végétative sont dits *tissus végétatifs*, par opposition aux *tissus animaux*, qui entrent dans la formation des organes de la vie de relation.

D'après cela, on divise comme il suit l'ensemble des tissus :

Tissus végétatifs.	Liquides	Sang.
		Lymphe.
		Hémolymphe.
	Épithéliaux	Épithélium de revêtement.
		Épithélium glandulaire.
		Épithélium sensoriel.
	Substance conjonctive	Conjonctif.
		Cartilagineux.
		Osseux.
Tissus animaux.	Musculaire	Lisse.
		Strié.
	Nerveux	Cellules nerveuses.
		Fibres nerveuses.

Tissus liquides. — Ce sont des *tissus circulants, qui portent aux organes les éléments nutritifs*. Ils comprennent une substance cellulaire et une substance intercellulaire liquide, qui toutes deux jouent un rôle important. Leur association forme un milieu intérieur, intermédiaire entre l'extérieur et le protoplasma. L'appareil qui correspond au tissu liquide est l'*appareil circulatoire*, et suivant que cet appareil est distinct ou non de l'appareil digestif, les animaux rentrent dans une des deux grandes catégories : *Cœlomates* ou *Acœlomates*.

Chez les premiers, les appareils digestif et circulatoire sont distincts, le tube digestif est séparé de la paroi du corps par une cavité, le *cœlome*, qui n'existe pas chez les autres.

Chez les Acœlomates, le milieu intérieur est un liquide contenu dans la cavité gastro-vasculaire, qui renferme aussi les produits de la digestion. On lui donne le nom d'*hémochyle*. Chez les Cœlomates, au contraire, les produits de la digestion ne pénètrent pas dans l'appareil circulatoire; au liquide s'ajoutent des cellules vivantes, *globules*, qui en font un tissu.

Le plus haut degré de complication est offert par les Vertébrés. Chez eux une partie du liquide prend une apparence spéciale, c'est le *sang ;* le reste est la *lymphe*.

Le sang diffère de la lymphe par la présence de globules chargés d'un pigment rouge (*hémoglobine des globules rouges*), fixant l'oxygène pour le céder aux autres tissus. Le sang est en somme adapté à la fonction respiratoire. Il se meut dans un système de tubes clos, *vaisseaux sanguins*, tandis que ceux dans lesquels circule la lymphe, *vaisseaux lymphatiques*, sont plus ou moins poreux. Un organe spécial, le *cœur sanguin*, donne au sang son impulsion ; plusieurs organes particuliers, les *cœurs lymphatiques*, font circuler la lymphe dans les vaisseaux.

Pour les Invertébrés, le liquide nutritif est incolore et contient des cellules non colorées, douées de mouvements rappelant ceux des Protozoaires (*mouvements amiboïdes*) ; il occupe de vastes lacunes entre les organes et n'est canalisé qu'au voisinage de l'appareil respiratoire. Un de ces canaux est contractile, c'est le cœur ; parfois cet organe se complique et rappelle celui des Vertébrés. Le tissu liquide, chez ces animaux, sert à la fois à l'assimilation, à la respiration et à la désassimilation ; son rôle est plus complexe que celui du sang des Vertébrés ; on lui donne le nom d'*hémolymphe*.

Sang. — Les éléments anatomiques du sang des Vertébrés sont de deux sortes : les uns rouges (*globules rouges*) ; les autres blancs (*globules blancs*) ; ils sont tenus en suspension dans un liquide (*plasma*) jaunâtre.

Le sang qui va de l'appareil respiratoire (*poumons* ou *branchies*) aux organes, est rouge vif (*sang artériel*) ; celui qui suit la voie inverse est rouge sombre (*sang veineux*).

Les globules rouges ou *hématies* sont composés d'une matière albuminoïde (*stroma*) imprégnée d'une matière azotée (*hémoglobine*) et d'une faible proportion de sels minéraux.

L'hémoglobine se combine avec l'oxygène, pour donner l'*oxyhémoglobine* ; celle-ci perd son oxygène, le cède aux éléments des tissus (*hémoglobine réduite*) et va se reformer dans l'appareil respiratoire.

Il faut distinguer chez les animaux deux sortes de globules rouges : les uns, circulaires, discoïdes, biconcaves et dépourvus de noyau, caractérisent les Mammifères, sauf les Camélidés (Chameau, Lama). Les autres, elliptiques et munis d'un noyau central, sont de véritables cellules. Leur dimension varie beaucoup ; chez l'Homme leur diamètre est de 7 millièmes de millimètre, et leur épaisseur de 2 millièmes. Les globules elliptiques caractérisent tous les autres Vertébrés, à l'exception des Cyclostomes (Lamproies). On peut donc, par ce caractère, distinguer ainsi les Vertébrés :

Globules rouges circulaires	Mammifères. Cyclostomes.
Globules rouges elliptiques	Oiseaux. Reptiles. Batraciens. Poissons. Camélidés.

Les globules blancs ou *leucocytes* sont de petites masses protoplasmiques de forme variable, dépourvues de membrane limitante et émettant des prolongements (*prolongements amiboïdes*), au moyen desquels ils peuvent se mouvoir. Ils possèdent un noyau, des nucléoles, montrent aussi des granulations graisseuses et de la matière glycogène. Ils absorbent les débris désorganisés. Leur nombre est plus petit chez les Mammifères que chez les autres Vertébrés.

Le plasma est une solution d'albumine et de fibrine renfermant des sels minéraux, dont le plus abondant est le chlorure de sodium ; il contient en outre des peptones, du glucose, des graisses, de l'urée, des gaz.

La fibrine est une matière qui passe spontanément à l'état solide (*coagulation*), elle est grise et élastique. Le sang, dont on a extrait la fibrine par le battage, est *défibriné ;* il conserve sa forme liquide ; si l'on en extrait les globules, ce qui reste, le plasma moins la fibrine, est le *sérum ;* il contient l'albumine du sang, que la chaleur fait coaguler.

Le sang, abandonné à lui-même, se prend rapidement en une masse rouge, gélatineuse, le *caillot*, qui se rétracte lentement et laisse passer un liquide jaune, qui n'est autre que le sérum. Le caillot est formé par la fibrine coagulée qui a retenu les globules. Le tableau suivant explique la composition du sang:

Sang liquide	Globules	Blancs.
		Rouges.
	Plasma	Fibrine.
		Sérum.

Les gaz dont on reconnait la présence dans le sang sont l'anhydride carbonique, l'oxygène et l'azote. Celui-ci est simplement dissous dans le plasma; l'anhydride carbonique y est en partie dissous, en partie combiné; quant à l'oxygène, il est fixé en totalité par l'hémoglobine.

Lymphe. — Tissu liquide formé de cellules incolores, tenues en suspension dans un plasma jaunâtre. Sa réaction est alcaline.

Elle ne constitue un tissu spécial que chez les Vertébrés. On la rencontre soit dans des lacunes interorganiques, soit dans des cavités closes, *cavités séreuses*, ou bien dans des *vaisseaux lymphatiques*. Ceux-ci présentent sur leur trajet de petits corps arrondis, *ganglions lymphatiques*, dans lesquels on admet que les cellules lymphatiques peuvent se former. Les cellules lymphatiques sont identiques aux globules du sang.

Le plasma lymphatique est plus aqueux que le plasma sanguin, il contient aussi moins d'albumine, de sels minéraux et de fibrine; la lymphe se coagule plus lentement que le sang, le caillot qu'elle forme est constitué par un réseau de fibrine englobant les cellules lymphatiques.

Chyle. — Lymphe mélangée aux produits absorbés de la digestion; amène au sang des graisses dont les granulations lui donnent l'aspect laiteux.

HÉMOLYMPHE. — Tissu liquide dans lequel baignent les organes des Invertébrés.

Dépourvu des globules rouges caractéristiques du sang proprement dit; contient des globules blancs suspendus dans un plasma coloré ou non. Chez les Invertébrés inférieurs, l'hémolymphe est contenue dans des lacunes interorganiques communiquant entre elles directement. Chez les Invertébrés supérieurs, les lacunes communiquent par un système de canaux dont la structure diffère de la structure des vaisseaux sanguins des Vertébrés. Le cœur n'a pas non plus d'analogie de structure avec le cœur des Vertébrés.

Tissus épithéliaux. — Les tissus épithéliaux, ou *épithéliums*, sont constitués par des cellules soudées les unes aux autres par une substance intercellulaire qui souvent fait défaut.

Toujours dépourvus de vaisseaux, pauvres en fibres nerveuses, leur nutrition s'effectue par les vaisseaux sous-jacents.

ÉPITHÉLIUMS DE REVÊTEMENT. — Permettent ou entravent les échanges entre les organes et le milieu ambiant; recouvrent les surfaces organiques.

La *peau* qui forme la surface du corps se compose d'un épithélium de revêtement, l'*épiderme*, uni à une couche de tissu conjonctif sous-jacent, le *derme*. Les cavités en communication avec l'extérieur, *cavités muqueuses*, sont tapissées d'un épithélium de revêtement joint à une couche sous-jacente de tissu conjonctif, qu'on nomme *chorion* ou *derme muqueux;* le tout forme une *membrane muqueuse*. Les *membranes séreuses* qui tapissent les cavités closes de l'organisme (*cavités séreuses*) sont constituées par un épithélium de revêtement joint à une couche sous-jacente de tissu conjonctif.

Les cellules épithéliales contiennent, le plus fréquemment, un protoplasma granuleux avec noyaux, et recouvert d'une membrane; minces sur les surfaces de contact avec les cellules voisines, épaisses sur la face profonde ou *basale* et sur la face superficielle ou *plateau*. La soudure des plateaux donne naissance à une formation continue, la *cuticule*.

Les cellules des épithéliums de revêtement sont : 1° lamelleuses et plates (*cellules endothéliales*); 2° aplaties et portant à leur surface des lignes d'empreinte des cellules voisines (*cellules pavimenteuses*); 3° cylindriques (*cellules cylindriques*). Toutes peuvent porter sur le plateau des filaments protoplasmiques mobiles, *cils vibratiles*, que l'on n'observe jamais chez les Articulés.

Un épithélium *simple* est formé d'une seule couche de cellules; s'il est composé de plusieurs couches, on le dit *stratifié*.

Un épithélium de revêtement peut être rangé dans une des variétés qui suivent :

Épithéliums de revêtement.	Simples	Cellules plates et lamelleuses	*Endothélium* ...	Poumon, séreuses.
		Cellules cylindriques	*E. cylindrique*..	Intestin.
	Stratifiés	Cellules aplaties avec lignes d'empreinte. Molles ou cornées	*E. pavimenteux*.	Muqueuses.
		Cellules à cils vibratiles	*E. vibratile*	Trachée.

Les épithéliums de revêtement tapissent les cavités suivantes :

1° *Cavités séreuses*. — Une cavité séreuse est un sac sans ouverture replié sur lui-même à la façon d'un doigt de gant. La paroi du corps est tapissée par un des feuillets de ce double sac (*feuillet pariétal*), tandis que l'autre (*feuillet viscéral*) recouvre les organes enfermés. Les feuillets sont continus et le pli double qui les unit est le *méso*.

La cavité séreuse est tapissée par un endothélium qu'un liquide (sérosité), qui diffère du sérum en ce qu'il n'est pas coagulable par la chaleur, lubrifie.

Parfois les séreuses communiquent avec les lymphatiques voisins; elles ne s'ouvrent pas à l'extérieur. On les divise en : 1° *séreuses proprement dites*, tapissant les grandes cavités du corps ; 2° *synoviales*, manchons allant d'un os à un autre et revêtant une articulation ; 3° *fausses séreuses*, se développant accidentellement en des points où se font des frottements entre parties dures et molles.

2° *Cavités muqueuses*. — Communiquent avec l'extérieur par les orifices naturels du corps. Les membranes sont doublées d'une tunique musculaire ; leur surface libre est lisse ou surmontée de saillies microscopiques, *papilles* ou *villosités*, contenant un réseau sanguin, central, dans les premières ; périphérique, dans les autres. Elles renferment aussi des nerfs, et des amas cellulaires groupés ou disséminés et dits *organes adénoïdes*. Un liquide épais, qu'on nomme *mucus*, lubrifie les épithéliums des muqueuses. On reconnaît deux groupes de muqueuses, 1° celles des voies digestives et aériennes ; 2° celles des voies génito-urinaires.

Épithéliums glandulaires. — Ils sont le résultat d'une invagination d'épithélium de revêtement dont ils gardent la structure sur une certaine longueur, surtout au voisinage des orifices (*conduits vecteurs*). Au fond de la cavité, le tissu donne en se modifiant des organes spéciaux, les *glandes*, *sécrétrices* ou *excrétrices*, éliminant des produits souvent liquides.

Les glandes sont richement vascularisées; dans

les unes, l'épithélium est séparé des vaisseaux par une membrane propre ; dans les autres, les vaisseaux arrivent au contact de l'épithélium.

Épithéliums sensoriels. — Épithélium des organes des sens. La cellule sensorielle affecte, suivant le rôle qu'elle doit jouer, des formes diverses. Typiquement elle est renflée autour de son noyau ; une extrémité a la forme d'un cil et l'autre est en rapport avec une fibre nerveuse. Les cellules sensorielles peuvent se réunir en membrane.

Tissus de substance conjonctive. — Les tissus de substance conjonctive sont caractérisés par une matière intercellulaire plus développée que les cellules, et prédominant au point de vue de la forme et au point de vue du fonctionnement : c'est la *substance fondamentale*.

A l'inverse de ce qui se présente dans les tissus liquides et dans les épithéliums, les cellules ne constituent pas la partie essentielle ; c'est la matière intercellulaire qui éprouve, suivant les rôles qu'elle doit jouer, les modifications profondes.

Les tissus de substance conjonctive servent au soutien des organes. Leur forme la plus parfaite est atteinte dans le squelette des Vertébrés.

On divise ainsi les tissus de la substance conjonctive :

Substance conjonctive........................ { Tissu conjonctif.
Tissu cartilagineux.
Tissu osseux.

Tissu conjonctif. — Tissu interstitiel de l'organisme, unit, enveloppe et soutient les organes.

Les épithéliums reposent sur lui. Il est blanc et opaque à l'état frais, jaunâtre et translucide à l'état sec ; comme il joue divers rôles dans l'organisme, il se présente aussi sous divers aspects.

On peut diviser le tissu conjonctif en trois variétés qui elles-mêmes se subdivisent comme il suit :

Tissu conjonctif.	Cellulaire		Corde dorsale.
	Diffus....	Gélatineux.....	Corps des Mollusques.
		Adipeux.......	Sous la peau.
	Modelé....	Lamelleux.....	Autour des nerfs.
		Fibreux........	Tendons, aponévroses.
		Élastique.......	Ligaments des vertèbres, parois des artères.

Le *tissu cellulaire* se montre composé de grosses cellules ; la substance fondamentale y est peu abondante.

Le *tissu diffus* forme des aréoles dont la cavité peut facilement s'infiltrer et produire l'*œdème*, il abonde sous la peau, s'interposant entre les vaisseaux et les tissus.

La variété gélatineuse doit sa consistance à la substance fondamentale gélatineuse et renferme des cellules étoilées. Forme le corps des Cœlentérés et des Mollusques.

La variété adipeuse offre des cellules chargées de graisse. Celle-ci forme dans chacune une gouttelette qui en occupe le centre. Le noyau et le protoplasma sont rejetés vers la périphérie.

Le *tissu modelé*, tissu de soutien, se présente en lamelles à fibres parallèles que l'on rencontre surtout autour des poils et des nerfs (tissu lamelleux). Dans la variété fibreuse, se montrent des fibres à direction commune ; les cellules se placent dans l'intervalle des faisceaux de fibres. Le tissu est alors blanchâtre, satiné, très dur, résistant fortement à l'extension. Il forme des organes allongés, *ligaments* ou *tendons*, ou des membranes étalées, *aponévroses*. Le tissu élastique, au contraire, se laisse distendre et revient à sa forme première ; des fibres élastiques le constituent à elles seules. Ces fibres sont reconnaissables en ce qu'elles résistent à l'action de la potasse froide et se colorent en jaune par le picrocarminate d'ammonium, tandis que les fibres connectives se colorent en rose et disparaissent sous l'action de la potasse.

Tissu cartilagineux. — Cellules séparées par une substance fondamentale rigide. Forme des *cartilages*, parties dures et flexibles, offrant une consistance intermédiaire entre l'os et le ligament. En se dissolvant dans l'eau bouillante, ils donnent une sorte de gélatine.

Chez les Vertébrés, il constitue la charpente solide pendant la période embryonnaire. Cette charpente persiste chez les uns à l'état adulte, s'*ossifie* chez les autres.

Les cellules cartilagineuses sont ovoïdes, arrondies, entourées d'une enveloppe (capsule) caractéristique qui, avec la cellule, forme le *chondroplaste*.

Une membrane fibreuse, le *périchondre*, enveloppe le cartilage et s'unit intimement à lui.

On connaît trois sortes de cartilages selon la nature de la substance fondamentale :

1° *Cartilage hyalin.* — Blanc bleuâtre; la substance fondamentale y est amorphe ou homogène; tantôt temporaire et subissant l'ossification; tantôt persistant.

2° *Fibro-cartilage.* — Substance fondamentale, striée de fibres connectives; les capsules seules sont formées de substance homogène.

3° *Cartilage élastique.* — Jaunâtre, substance fondamentale contenant des fibres élastiques anastomosées.

Tissu osseux. — Substance fondamentale incrustée de sels minéraux calcaires; creusée de cavités microscopiques dites *corpuscules osseux*, renfermant des cellules spéciales, *cellules osseuses;* la réunion du corpuscule et de la cellule constitue l'*ostéoplaste*. L'ensemble du tissu osseux forme les os, qui constituent le squelette des animaux supérieurs.

La substance fondamentale de l'os contient une matière organique soluble dans l'eau bouillante et constituant une nouvelle variété de la gélatine.

Les os sont longs, c'est-à-dire qu'une de leurs dimensions l'emporte sur les autres; larges (deux dimensions sensiblement égales l'emportent sur la troisième); ou courts (les trois dimensions sont sensiblement égales).

Sous le nom d'*articulation* on entend l'assemblage des os les uns avec les autres. Les saillies articulaires portent les noms de *tête*, *condyle*, *denteture;* les autres sont des *tubérosités*, *bosses*, *apophyses*, *épines*, *protubérances*.

Les creux articulaires sont des *cavités*, les autres des *trous*, *canaux*, *fentes*, *sinus*, *gouttières*, *fosses* et *fossettes*.

Le tissu osseux est *compact* lorsqu'il est en masses serrées; *spongieux*, lorsqu'il offre des aréoles communiquant entre elles. Une surface compacte recouvre toujours les os. Les os larges et les os courts sont, intérieurement, spongieux. Les os longs ne deviennent spongieux qu'aux extrémités (épiphyses); leur partie moyenne est creusée d'une cavité, le canal médullaire. De nombreux canaux, ramifiés et anastomosés (*canaux de Havers*), traversent les os; ils renferment des nerfs, des vaisseaux sanguins, et mettent la surface de l'os en rapport avec ses cavités internes.

Dans la structure d'un os on peut considérer plusieurs parties : le *périoste*, les *lamelles osseuses*, les *ostéoplastes* et la *moelle*.

Périoste. — Membrane fibreuse recouvrant l'os dans sa partie non articulaire, très vasculaire et reliée à l'os par des fibres connectives. Entre les deux s'étend une couche dite *ostéogène*, constituée par des *ostéoblastes*, corpuscules servant à la formation de l'os.

Lamelles osseuses. — Trame de l'os.

Ostéoplastes. — Sont formés d'un corpuscule et d'une cellule. Les corpuscules sont de petites cavités présentant des prolongements ramifiés s'anastomosant entre eux. La cellule est munie d'un noyau avec nucléole, et dépourvue de membrane d'enveloppe; elle présente des prolongements qui s'anastomosent avec les canalicules des corpuscules et mettent les cellules en rapport les unes avec les autres. Les os de beaucoup de Poissons manquent de corpuscules.

Moelle. — Elle s'observe à l'intérieur de l'os, est jaunâtre, rougeâtre ou gélatineuse, composée de tissu conjonctif soutenant des vaisseaux, des nerfs et des cellules adipeuses; on y trouve des hématoblastes, générateurs des globules rouges, et des ostéoblastes servant au développement et à l'accroissement de l'os.

L'origine d'un os est : 1° un tissu fibreux préexistant (os d'origine membraneuse); 2° un cartilage temporaire (os d'origine cartilagineuse).

Tissu musculaire. — Forme les muscles, parties constituant la chair de l'Homme, la viande des animaux, organes actifs du mouvement.

Le tissu musculaire se présente sous deux formes : tissu lisse et tissu strié, auxquels correspondent les muscles lisses et les muscles striés.

Les éléments du tissu musculaire sont tantôt des cellules, ou de courtes fibres, pourvues d'un seul noyau et dépourvues de membrane, tantôt de longues fibres munies d'un grand nombre de noyaux et d'une membrane d'enveloppe.

Le protoplasma des cellules et des fibres est transformé en une substance spéciale contractile à un haut degré. Elles ont la propriété de se raccourcir sans avoir subi l'allongement préalable. Cette *contraction* des éléments du tissu musculaire est suivie d'un retour à la longueur primitive, et a toujours lieu dans une direction déterminée.

Tissu lisse. — Éléments fusiformes, grêles. Ce sont les cellules musculaires et des fibres-cellules unies par une couche de substance unissante.

Les *Fibres-cellules* dépourvues de membrane d'enveloppe et munies d'un noyau, ont l'aspect d'un faisceau de fibrilles plongées dans du protoplasma. Chez les Vertébrés, on ne les observe que dans des organes soustraits à l'action de la volonté.

Tissu strié. — Très répandu chez les Vertébrés. Se présente sous forme de cellules et de fibres. Il forme tous les muscles soumis à l'action de la volonté et un petit nombre d'autres.

Cellules musculaires. — Striées transversalement, dépourvues de membrane d'enveloppe. Chez l'Homme, fusiformes, nettement striées et bifurquées à leurs extrémités.

Fibres musculaires. — Foncées, volumineuses, entourées d'une membrane, le *myolemme* ou *sarcolemme.* Dérivent de cellules musculaires par allongement, différenciation en fibrilles striées du protoplasma et multiplication du noyau.

Un muscle est formé de faisceaux primaires microscopiques, qui s'unissent en faisceaux secondaires visibles à l'œil nu ; un manchon conjonctif entoure le tout. De ce manchon partent des cloisons qui isolent les uns des autres les divers faisceaux. Enfin le tout est enveloppé d'une membrane fibreuse, *aponévrose d'enveloppe.* L'ensemble des fibres musculaires forme une masse rougeâtre ; les fibres tendineuses forment par leur réunion un cordon (*tendon*) ; ou une lame (*aponévrose d'insertion*) fixant le muscle.

Chez les Vertébrés supérieurs (Oiseaux et Mammifères), les muscles sont d'un rouge foncé ; ils sont rosés ou blancs chez les autres Vertébrés et chez les Articulés.

Ils sont superficiels ou profonds; larges, longs, ou courts. Les premiers forment les parois des grandes cavités, les seconds occupent les membres et le voisinage des articulations. Quelques-uns ont deux corps réunis par un tendon intermédiaire, ils sont *digastriques*. Le plus souvent les fibres sont parallèles, affectent une disposition penniforme ou annulaire; minces (*orbiculaire*) ou épaisse (*sphincter*). Des muscles qui agissent en sens contraire sont *antagonistes;* et *congénères*, quand ils produisent le même mouvement.

Ils s'insèrent sur les os à l'aide des tendons, et par de petites surfaces : leur action est plus précise. Suivant que les insertions servent de point d'appui aux muscles, ou sont mises par eux en mouvement, on les dit *fixes* ou *mobiles*. L'origine du muscle est l'attache fixe; la mobile est au contraire sa terminaison.

Le muscle présente trois propriétés importantes qui sont : *contractilité*, *tonicité*, *élasticité*.

Tissu nerveux. — Comprend une *substance grise* contenant l'élément essentiel, la *cellule nerveuse*, et une *substance blanche* constituée par des *fibres* formant les *nerfs*.

La cellule nerveuse typique renferme un protoplasma granuleux, un noyau nucléolé, et des prolongements dont l'un (*prolongement de Deiters*) se continue avec l'axe d'une fibre; les autres s'anastomosent avec les ramifications des cellules voisines. Parmi les fibres, les unes contiennent de la *myéline;* les autres n'en contiennent pas. Toutes sont des fils d'une grande finesse qui se juxtaposent, sans se souder, dans leur trajet.

Les fibres à myéline présentent de place en place

des étranglements qui les divisent en segments interannulaires. Chacun d'eux se compose : 1° d'une gaine mince (*gaine de Schwann*), présentant intérieurement une couche de protoplasma munie d'un noyau; 2° une substance graisseuse et phosphorée, la *myéline;* 3° un cordon central, le *cylindraxe*, qui est la continuation d'un prolongement de Deiters et constitue la partie importante de la fibre. Au niveau des étranglements, la gaine de myéline fait défaut.

La fibre nerveuse est formée, en somme, par des cellules soudées dont les noyaux sont ceux de la gaine de Schwann. Les fibres à myéline perdent leur gaine de Schwann dans les centres nerveux et n'y offrent plus d'étranglements annulaires. Elles perdent la myéline en arrivant au contact des muscles.

Les *fibres sans myéline*, ou *fibres de Remak*, n'ont ni myéline ni membrane d'enveloppe; elles sont réduites à un cylindraxe, revêtu de place en place par une couche discontinue de protoplasma à noyau. Ces fibres existent en petit nombre dans les nerfs *céphalo-rachidiens*, et en très grande quantité dans les nerfs *viscéraux*.

La masse qui enveloppe les cellules et les fibres dans les centres nerveux est de nature épithéliale : elle joue le rôle d'un tissu conjonctif; on la nomme *névroglie*.

La réunion des fibres nerveuses constitue les *nerfs*, cordons blancs, qui vont des centres à la périphérie. Ils se rendent soit aux organes de la vie animale (*nerfs encéphalo-rachidiens*), soit aux surfaces sensibles (*nerfs sensitifs*), soit aux organes contractiles (*nerfs moteurs*). D'autres, enfin, relient le système nerveux central aux organes de la vie végétative (*nerfs du grand sympathique*).

Chez les Invertébrés, le tissu nerveux comprend des nerfs et des *ganglions*.

Ceux-ci sont formés de cellules entourant une substance centrale, granuleuse, de laquelle partent des nerfs. Il y a continuité entre les cellules et les cylindraxes des fibres nerveuses, la substance centrale correspondant à la névroglie.

Les nerfs sont formés de fibres sans myéline.

Chez les Vertébrés, les fibres nerveuses se groupent en faisceaux primaires, qu'entoure une gaine de tissu lamelleux conjonctif (*périnèvre*), qui envoie des cloisons entre les fibres nerveuses. Un certain nombre de ces faisceaux primaires s'associent en un *nerf* entouré d'un manchon de tissu conjonctif diffus (*névrilemme*), d'où partent des cloisons pour les faisceaux primaires. Dans les cloisons se ramifient des vaisseaux lymphatiques, tandis que les vaisseaux sanguins courent dans le névrilemme, traversent le périnèvre et se distribuent entre les fibres nerveuses.

Tissu nerveux.	Cellules.	Multipolaires avec prolongement de Deiters.		
	Fibres.	A myéline......	Gaine de Schwann. Gaine de myéline. Cylindraxe.......	Nerfs céphalo-rachidiens.
		Sans myéline ou fibres de Remak.	Cylindraxe.......	Nerfs viscéraux. Nerfs des Invertébrés.

CHAPITRE III

LES APPAREILS ET LE DÉVELOPPEMENT.

I. — Les appareils.

Appareil de nutrition. — Appareil par lequel l'animal introduit dans son organisme, transforme et rend assimilables certaines substances (*digestion*). Les produits de la digestion sont ensuite absorbés, et passent dans l'appareil *circulatoire*, qui transporte les *éléments nutritifs* dans l'organisme. L'oxygène nécessaire à la nutrition est emprunté à l'air par la *respiration*. En même temps, l'anhydride carbonique, provenant de l'action de l'oxygène sur les tissus, est expulsé. Le sang reçoit en outre des tissus, des résidus que l'*excrétion* a pour fonction de rejeter. Les matières liquides et azotées sont expulsées sous forme d'*urine*. La principale fonction de l'excrétion est l'*urination*.

L'appareil de la nutrition se subdivise donc comme il suit :

Appareil de nutrition .... { Digestif. Circulatoire. Respiratoire. Urinaire.

Appareil digestif. — Ne fait défaut que chez certains Parasites. Chez les autres animaux, il se compose d'une cavité, *tube digestif*, tapissée d'un épithélium, et présentant un certain nombre d'organes annexes.

1° *Organes essentiels*. — Chez les *Cœlomates*, l'appareil digestif est rattaché à la paroi du corps par un repli, le *mésentère*. C'est un conduit généralement ouvert à ses deux extrémités (sauf chez quelques Vers et Échinodermes). L'un des orifices (*bouche*), suivi du *pharynx* sert à l'entrée des aliments, l'autre à la sortie (*anus*). La partie antérieure du tube, qui est le plus souvent rectiligne, est l'*œsophage;* la partie moyenne, élargie, l'*estomac;* la partie postérieure, *intestin*, se contourne plus ou moins. L'intestin lui-même peut être divisé en deux parties : l'une antérieure, très contournée (*intestin grêle*), l'autre postérieure et rectiligne en sa partie terminale (*rectum*).

Chez les *Acœlomates*, les cellules de l'épithélium

digestif, ou *endoderme*, jouissent de la double propriété d'agir sur les aliments pour les rendre assimilables, et d'absorber les produits. Dans le groupe des *Cœlentérés*, une cavité centrale à la fois digestive et circulatoire (cavité *gastro-vasculaire*) constitue tout le tube digestif ; elle n'a qu'une ouverture.

Chez les *Spongiaires*, le corps est traversé de petits canaux qui s'ouvrent d'une part à l'extérieur, d'autre part dans une cavité centrale qui communique elle-même avec le dehors par une large ouverture (*oscule*). L'eau circule sous l'action des cils vibratiles dont est recouvert l'épithélium, et sort par l'oscule. Les matériaux nutritifs dont elle est chargée viennent ainsi en contact avec les cellules endodermiques.

2° *Organes accessoires.* — Au tube digestif s'ajoutent :

Des organes préhenseurs, *cils vibratiles*, des appendices buccaux, *tentacules*.

Des *fibres musculaires*, contenues dans la paroi du tube digestif, qui contribuent au transport des aliments.

Des parties affectées à la trituration des aliments (*gésier*) ; dans la bouche, ou dans l'arrière-bouche se montrent des organes durs, les *dents*, qui ont la même fonction.

Les modifications chimiques sont effectuées par des glandes spéciales, sécrétant des liquides sous l'action desquels les aliments sont rendus absorbables.

Ces glandes sont : les *glandes salivaires*, les *glandes digestives*, le *foie*, le *pancréas*.

Enfin, des replis intérieurs (*replis intestinaux*) augmentent, dans la portion terminale de l'intestin, la surface absorbante.

A son plus haut degré de complication, l'appareil digestif présentera la disposition suivante :

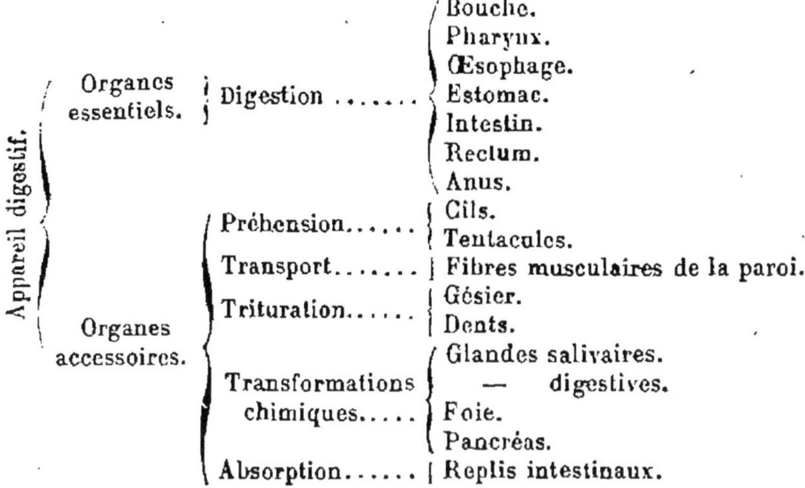

Appareil circulatoire. — Chez les Cœlomates l'appareil circulatoire se trouve dans le cœlome :

Dans le cas le plus simple, l'hémolymphe emplit le cœlome, qui n'est nullement divisé.

Ailleurs celui-ci se divise en lacunes qui communiquent entre elles; puis, apparaît un réseau tubuleux dans lequel se meut le liquide nourricier. Dans le groupe des Échinodermes, un système de cils vibratiles le fait mouvoir : chez les Vers, les vaisseaux deviennent contractiles, et souvent même un renflement, dans lequel se localise la contractilité (*cœur*), dirige le mouvement circulatoire.

Chez les Vertébrés, l'appareil se compose de deux systèmes distincts : le système *sanguin*, qui contient le sang, et le système *lymphatique*, qui renferme la lymphe.

1° *Système sanguin*. — Le système sanguin comprend : 1° le *cœur* déterminant le mouvement et 2° trois sortes de vaisseaux : les *artères*, les *veines* et les *capillaires*.

Une différence importante existe entre le cœur des Vertébrés et celui des Invertébrés.

Le cœur de ceux-ci envoie aux organes du sang qui a subi le contact de l'air, exception faite pour les Mollusques supérieurs.

Chez les Vertébrés, il lance dans l'appareil respiratoire du sang qui a parcouru la profondeur des tissus (*cœur simple*), ou bien *il est double* et lance simultanément dans l'appareil respiratoire du sang chargé de produits d'oxydation, et dans l'appareil circulatoire du sang oxygéné.

Les mouvements du cœur poussent le sang dans les *artères*, qui se ramifient dans toutes les parties du corps ; les *veines* ramènent ensuite ce sang au cœur. En somme, les artères sont des vaisseaux *centrifuges* et les veines des vaisseaux *centripètes*, en considérant le cœur comme l'organe central de la circulation.

Le passage des artères aux veines se fait par les *capillaires*, dont les parois sont très minces, et à l'aide desquels s'établissent les rapports intimes du sang et des tissus.

2° *Système lymphatique*. — Le système lymphatique comprend des vaisseaux et des sinus avec plusieurs organes contractiles (*cœurs multiples*).

A son plus haut degré de complication l'appareil circulatoire des Cœlomates présente la constitution suivante :

- Appareil circulatoire.
  - Système sanguin.....
    - Cœur unique, simple ou double.
    - Artères.
    - Capillaires.
    - Veines.
  - Système lymphatique.
    - Cœurs multiples.
    - Vaisseaux.
    - Sinus.

Chez les Acœlomates, l'appareil circulatoire est confondu avec l'appareil digestif.

Appareil respiratoire. — La respiration est une opération double qui consiste en une absorption d'oxygène et une expulsion d'anhydride carbonique et de vapeur d'eau.

La première opération, qui s'effectue dans le système respiratoire est l'*hématose* ; la seconde, qui s'accomplit dans la profondeur des tissus, est la *combustion respiratoire*.

L'oxygène peut être emprunté à l'eau (*respiration aquatique*) ou à l'air (*respiration aérienne*).

1° *Respiration aquatique*. — Chez les Protozoaires et les Cœlentérés, l'hématose se fait par une partie du *tégument*. Chez les animaux supérieurs, eux-mêmes, il y a toujours des échanges gazeux à travers la peau.

Pour les animaux aquatiques, la respiration se fait par les *branchies*, organes creux, tubuleux ou lamelleux, très ramifiés et présentant une grande surface. Elles baignent toujours dans l'eau, et renferment des vaisseaux capillaires.

2° *Respiration aérienne*. — Chez les Articulés, c'est la *trachée*, tube à parois rigides dans lequel l'air circule, qui est l'organe de respiration aérienne.

D'un côté la trachée s'ouvre dans l'air par le *stigmate*, tandis que de l'autre elle se termine par une cavité close plongeant dans les tissus.

Le renouvellement de l'air se fait dans les deux cas par des mouvements de dilatation et de resserrement d'une partie du corps.

Pour les autres animaux aériens, l'organe respiratoire est le *poumon*, poche interne plus ou moins vésiculée et pleine d'air, sur les parois de laquelle circule le sang.

On trouve des poumons chez quelques Articulés (Arachnides, Scorpions) et chez quelques Gastéropodes.

Chez les Vertébrés, les poumons, au moyen de

tubes ramifiés, les *bronches*, se mettent en rapport avec un tube, la *trachée*, surmonté du *larynx*, qui s'ouvre par une fente étroite, la *glotte*, dans le pharynx.

Respiration aquatique.	Appareil cutané.	Protozoaires. Spongiaires. Cœlentérés. Vers parasites et inférieurs.
	Appareil branchial.	Échinodermes. Vers supérieurs. Mollusques (sauf quelques Gastéropodes). Articulés (Crustacés). Provertébrés. Vertébrés inférieurs (Poissons et quelques Batraciens).
Respiration aérienne.	Appareil trachéen.	Articulés (Insectes, Myriapodes, Onychophores).
	Appareil pulmonaire.	Mollusques (quelques Gastéropodes). Articulés (Arachnides, Scorpions). Vertébrés.

Appareil excréteur. — La fonction d'excrétion a pour but d'expulser, sous forme d'urée et d'acide urique, les produits azotés non assimilables. Les produits expulsés sont liquides (*urine des Mammifères*) et quelquefois solides (*urine des Sauropsidés*).

Les Protozoaires et Acœlomates ne présentent pas d'organe excréteur différencié, l'expulsion s'effectue à travers le *tégument*.

Cet organe est également peu différencié chez les Échinodermes. Au contraire, dans le groupe des Vers et celui des Mollusques, ce sont des canaux symétriquement placés qui s'ouvrent dans le cœlome d'une part, et à l'extérieur de l'autre. Chez un certain nombre de Vers, dont le cœlome n'est pas segmenté, on ne trouve qu'une paire de canaux excréteurs, mais, chez les Vers à cœlome segmenté, on en trouve une paire par segment : aussi prennent-ils le nom d'*organes segmentaires* ou *néphridies*.

Chez les Articulés, l'organe excréteur affecte deux formes : ou bien ce sont des organes vésiculeux débouchant à l'extérieur (*vésicule glandulaire*) ou bien des tubes en cul-de-sac débouchant dans l'intestin (*tubes de Malpighi*).

Dans la phase embryonnaire, l'appareil excréteur des Vertébrés se compose, comme chez les Vers, de deux tubes ramifiés s'ouvrant dans le cœlome, et débouchant dans l'intestin. A mesure que s'accomplit le développement, les orifices internes se ferment et se renflent en une seule ampoule où pénètrent des vaisseaux. L'organe (*rein*) se met ainsi en rapport direct avec l'appareil circulatoire, et aussi, par certaines parties, avec l'appareil reproducteur.

Appareil excréteur	Nul ou peu différencié (Excrétion cutanée)		Protozoaires. Acœlomates. Échinodermes. Provertébrés.
	Organes segmentaires.	Une paire	Vers monomériques.
		Plusieurs paires.	Vers polymériques.
	Vésicule glandulaire		Mollusques. Articulés (Branchiaux).
	Tubes de Malpighi		Articulés (Trachéens).
	Reins		Vertébrés.

Appareil reproducteur. — Les phénomènes qui amènent la production d'individus nouveaux constituent la reproduction.

La reproduction est *asexuelle* ou *sexuelle*.

1° *Reproduction asexuelle*. — Elle se fait suivant deux modes : *scissiparité* ou *gemmiparité*.

Il y a *scissiparité* quand le corps, après s'être agrandi, s'étrangle vers le milieu et donne naissance à deux fragments dont chacun constituera, par développement ultérieur, un être semblable au premier.

Il y a *gemmiparité* quand une partie du corps s'accroît, et forme un bourgeon qui se sépare du reste du corps et constitue un être nouveau identique au premier.

Chez les Protozoaires, on observe souvent, à la suite de reproductions asexuelles, que deux individus se fusionnent, et le résultat de cette conjugaison est la faculté de donner des générations pouvant se reproduire asexuellement.

2° *Reproduction sexuelle.* — Le rôle que joue en ce cas le corps entier des Protozoaires est dévolu chez les autres animaux à certaines cellules. Il faut toujours que deux cellules se fusionnent. Cette fusion est la *fécondation*. Dans l'une, les sphères directrices et le noyau sont la partie essentielle, c'est le *spermatozoïde ;* l'autre (*ovule*) est constituée par un protoplasma volumineux. Tous les animaux possèdent de telles cellules. L'*œuf* est une cellule qui, sous une seule enveloppe, contient un ovule et des parties accessoires.

Les cellules sexuelles peuvent, chez certains animaux inférieurs, se développer sur tous les points du corps. Mais, à mesure qu'on s'élève dans la série, on voit des glandes spéciales chargées d'élaborer ces produits. Ces glandes sont dites *sexuelles*. Le *testicule* produit les cellules mâles ou spermatozoïdes ; l'*ovaire*, les ovules ou cellules femelles. En outre, des *conduits vecteurs* facilitent la rencontre des cellules sexuelles. L'ensemble, glandes et conduits, constitue l'*appareil reproducteur*.

Un grand nombre d'animaux inférieurs possèdent les deux manières de se reproduire (*digénèse*). On nomme *génération alternante* la succession régulière d'une génération sexuée avec une génération asexuée, ou l'alternance de générations sexuées avec d'autres également sexuées, mais de forme différente.

Les animaux *monoïques* sont ceux qui produisent

simultanément les deux sortes de cellules reproductrices.

Il peut arriver qu'un animal produise uniquement des spermatozoïdes, et un autre des ovules; dans ce cas, les animaux sont *dioïques*. Dans le groupe des Articulés Trachéens, les Insectes offrent dans certains cas des individus incapables de se reproduire: on les nomme des *neutres;* chez les Abeilles, ce sont des femelles à ovaires non développés; chez les Termites, ce sont tantôt des mâles, tantôt des femelles.

Chez les Cœlomates, les parois du cœlome produisent les glandes reproductrices, et les éléments reproducteurs sont expulsés ou par des conduits spéciaux ou par des canaux empruntés à l'appareil excréteur.

Les ovaires déversent les ovules par des *oviductes* s'élargissant parfois en une chambre incubatrice (*utérus*), quelquefois on trouve des organes annexes, comme un *réceptacle séminal* emmagasinant les produits mâles, ou une *poche copulatrice* recevant pendant l'acte de la fécondation les organes mâles; le *vagin* est formé par la réunion de ces deux cavités.

Les testicules sont suivis de canaux *déférents*, qui présentent parfois une *vésicule séminale* et conduisent à un *canal éjaculateur* versant les produits de la glande dans des organes spéciaux (*organes copulateurs*), dont le rôle est de faciliter la pénétration de ces produits dans l'appareil femelle. Souvent des glandes annexes produisent des liquides, qui, se solidifiant, agglutinent les cellules mâles en masses dites *spermatophores*.

Tout animal qui pond des œufs est *ovipare; ovovivipare*, si ses œufs éclosent dans l'oviducte, et *vivipare* lorsque l'œuf évolue dans la poche incubatrice en empruntant à la mère les matières nutritives utiles au développement des tissus. Seuls les Mammifères sont vivipares.

Exception faite pour le groupe des Monotrèmes, les femelles des animaux vivipares possèdent des glandes *mammaires* destinées à produire le *lait* servant à la nutrition du jeune pendant un temps plus ou moins long.

3° *Parthénogenèse.* — L'ovule peut, sans s'unir à un spermatozoïde, donner naissance à un individu nouveau. Le fait est assez fréquent chez les Articulés, et les êtres qui naissent ainsi par *parthénogenèse* sont de plus en plus dégradés, leur pouvoir reproducteur disparait au bout de quelques générations, et l'espèce s'éteindrait si une génération sexuelle ne venait lui rendre sa puissance reproductrice.

Appareils de relation. — Les appareils de relation se rapportent aux propriétés du mouvement ou aux propriétés du système nerveux. L'animal peut déplacer son corps (*fonction de locomotion*) ;

Au moyen d'un appareil dit *phonateur*, produire des sons ;

Et au moyen du tissu nerveux, percevoir des sensations et présenter des phénomènes complexes, *volontaires.*

Appareil locomoteur. — L'appareil locomoteur est très varié.

La locomotion, dans ce qu'elle a de plus rudimentaire, résulte des contractions du protoplasma suivant certaines directions. Ce protoplasma présente des expansions périphériques ; lorsque celles-ci s'appliquent à la surface des corps où la progression doit s'accomplir, on les nomme *pseudopodes* ; lorsque, au contraire, elles s'agitent dans le milieu ou doit se mouvoir l'animal, ce sont des *flagellums.*

Chez les Protozoaires, on observe des pseudopodes

et des cils vibratiles qui effectuent la locomotion dans l'eau.

Dans les autres embranchements, il existe dans l'appareil locomoteur un système musculaire ou actif, et une partie passive qui est représentée par le tégument mou, ou par des parties dures (*squelette interne* et *squelette externe*). Souvent aussi les *membres* servent de *leviers locomoteurs*.

On peut reconnaître chez les animaux trois modes de locomotion : locomotion terrestre (marche, saut, reptation) ; locomotion aquatique (natation) ; locomotion aérienne (vol).

Les Spongiaires ne se meuvent que pendant leur période larvaire.

Les Cœlentérés se déplacent par l'agitation rapide de petites palettes, ou par des contractions de tout leur corps.

Les Échinodermes possèdent un appareil *ambulacraire*, formé d'appendices tubuleux, qui sont terminés par une ventouse et que la pression d'un liquide rend rigides ; ils se fixent et leurs contractions amènent le déplacement de l'animal.

Certains Vers se meuvent par une série d'ondulations ; d'autres possèdent des ventouses fixatrices, ou des appendices (*parapodes*), servant à la locomotion.

Les Mollusques rampent sur un pied discoïde, se meuvent dans l'eau, en agitant des appendices aplatis, ou en expulsant le liquide qu'ils aspirent dans un *entonnoir*.

Les Articulés sont munis de membres ; parmi eux, les Insectes possèdent des organes de vol.

Les Vertébrés présentent les trois modes de locomotion. Ils ont pour la plupart deux paires de membres ; ceux qui en sont dépourvus se déplacent par mouvements d'ondulation.

Chez les Vertébrés aquatiques, les membres s'aplatissent en rames et servent à la natation. Chez les autres, ils affectent des formes différentes suivant qu'ils doivent servir à la locomotion aérienne ou à la locomotion terrestre.

Appareil phonateur. — Organe situé à l'origine ou à la terminaison de la trachée. Dans le premier cas c'est un *larynx*, dans le second cas, un *syrinx*. L'appareil rend les sons en vibrant sous l'action de l'air expulsé dans l'expiration.

L'appareil phonateur des seuls Invertébrés capables de produire des sons (les Insectes) est construit sur un modèle tout différent, c'est en général le frottement de deux parties rigides du corps qui produit une *stridulation*.

Système nerveux. — Le système nerveux se ramène à trois formes typiques :

1° *Système nerveux diffus.* — Sous le tégument, on observe un *plexus* dans lequel sont disséminés des cellules nerveuses en relation avec des cellules sensitives ou musculaires. On l'observe chez les Cœlentérés.

2° *Système nerveux rayonné.* — Des cordons nerveux sortent d'un anneau péri-œsophagien et se distribuent dans les diverses parties du corps.

3° *Système nerveux bilatéral.* — Des masses nerveuses sont reliées entre elles par des *commissures* transversales et des *connectifs* longitudinaux.

On distingue encore trois formes de système nerveux bilatéral :

1° Deux masses sus-œsophagiennes (*ganglions cérébroïdes*) reliées par un anneau périœsophagien (*collier œsophagien*) à deux autres masses sous-œsophagiennes qui sont la première paire d'une chaîne ventrale (*chaîne ganglionnaire*) en forme d'échelle ou de chapelet. On l'observe chez les Vers et les Articulés.

2° Trois masses ganglionnaires : sus-œsophagienne, sous-œsophagienne et viscérale. La première est reliée aux deux autres par des cordons embrassant l'œsophage et formant deux colliers œsophagiens. Les Mollusques présentent tous ce type.

3° Chez les Vertébrés et Provertébrés, le système nerveux est placé au-dessus de la corde dorsale embryonnaire; mais chez les Vertébrés seuls, l'axe nerveux se renfle à la partie antérieure en un *cerveau* et forme un axe *cérébrospinal*, ou *céphalorachidien*.

Système nerveux.....	Diffus....................		Cœlentérés.
	Rayonné..................		Échinodermes.
	Bilatéral....	Ventral.....	Vers. Arthropodes. Mollusques.
		Dorsal......	Chordés. Vertébrés.

Appareils sensitifs. — Le système nerveux se différencie souvent en appareils spécialisés aux diverses sensations. On peut diviser ces appareils en deux groupes : ceux qui perçoivent une impression directe communiquée par un corps extérieur, ceux qui sont impressionnés par des mouvements vibratoires issus de corps éloignés.

Schématiquement un organe sensitif comprend : un *récepteur*, recevant l'impression, un *transmetteur* (nerf conducteur), un *percepteur* central (*cerveau*).

1° *Appareils impressionnés directement par contact.* — Ce sont ceux du *toucher*, du *goût* et de l'*odorat*.

Le toucher est le plus disséminé de tous, il a pour siège le tégument. L'élément sensible est une cellule épithéliale que termine un fil très fin, le *cnidocil*. A cet état, la cellule n'existe guère que chez les Invertébrés ; chez les Vertébrés les cellules s'organisent en *corpuscules du tact*.

Le goût, qui est inconnu chez les Invertébrés, a

son siège dans la bouche pour les Vertébrés: les cellules gustatives rappellent les cellules à cnidocils.

De même pour l'odorat, dont le siège se trouve dans des *fossettes* spéciales.

2° *Appareils impressionnés à distance.* — Ce sont ceux de l'audition et de la vision.

L'appareil de l'audition est l'*oreille*, dont la forme la plus simple est une vésicule pleine de liquide (*otocyste*) et contenant des corpuscules calcaires, dits *otolithes*. Le mouvement vibratoire est transmis par la paroi de l'otocyste aux otolithes, puis au liquide qui fait vibrer des cils auditifs portés par l'épithélium qui revêt la paroi. L'organe se complique, chez les Vertébrés, d'appendices servant à recueillir, conduire et renforcer les sons.

L'organe de la vision est l'*œil*. Au plus simple état c'est une tache tégumentaire colorée, à laquelle aboutit un nerf. Dans ces conditions, il ne peut donner aucune image, et absorbe simplement les radiations. L'*ocelle* est un organe un peu plus compliqué : c'est un amas de cellules transparentes à la surface et garnies, profondément, de taches pigmentaires absorbant les radiations. Un tel appareil ne peut que donner la perception des couleurs et des mouvements, mais est inapte à produire une image.

Chez les animaux bien organisés, l'œil comprend une membrane sensible ou *rétine*, puis un corps réfringent, le *cristallin*, permettant la formation sur cette membrane d'images nettes. Enfin un haut degré de perfectionnement est atteint, lorsque à l'appareil ainsi constitué, s'ajoutent des annexes spéciales permettant d'adapter le cristallin à diverses distances et de façon que l'image reste perceptible.

Production d'énergie par les animaux. — Toutes les réactions chimiques qui s'accomplissent dans les organes donnent lieu à une production d'énergie; la plus grande partie de celle-ci est convertie en travail mécanique. Une partie se montre parfois sous forme de lumière, d'électricité ou de chaleur.

PRODUCTION DE LUMIÈRE. — Tous les embranchements du règne animal renferment des animaux producteurs de lumière. Tantôt ces êtres sont lumineux par eux-mêmes et d'une manière constante, ou à certaines époques seulement. Quelques-uns doivent leur luminosité à des Bactéries photogènes. Le pouvoir lumineux réside dans le protoplasma et paraît produit par des mouvements entre molécules de corps différents. La lumière produite varie beaucoup comme couleur et comme intensité, et les régions photogènes présentent une grande diversité quant à leur forme et à leur constitution. Il a été démontré nettement qu'aucune oxydation lente n'intervient dans le dégagement de la lumière (R. Dubois).

PRODUCTION D'ÉLECTRICITÉ. — En général faible. La production d'électricité, apparente surtout dans les muscles, les glandes et les nerfs, prend chez certains Poissons une grande intensité.

Les organes électriques de ces animaux sont constitués par un tissu musculaire strié très modifié (tissu *électrogène*), divisé par une charpente fibreuse en compartiments, orientés diversement suivant les espèces. Ils sont sous l'action du cerveau, ou de la moelle. Le Poisson donne à volonté des décharges électriques, et cesse d'en produire, si on détruit les centres nerveux. L'appareil possède les propriétés des machines d'électricité statique et des machines d'induction. La décharge présente avec la commotion musculaire des analogies très frappantes (Marey).

PRODUCTION DE CHALEUR. — Les combinaisons chimiques qui s'accomplissent dans la profondeur des tissus animaux produisent forcément de la chaleur. Cette chaleur est perdue en partie par rayonnement et en partie par des causes diverses. La température du corps résulte de ces effets contraires. L'étude de la chaleur animale est du ressort de la physiologie (1). Qu'il suffise de dire que parmi les êtres vivants, les uns ont une température constante (de 36° à 44°), les autres une température qui varie avec celle du milieu ambiant tout en lui restant un peu supérieure.

II. — Le développement.

Formation de l'embryon. — La partie de la biologie qui étudie l'évolution d'un être depuis le premier stade de sa vie jusqu'au plus compliqué est l'*embryologie*. Dans l'état actuel de la science, cette branche, d'après le principe de Haeckel, est d'un grand secours dans une classification naturelle, car elle met en lumière certaines affinités de groupes très éloignés les uns des autres en apparence.

Les modifications qui se passent dans l'œuf, ont pour résultat la formation d'un *embryon*. Après l'éclosion de l'œuf, les animaux peuvent apparaître sous un aspect différent de leur forme adulte ; il y a en ce cas une *larve*, qui, pour devenir un adulte, subit des métamorphoses.

Constitution de l'œuf. — Au début, l'ovule est constitué par une masse protoplasmique, le *vitellus*, dépourvu de membrane et contenant un noyau (*vésicule germinative*), qui lui-même renferme des nucléoles (*taches germinatives*). Au bout d'un certain temps, il se recouvre d'une membrane vitelline, et l'ovaire l'enveloppe d'un *chorion* ou couche protectrice.

(1) Voyez Paul Lefert, *Aide-mémoire de Physiologie*.

Dans le vitellus, on doit distinguer : le *protoplasma* ou *vitellus formatif* qui est employé à la formation de l'embryon, et le *deutoplasma* servant à sa nutrition.

MATURATION DE L'OVULE. — A un certain degré de son développement, l'ovule perd sa limpidité, la vésicule germinative gagne la périphérie, les filaments chromatiques prennent la forme d'un fuseau. Une extrémité de celui-ci s'engage dans un bourgeon protoplasmique qui fait saillie à la surface de l'œuf, et le tout se sépare de l'ovule. C'est le phénomène d'*émission du globule polaire*. Il se produit une seconde fois, puis les filaments chromatiques se réunissent au centre, où ils constituent un nouveau noyau. L'évolution de l'ovule est achevée.

FÉCONDATION DE L'OVULE. — Le spermatozoïde, cellule à gros noyau de forme très variable, flagellée ou non, pénètre dans l'ovule, et son noyau chemine à la rencontre du noyau de l'ovule. Le contact s'établit d'abord entre les sphères directrices et plus tard entre les noyaux (L. Guignard). De cette façon, la fécondation ne s'effectue pas seulement par la fusion de deux noyaux, mais aussi par l'union des globules protoplasmiques qui les accompagnent.

La conjugaison des noyaux mâles et femelles produit le premier *noyau de segmentation*. L'ovule, à partir de ce moment, est devenu une cellule reproductrice.

Le noyau de l'œuf se segmente ensuite en entraînant le vitellus, pour constituer les cellules de l'embryon.

SEGMENTATION DE L'ŒUF. — Division du contenu de l'œuf après fécondation.

Elle commence par l'apparition de deux sillons divisant l'œuf en deux cellules égales ou à peu près, ce sont les *blastomères :* ils se divisent eux-mêmes en deux nouvelles cellules égales, et ainsi de suite jusqu'à ce que l'ovule prenne l'aspect d'une sphère pleine, ayant l'apparence d'une mûre : c'est la *morula*, premier tissu de l'être nouveau. Au centre de la morula, se forme bientôt une cavité, la *cavité de segmentation*, qui refoule les cellules de la morula, de manière qu'elles se répartissent en une seule rangée autour de la cavité. La sphère creuse ainsi formée est la *blastula* ou *blastosphère*, sa cavité est remplie de liquide. Une partie de la blastula se replie ensuite en dedans, et il se constitue un double sac dont la cavité intérieure disparaît devant l'*accolement* de ses deux *feuillets*. L'œuf mûr, devenu morula, puis blastula, devient une *gastrula*, *état embryonnaire par lequel passent tous les animaux*. La paroi de la gastrula est le *blastoderme* : elle est composée d'un feuillet interne (*hypoblaste* ou *endoderme*) et d'un feuillet externe (*épiblaste* ou *ectoderme*) ; sa cavité, l'*archentéron*, *progaster* ou *intestin primitif*, communique avec le dehors par un orifice, le *blastopore*. Un troisième feuillet (*mésoblaste* ou *mésoderme*) s'insinue bientôt entre les deux premiers. Il se dédouble et délimite le cœlome ou cavité *pleuro-péritonéale*. L'une des lames du mésoblaste s'unit à l'épiblaste et forme la *somatopleure*, l'autre à l'hypoblaste et forme la *splanchnopleure*. Tous les tissus et systèmes futurs se développeront aux dépens d'un seul des feuillets du blastoderme, tandis que les organes seront formés par la somatopleure ou la splanchnopleure.

Ce mode de segmentation est dit *total et égal*. Il présente des variations suivant la constitution de l'ovule.

Les Protozoaires et un groupe de Vers parasites (Orthonectides et Dicyémides) font exception à la formation de l'embryon aux dépens de trois feuillets blastodermiques. Les Protozoaires ne présentent aucun feuillet, les Orthonectides et Dicyémides n'en présentent que deux. On pourrait par là diviser les animaux en trois grands groupes :

Blastoderme présentant	Aucun feuillet............	*Protozoaires.*
	Deux feuillets.......... ..	*Mézozoaires.*
	Trois feuillets.............	*Métazoaires.*

CHAPITRE IV

LES PROTOZOAIRES.

Êtres unicellulés, se mouvant au moyen de cils vibratiles, de filaments en fouet (flagellums) ou de prolongements protoplasmiques (pseudopodes).

Le protoplasma extérieur (*ectosarc*) est plus dense que l'interne (*endosarc*), il est le lieu d'origine des cils, pseudopodes et flagellums ; il peut présenter des vacuoles contractiles. L'endosarc présente des vacuoles non contractiles, dites *de nutrition*. Parfois il y a un test. En dehors du noyau, on peut observer un *micronucleus ;* une cuticule chitineuse peut revêtir l'ectosarc. Cette cuticule est, parfois, percée en deux points (bouche et anus rudimentaires).

Protozoaires.	Des pseudopodes..................	*Rhizopodes.*
	Pas de pseudopodes, un ou plusieurs flagellums..............	*Flagellates.*
	Pas de pseudopodes, pas de flagellums	*Infusoires.*
	Pas de pseudopodes, reproduction par spores. Endoparasites......	*Sporozoaires.*

Rhizopodes. — Montrent toujours des pseudopodes.

Rhizopodes..	Pas de capsule, pseudopodes étalés largement.....................	*Amœbiens.*
	Pas de capsule, pseudopodes anastomosés	*Foraminifères.*
	Pas de capsule, pseudopodes isolés, rigides et fins	*Héliozoaires.*
	Capsule centrale..................	*Radiolaires.*

Amœbiens. — Les pseudopodes ne s'anastomosent pas. Souvent des vacuoles pulsatiles ; corps nu (Amibes) ou corps partiellement enveloppé (*Arcella, Difflugia*).

Pas de membrane, pas de noyau des pseudopodes. Existence aquatique ou parasitaire. Absorption et excrétion, par un point quelconque. Reproduction par division ou bourgeonnement.

Amœbiens...	Pas de test..............................	*Nus.*
	Un test...............................	*Testacés.*

Les Testacés renferment les genres *Difflugia, Arcella.*

Parmi les Amœbiens nus, les *Protamœba* forment des masses assez considérables (plasmodies) dans la boue des eaux douces, sur laquelle elles glissent au moyen de leurs pseudopodes élargis.

Foraminifères. — Ils sont enveloppés d'un test chitineux calcaire ou siliceux et ils émettent des pseudopodes filamenteux. Coquille à une seule loge (*Monothalames*) ou à plusieurs loges (*Polythalames*). Marins. On les distingue suivant que leur coquille est *perforée* ou *imperforée.*

Héliozoaires. — Ils n'ont pas de capsule centrale leurs pseudopodes sont munis d'un axe rigide. Ils vivent dans l'eau douce.

Radiolaires. — La capsule centrale, membraneuse, est perforée, renferme un noyau et du protoplasma ; le reste du protoplasma est extra-capsulaire et ne contient pas de noyau. Le squelette est chitineux ou siliceux, composé de baguettes, dont l'ensemble forme un polyèdre treillissé. Les Radiolaires sont marins. La capsule centrale est pourvue d'un seul orifice à l'un de ses pôles, et, il y a un squelette siliceux extra-capsulaire ; ou bien elle est percée de nombreux pores.

Flagellates. — *Pas de cils, un ou plusieurs flagellums, un noyau, des vacuoles contractiles. Reproduction par division ou bourgeonnement.*

FLAGELLATES..	Pas de collerette à la base du flagellum qui n'est pas ondulant..	*Euflagellates.*
	Une collerette à la base d'un flagellum ondulant..............	*Choanoflagellates.*
	Un flagellum ondulant..........	*Dinoflagellates.*
	Protoplasma cellulaire réticulé...	*Cystoflagellates.*

Quelques *Euflagellates* sont parasites de l'intestin de l'Homme (*Cercomonas*), d'autres du sang de la Grenouille (*Trypanosoma*, etc.). Le nombre des flagellums est variable, mais ils ne sont jamais entourés d'une collerette basilaire.

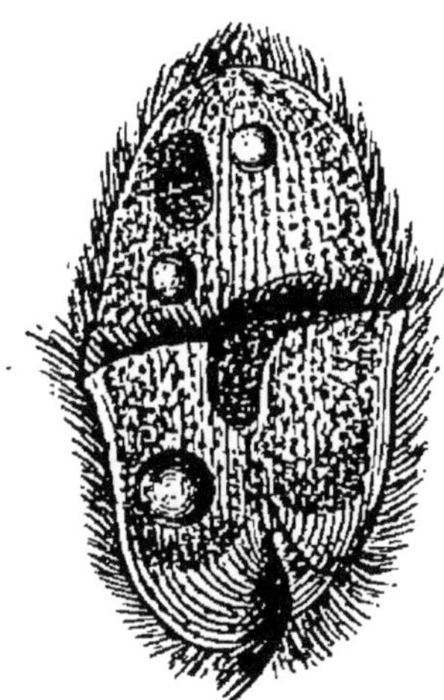

Fig. 1. — *Balantidium coli.*

Les *Choanoflagellates* sont solitaires ou coloniaux, fixés ou libres.

Chez les *Dinoflagellates*, les ondulations du flagellum simulent une rangée de cils vibratiles; il peut en exister d'autres, en dehors du flagellum ondulant caractéristique.

Les *Cystoflagellates* présentent un appendice tentaculiforme ; ils renferment des animaux phosphorescents, les *Noctiluques*.

Infusoires. — Ils offrent deux dépressions, l'une formant un commencement de bouche, l'autre un commencement d'anus. On trouve des vacuoles pulsatiles qui sont une trace d'organe de la circulation ou d'excrétion.

Ils se divisent en deux groupes, suivant qu'ils sont ou non ciliés à l'état adulte :

Infusoires..	Des appendices en suçoir, pas de cils......	*Acinétiens.*
	Pas de suçoirs, des cils..................	*Ciliés.*

Les *Acinétiens* vivent en parasites sur d'autres Infusoires et se reproduisent par bourgeonnement.

Acinétiens	Une carapace hyaline.........	*Thécacinétiens.*
	Pas de carapace..............	*Gymnacinétiens.*

Ils sont ciliés dans les premiers temps de la vie.

Les *Ciliés* se reproduisent par division, vivent libres et se développent dans les infusions végétales :

Ciliés.	Face ventrale couverte de cils, soies et piquants..............................	*Hypotriches.*
	Une ceinture de cils.....................	*Péritriches.*
	Cils très fins avec une zone de cils longs et rigides..............................	*Hétérotriches.*
	Cils semblables, fins et courts............	*Holotriches.*

Les *Paramoecium*, qui sont les plus communs, se développent aisément dans les infusions de feuilles d'arbres, ce sont des Holotriches.

Parmi les Hétérotriches, le *Balantidium coli* est parasite de l'intestin du Porc et accidentellement de l'Homme (fig. 1).

Sporozoaires. — Organismes remarquables par leur mode de reproduction, car ils donnent des *spores* comme les végétaux. On les divise arbitrairement de la manière suivante :

SPOROZOAIRES.	Parasites des Insectes............	*Microsporidies.*
	— des Poissons	*Myxosporidies.*
	— des épithéliums..........	*Coccidies.*
	— du tissu musculaire......	*Sarcosporidies.*
	— des organes reproducteurs.	*Grégarines.*

La reproduction des Grégarines montre un enkystement préalable, puis division du contenu du kyste

Fig. 2. — Kyste de Grégarine avec Navicelles.

Fig. 3 et 4. — Corpuscules falciformes de Grégarine.

en spores; celles-ci mises en liberté se montrent sous forme de navettes (*navicelles*) (fig. 2), chacune s'enveloppe d'une membrane et se segmente en huit corpuscules falciformes (fig. 3 et 4). Chaque corpuscule, dans un milieu favorable, donne une masse protoplasmique nucléée avec membrane d'enveloppe (*épicyte*); le protoplasma se distingue en *entocyte* central et *sarcocyte* périphérique. Jamais de vacuole contractile. On range dans les Grégarines des parasites du sang de l'Homme ou *Hématozoaires*.

CHAPITRE V

LES SPONGIAIRES.

Animaux aquatiques, formés d'une colonie de cellules soutenue par un squelette siliceux, calcaire ou corné. Le corps est percé d'orifices nombreux (pores) servant à l'entrée de l'eau. Les orifices exhalants (oscules), sont les plus grands.

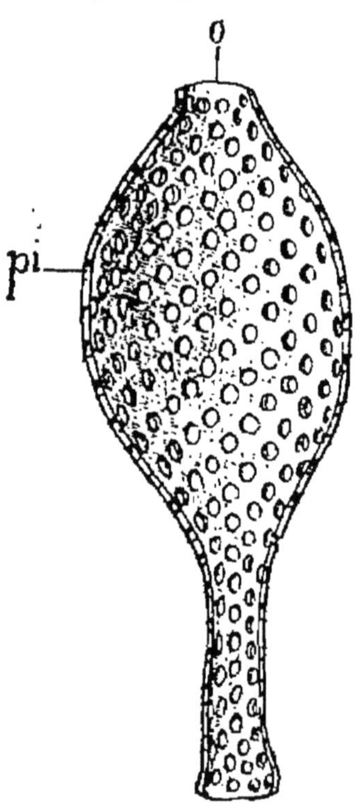

Fig. 5. — Schéma d'un *Olynthus*. -*pi*, pores. - *o*, oscule.

Les pores conduisent dans des canaux afférents communiquant avec des *corbeilles vibratiles*, cavités à parois ciliées, d'où partent des canaux efférents débouchant dans une chambre centrale. Celle-ci n'est pas une cavité digestive. Pas de symétrie rayonnée, pas de nématocystes. Trois feuillets à la paroi du corps. Cellules de l'*ectoderme* pavimenteuses, en une seule couche ; cellules *mésodermiques* amœboïdes, renforcées par des spicules siliceux ou calcaires ; cellules *entodermiques* pourvues d'un fouet (*flagellum*). Reproduction sexuée ou asexuée. Éléments reproducteurs abondants dans le mésoderme, quelquefois des cellules nerveuses en anneau autour des pores.

Quelques espèces d'eau douce, mais la grande majorité est marine.

Spongiaires.	Squelette calcaire................	*Calcisponges.*
	Pas de squelette calcaire.........	*Acalcisponges.*

Calcisponges. — *Marines, agrégées ou simples. Squelette formé de spicules étoilés à trois ou quatre branches. Jamais siliceux.*

CALCISPONGES..	Paroi mince.........................	*Asconides.*
	— épaisse à canaux rectilignes	*Syconides.*
	— épaisse à canaux rameux........	*Leuconides.*

L'*Olynthus* est un Asconide d'eau douce, assez répandu (fig. 5).

Acalcisponges. — *Squelette corné, siliceux, ou nul, jamais calcaire.*

ACALCISPONGES.	Squelette siliceux.	Spicules à 6 branches.	*Hexactinellides.*
		— à 4 branches.	*Tétractinellides.*
		— à 1 branche..	*Monactinellides.*
	Squelette corné.................		*Cératospongides.*
	Pas de squelette...............		*Myxospongides.*

En outre des spicules, on peut trouver encore des corps solides en forme d'ancre, de double bouton (*Amphidisques*, etc.).

Les Hexactinellides appartiennent aux grands fonds : Arrosoir de Vénus (*Euplectella aspergillum*) des Philippines, *Pteronema* en nid d'Oiseau.

Les Éponges d'eau douce, *Spongilla*, sont des Monactinellides.

Les Éponges usuelles, *Euspongia*, sont des Cératospongides avec une charpente en fibres cornées (*spongine*, matière organique azotée).

Enfin les rochers de nos côtes sont souvent incrustés de belles masses violettes d'une Myxospongide : *Halisarca*.

CHAPITRE VI

LES CŒLENTÉRÉS.

Animaux à cavité gastrovasculaire. Un seul orifice, à la fois buccal et anal. Symétrie rayonnée sur le type 4 ou 6 ou des multiples de ces nombres.

Corps sacciforme à paroi triple : un ectoderme, un mésoderme très mince (*mésoglée*) et un entoderme.

L'ectoderme renferme des cellules urticantes contenant un cnidocil, qui se déroule au moindre contact et déverse, dans la blessure faite, un liquide irritant. Ces *nématocystes* peuvent être remplacés par des cellules adhésives. Le mésoderme peut former des parties cornées squelettiques. L'entoderme tapisse la cavité gastrovasculaire et renferme des éléments glandulaires. Il se forme ainsi un liquide nourricier, qui est mis en circulation par les cellules ciliées de l'entoderme. Respiration par toute la surface du corps. Produits sexuels issus de l'entoderme ou de l'ectoderme. Reproduction asexuelle fréquente. Système nerveux diffus, formant un plexus sous-ectodermique. Quelquefois un anneau nerveux subdivisé en deux parties dont l'une innerve les muscles, et l'autre les rares organes sensitifs : tentacules, corpuscules marginaux. Le développement procède par métamorphoses ; il y a très fréquemment une larve ciliée, la *Planula*. Animaux aquatiques, marins pour la plupart.

Cœlenterés.	Pas de palettes, cavité gastrovasculaire à 6 ou $6 \times n$ cloisons...	*Coralliaires.*
	Pas de palettes, cavité gastrovasculaire à 4 cloisons	*Polypoméduses.*
	Des palettes natatoires. Libres et nageurs.......	*Cténophores.*

Coralliaires. — *Fixes. Cavité du corps, divisée par des cloisons rayonnantes (septum) et se prolongeant dans des tentacules péribuccaux. Le corps, en forme de tronc de cône, reposant sur sa petite base, présente au bord ou disque buccal une fente entourée de tentacules.*

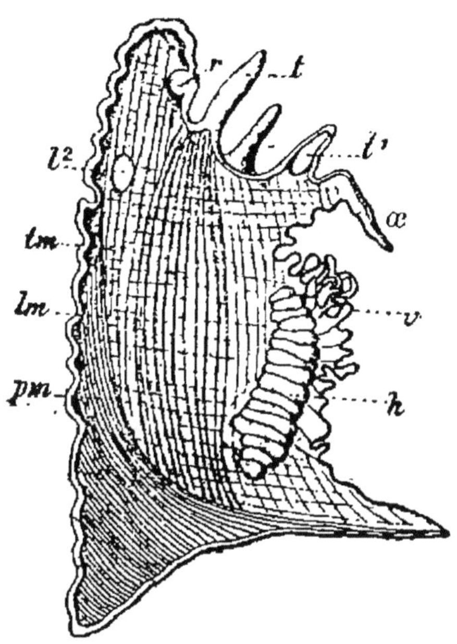

Fig. 6. — Septum de Coralliaire. — œ, paroi de l'œsophage. — *t*, tentacules. — *h*, glandes génitales. — *v*, entéroïde. — *l*[1], *l*[2], orifices du septum. — Les autres lettres désignent des muscles.

Un tube œsophagien précède la cavité gastrovasculaire. Dans les colonies, les loges se continuent dans les tentacules et dans l'épaisseur de la colonie. Les canaux sont tapissés de cellules vibratiles. Le bord libre de chaque septum porte un cordon flexueux (*entéroïde*) couvert de nématocystes, cellules glandulaires et sensorielles (fig. 6). Les produits sexuels se forment dans l'épaisseur du septum. Ils se reproduisent tantôt par scissiparité, tantôt par gemmiparité donnant lieu à des colonies étalées ou arborescentes, composées d'une seule espèce d'individus ou de deux espèces. Les Polypes sont en général enfoncés dans une masse commune (*sarcosome*). Des formations squelettiques prennent naissance dans le mésoderme, ce sont des *spicules* calcaires donnant au sarcosome une consistance dure. Souvent ils sont agglutinés entre eux par du calcaire (*squelette pierreux*) et forment des axes ou des tubes; d'autres fois la matière agglutinante est organique et cornée.

La symétrie bilatérale apparaît au début du développement (Lacaze-Duthiers). Animaux marins des mers chaudes.

CORALLIAIRES.	Tentacules au nombre de six ou multiple de six. *Hexacoralliaires.*	Colonies à squelette calcaire et continu..............	*Madréporides.*
		Individus isolés, charnus, tentacules très nombreux.	*Actinides.*
		Polypes entourant un axe corné..................	*Antipathides.*
	Huit tentacules bipennés. *Octocoralliaires.*	Polypier formé de tubes calcaires parallèles........	*Tubiporides.*
		Polypier calcaire, compact.	*Hélioporides.*
		Axe corné ou calcaire.....	*Gorgonides.*
		Polypes fixés autour d'une tige terminée par un pivot. Axe corné.............	*Pennatulides.*
		Polypes fixés et charnus...	*Alcyonides.*

Hexacoralliaires. — Chez les *Madréporides* le développement du squelette atteint la base et les parois du corps; il se fait une lame squelettique *pédieuse*, et une *muraille* d'où partent des *cloisons* correspondant aux loges et tentacules. La muraille peut se prolonger extérieurement en *côtes;* une colonne centrale, *columelle*, s'observe parfois, entourée d'une couronne de colonnettes verticales, *palis;* des baguettes (*synapticules*) ou des planchers (*dissépiments*) peuvent subdiviser les loges: Œillets de mer (*Caryophyllia*), Corail blanc (*Oculina*) ont la muraille imperforée; *Madrepora*, *Porites*, à la muraille perforée.

Les *Actinides* rampent ou nagent. Anémone de mer (*Actinia equina*), Cul de Mulet (*A. coriacea*), Actinie-manteau (*A. palliata*), etc.

Les *Antipathides* ont les tentacules très courts, leur axe corné est noir: le Corail noir (*Antipathes*).

Octocoralliaires. — Ils ont huit septums et sont presque toujours réunis en colonies : Orgues de mer (*Tubipora*) des Indes ; *Heliopora* des mers du Sud.

Le Corail (*Corallium rubrum*) est un *Gorgonide* à axe rouge, rameux, aux spicules rouges, sur lequel

Fig. 7. — Scyphule (*Actinia*).

apparaissent les Polypiers blancs ; répandu dans la Méditerranée.

Les *Pennatulides* sont phosphorescents : Plumes de mer (*Pennatula*).

Les *Alcyonides* sont les Mains de mer (*Alcyonium*) ramifiées ou digitées.

Polypoméduses. — *Cœlentérés fixés ou nageurs. Cavité gastrovasculaire à quatre poches. Deux formes, l'une agame, cylindrique, fixée* (*Scyphule* (fig. 7), *Hydrule* (fig. 8), *l'autre en forme de cloche, libre et sexuée* (*Méduse* (fig. 9).

Le cylindre creux agame est un *Polype*. Sa bouche précède (Scyphule) ou non (Hydrule) un œsophage ectodermique. Elle est entourée de tentacules creux en relation avec la cavité gastrovasculaire simple ou à quatre poches. Ils forment des colonies, mais n'ont pas de squelette en général. La Méduse est une cloche dont le bord présente (*Craspédote*) ou

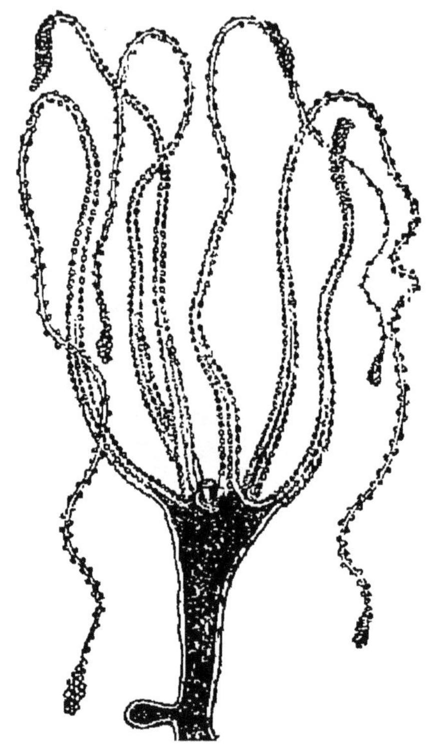

Fig. 8. — Hydrule (*Hydra Viridis*).

non (*Acraspède*), un repli (*velum*) musculo-membraneux. La face supérieure de la cloche est convexe (*sus-ombrelle*) et l'inférieure concave (*sous-ombrelle*). L'intérieur est creux; le manche de l'ombrelle ou battant de la cloche (*manubrium*) est un pédicule creux aussi. Les Méduses sont dioïques et les amas glandulaires sexuels sont voisins de la bouche. On observe sur le bord de l'ombrelle des tentacules tactiles et des corpuscules marginaux, otocystes ou ocelles. Polypes et Méduses restent parfois unis dans une même colonie, mais ils sont réduits à de petits sacs ou à des bourgeons. La colonie est alors

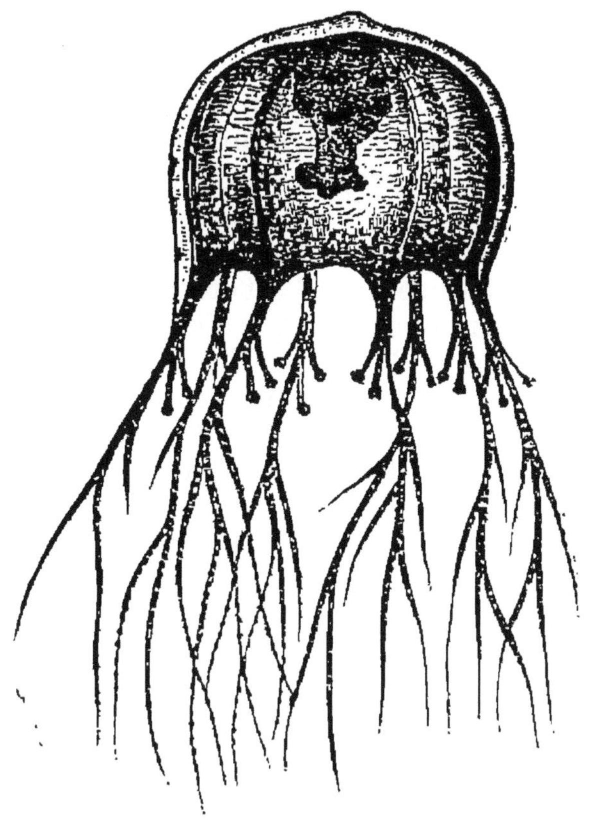

Fig. 9. — Méduse.

un organisme dont les *Médusoïdes* et *Polypoïdes* sont des organes. Il existe des formes intermédiaires du Polype à la Méduse.

POLYPOMÉDUSES..	Individus solitaires ou coloniaux semblables..................	*Hydroïdes.*
	Pas d'œsophage, deux sortes d'individus dans une colonie fixée.	*Hydroméduses.*
	Pas d'œsophage, une colonie flottante à deux sortes d'individus.	*Siphonophores.*
	Un œsophage..................	*Acalèphes.*

Hydroïdes. — Polypes d'eau douce à tentacules filiformes. Sexes réunis. Reproduction asexuée. Les bourgeons peuvent se séparer de la mère ou former une colonie avec elle. Les tentacules circumbuccaux sont des évaginations de la paroi. Divisées en fragments, les Hydroïdes reproduisent l'animal entier. *Hydra fusca*, *H. grisea*, *H. viridis* (fig. 8) communes dans les étangs.

Hydroméduses. — Pas de tube œsophagien à la forme Hydraire ; la Méduse (fig. 9) est craspédote et pourvue d'un velum. La bouche est portée par un *cône buccal* entouré de tentacules creux. La cavité gastrovasculaire porte des épaississements, *bourrelets gastriques.* Les Hydrules forment des colonies peu nombreuses à axe et rameaux tubuleux. Certains individus nourriciers ou *Gastrozoïdes* ont des tentacules et une bouche; d'autres, reproducteurs ou *Gonozoïdes*, portent les bourgeons sexuels sur leurs parois. Le velum de la Méduse craspédote ne contient jamais de canaux. Ces formes ont des corpuscules marginaux, otocystes chez les unes, ocelles chez les autres.

Hydroméduses.	Disque de la Méduse résistant, porteur de tentacules pleins et rigides..................	*Trachyméduses.*
	Méduses à tentacules mous et creux. Hydrules à revêtement chitineux....................	*Synhydraires.*
	Colonies à polypier calcaire....	*Hydrocoralliaires.*

On ne connaît pas la forme Hydraire des Trachyméduses, les Méduses sont otocystées. C'est la forme Méduse qui est inconnue chez les Hydrocoralliaires. Tous marins.

Siphonophores. — Deux parties dans un Siphonophore : une supérieure, locomotrice; l'autre inférieure, nutritive et reproductrice.

Les Polypoïdes ou *Gastrozoïdes*, individus nourriciers, sont des tubes munis d'une bouche sans tentacules, ils s'ouvrent dans la cavité commune de la colonie. A leur base un long *filament pêcheur* est armé de nématocystes. Les Médusoïdes individus reproducteurs ou *Gonozoïdes*, sont des cloches pleines de bourgeons sexuels; ils ne deviennent libres que très rarement, la forme Méduse est donc l'exception. En outre, des individus s'adaptent pour la protection, *Dactylozoïdes*, *Boucliers*, etc., d'autres pour la natation, *Nectocalyces*. Souvent il existe un flotteur, le *Pneumatophore*, vésicule pleine de gaz pourvue d'un pore (fig. 10). L'œuf donne un organe médusiforme, qui par bourgeonnement produit la colonie.

Tous les Siphonophores sont marins, très urticants et dangereux.

Siphonophores.	Une tige tubuleuse. *Siphonanthes.*	Un pneumatophore....	*Physophorides.*
		Pas de pneumatophores.	*Calycophorides.*
	Pas de tige, tronc discoïde. *Disconanthes.*		

La larve des Siphonanthes est une Méduse craspédote, dont le manubrium produit par gemmation tous les individus.

Chez les Disconanthes, le manubrium d'une larve, médusoïde craspédote devient un Polypoïde central. Le disque de l'adulte porte un ou plusieurs pneumatophores : *Physalia*, *Velella*, etc.

Acalèphes. — Le Scyphule est pourvu d'un œsophage tapissé par l'ectoderme. La forme Méduse est Acraspède, à forme de cloche ou de disque. Le bord en est lobé; il n'y a jamais de velum. Ces lobes recouvrent des corpuscules (œil et otolithes) à la base desquels se trouvent des centres nerveux; au-dessus des lobes, une fossette olfactive. Dans le manubrium est l'œsophage. Les glandes génitales sont colorées, leurs produits expulsés par la bouche. L'œuf de la Méduse donne une planula qui se fixe et produit un

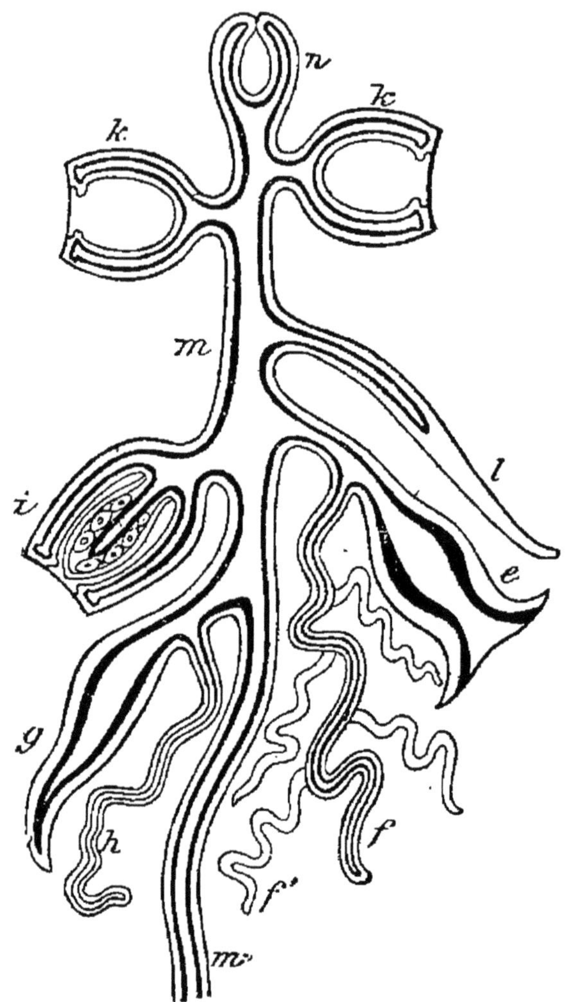

Fig. 10. — Schéma d'un Siphonophore. — *e*, polypoïde. — *f*, *h*, filaments pêcheurs. — *g*, dactylozoïde. — *i*, gonozoïde. — *l*, bouclier. — *k*, Nectocalyce. — *n*, pneumatophore. — *m*, souche de la colonie (sarcosome ou cœnosarc).

scyphule ; celui-ci bourgeonnant, donne d'autres scyphules; ceux-ci finissent par acquérir des lobes périphériques, les segments supérieurs se détachent et chacun d'eux est une petite Méduse (*Ephyra*).

Acalèphes....	Ombrelle plate discoïde........	*Discoméduses.*
	Ombrelle très haute...........	*Hypsoméduses.*

Quelques Hypsoméduses sont toujours fixées. Ce sont les *Calycozoaires*. Animaux tous marins.

Cténophores. — *Solitaires, sphériques et présentant 4 paires de côtes portant des peignes ou palettes natatoires formées de cils longs, cornés, soudés. Marins.*

Bouche à l'un des pôles, large ou étroite. Œsophage aplati. Estomac donnant naissance à deux *canaux œsophagiens* aveugles; à deux canaux radiaires, qui se bifurquent deux fois de manière à former huit canaux longeant les côtes, deux canaux terminaux s'ouvrant au pôle aboral, mais l'orifice ne joue pas le rôle d'anus. Quelquefois il y a des tentacules préhensiles, renfermant des cellules adhésives. Ils sont rétractiles. Un otocyste au pôle aboral, mais ses relations avec le système nerveux sont obscures. Animaux exclusivement marins, phosphorescents, à développement direct.

Cténophores.	Pas de tentacules, une large bouche..	*Eurystomes.*
	Des tentacules, une bouche étroite.....	*Sténostomes.*

CHAPITRE VII

LES ÉCHINODERMES.

Symétrie radiaire apparente à première vue, symétrie bilatérale aisément reconnaissable. Peau incrustée de calcaire, hérissée de piquants. Tube digestif complet. Un système ambulacraire en rapport avec un système circulatoire. Un cœlome, un squelette dermique, un système nerveux, des glandes génitales.

Extérieurement le corps montre des parties semblables (*antimères*), réunies autour d'un axe. On définit *interradius*, le plan de symétrie qui passe entre deux antimères, et *radius* celui qui passe au milieu d'un antimère. Un radius comprend toujours un tronc nerveux, un vaisseau du système circulatoire se distribuant aux pieds ambulacraires qui sont placés uniquement sur les radius. Souvent un antimère se développe plus que les autres, alors, une face dorsale et une ventrale apparaissent.

L'appareil digestif se présente dans cet embranchement, pour la première fois, c'est un sac ou un tube à parois propres ; entouré par la cavité générale à la cloison de laquelle il est relié par une ou plusieurs *lames mésentériques* ; il présente un revêtement interne cilié, sauf chez les Holothurides.

L'appareil circulatoire est très compliqué et diffère totalement de celui des autres groupes; il comporte en tout trois parties :

1° Un appareil d'irrigation en rapport plus ou moins direct avec le milieu ambiant, de composition simple et constante. Il a son point de départ dans la plaque *madréporique* ou *hydrophore* qui fait partie du test et qui est placée dans un interradius, et percée de pertuis conduisant dans le *tube hydrophore* ou *canal du sable*. Il aboutit à un vaisseau annulaire entourant la bouche et duquel partent des canaux *ambulacraires* auxquels se rattachent les *vésicules de Poli*. Le nom d'*appareil ambulacraire* a été donné à cette première partie du système circulatoire.

2° Il est accompagné d'un système de cavités dépendant de la cavité générale, désignées sous le nom de *cavités sous-ambulacraires*, placées entre le test et le vaisseau ambulacraire. Parfois la partie centrale est un canal annulaire (*anneau labial*) inférieur à l'anneau ambulacraire; de cet anneau partent des canaux radiaux sous-ambulacraires; en outre il communique avec une vaste cavité, l'*organe sacciforme* qui renferme le tube hydrophore (Stellérides): cette cavité s'ouvre à son extrémité aborale dans un canal annulaire. Tout cet ensemble est en rapport par des orifices interradiaux ou radiaux avec le cœlome (Stellérides, Ophiurides). La communication n'est pas connue dans le groupe des Échinides où l'organe sacciforme a disparu.

3° L'*appareil plastidogène*, comprenant une série d'organes donnant naissance aux corpuscules du liquide cœlomatique. La partie principale en est la *glande ovoïde* ou organe plastidogène, logé dans le corps sacciforme.

Une quatrième partie qui n'est pas constante, l'*appareil absorbant*, est chargée de recueillir les produits de la digestion et de les répartir dans l'économie.

Les *Crinoïdes* présentent l'appareil circulatoire général, cependant des formations complexes apparaissent qui dissimulent les traits principaux de l'ensemble.

Il n'y a pas d'organes spéciaux pour la respiration qui s'effectue à travers les téguments ; l'intestin dans sa portion terminale joue également un rôle chez les Crinoïdes, le cœlome est envahi par l'eau de mer et des canaux du système sous-ambulacraire le mettent en rapport avec tous les éléments anatomiques. Les organes d'excrétion manquent.

Les glandes génitales sont placées par paires et s'étendent dans les radius (Stellérides, Ophiurides), leurs pores sont interradiaux. Chez les Crinoïdes, elles sont comprises dans la cavité des bras, mais ne sont fécondes que dans leurs appendices (pinnules). Chez les Echinides, les glandes sont interradiales et s'ouvrent chacune sur une plaque du squelette dans la région aborale. L'appareil locomoteur est formé de tubes ambulacraires réunis par aires (*aires ambulacraires*) et sous la dépendance directe de l'appareil circulatoire.

La position du système nerveux n'est pas très bien déterminée chez les Stellérides et les Crinoïdes, les Ophiurides et les Echinides montrent un anneau péribuccal, d'où partent cinq troncs nerveux, qui suivent les canaux ambulacraires, sortent du test par les orifices de plaques du test interposées à celles qui portent les pores génitaux, et se ramifient sur le test en un réseau superficiel très complexe.

Les organes sensitifs ne sont pas fréquents.

Échinodermes.	Corps étoilé, rayons distincts, disque central, un anus.........	*Stellérides.*
	Corps étoilé, bras flexibles, ramifiés. Pas d'anus..............	*Ophiurides.*
	Corps globuleux, ovale ou discoïde. Test solide à piquants mobiles. Bouche et anus.....	*Échinides.*
	Corps cylindrique, vermiforme, une couronne de tentacules oraux, anus terminal.........	*Holothurides.*
	Corps globuleux ou caliciforme, portant des bras articulés, garnis de branches latérales (pinnules)......................	*Crinoïdes.*

Stellérides. — *Corps aplati, en forme d'étoiles. Des pièces calcaires recouvrent le tégument. Un squelette brachial externe de pièces mobiles articulées entre elles comme des vertèbres (vulgairement appelés* Étoiles de mer).

Bouche au centre de la face ventrale tournée vers le bas. Tube digestif sacciforme, estomac spacieux, se continuant dans les bras par des cæcums glanduleux (fig. 11). Systèmes ambulacraire, sous-ambulacraire et plastidogène, pas de système absorbant. Respiration par des sacs dits *branchies dermiques*. Système nerveux mal défini. A l'extrémité des bras,

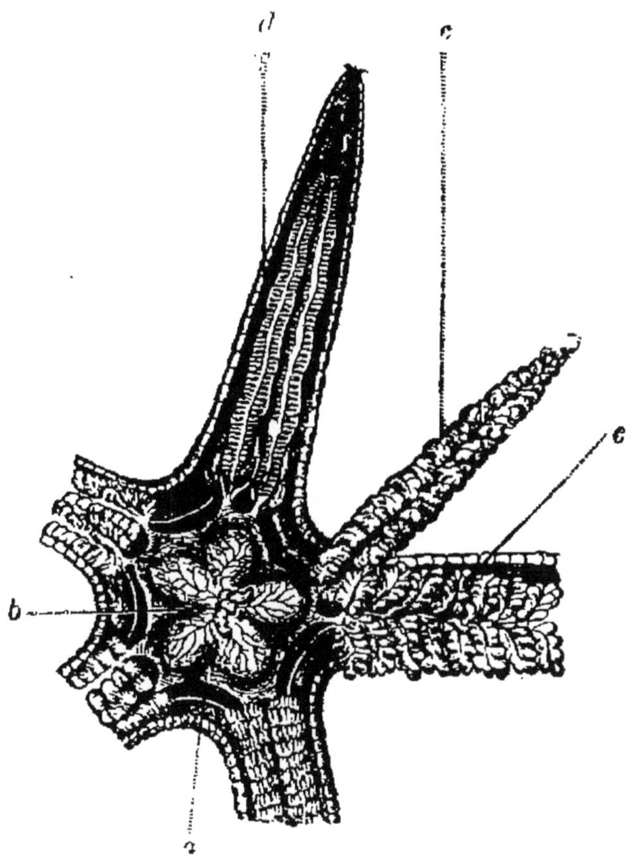

Fig. 11. — Appareil digestif d'un Stelléride. — *a*, estomac. — *b*, cæcum rectal. — *c*, cœcums rameux de l'estomac. — *d*, cæcums brachiaux en place.

des palpes olfactifs (Prouho), et des taches pigmentaires oculaires. Radius confondus à leur origine. Organes génitaux s'ouvrant par des plaques criblées, au nombre de cinq ou dix paires. Une ou plusieurs plaques madréporiques. Anus dorsal, parfois manquant.

Les Stellérides montrent des phénomènes de mutilation volontaire et de reconstitution des parties mutilées.

STELLÉRIDES.	Pieds ambulacraires sur 4 lignes; sont terminés par des ventouses; pédicellaires pédonculés; un anus.........	*Quadrisériés.*
	Deux lignes de pieds ambulacraires; pédicellaires sessiles; anus nul........	*Bisériés.*

Ces animaux habitent toutes les mers et toutes les profondeurs; ils subissent, comme leurs congénères, des métamorphoses. Leur larve est d'abord une *Bipinnaria*, qui change de forme, devient une *Brachiolaria*, laquelle subit encore des métamorphoses avant de devenir un Stelléride.

Ophiürides. — Un disque central portant des radius distincts. Pas de pédicellaires, pas d'anus, plusieurs plaques madréporiques ventrales, radius grêles, serpentiformes sans prolongements du tube digestif, dépourvus de sillons ambulacraires découverts, et ne se touchant pas par la base. Pieds ambulacraires, dépourvus de ventouses et seulement tactiles. *Dix sacs glandulaires* ouverts par une fente de chaque côté des radius, cette fente sert à l'expulsion des produits de dix glandes sexuelles. Systèmes ambulacraire, sous-ambulacraire et plastidogène. Système nerveux du type général. Pas d'organes des sens. La larve des Ophiurides et des Échinides est appelée *Pluteus*.

OPHIURIDES.	Bras simples........................... ..	*Ophiurés.*
	Bras rameux.............................	*Euryalés.*

Les *Ophiurés* marchent par ondulations des bras; les *Euryalés* enroulent les leurs autour de corps sur lesquels ils se fixent et grimpent.

Échinides. — *Un test composé de plaques pentago-*

nales immobiles, porteur de piquants. Vulgairement Oursin.

Bouche centrale ou excentrique, munie ou dépourvue d'organes masticateurs (*lanterne d'Aristote*), œsophage court, estomac étroit, intestin contourné en hélice, anus aboral. Le canal hydrophore s'ouvre sous une plaque du test, impaire et perforée (*plaque madréporique*) située au sommet d'une aire interambulacraire non percée de trous pour le passage

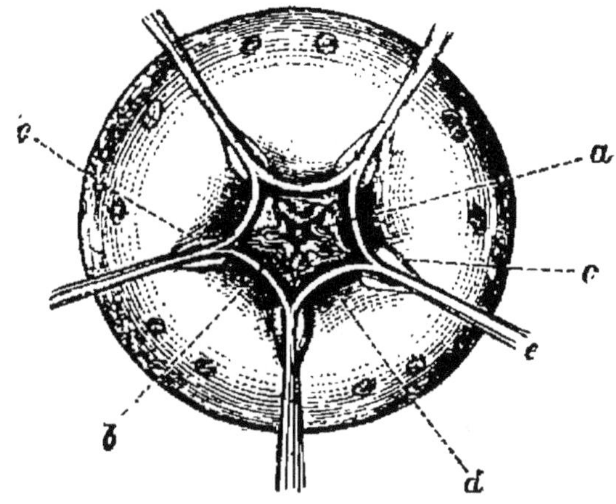

Fig. 12. — Système nerveux typique d'Echinoderme. — *a*, œsophage sectionné. — *b*, fond de la bouche. — *c*, muscles. — *d* et *e*, anneaux et rayons nerveux.

des pieds ambulacraires. Le système ambulacraire présente un anneau péri-œsophagien et sous-ambulacraire ; il est identique, à part cela, à celui du type général : un appareil plastidogène, un système absorbant. Branchies ambulacraires, adaptation des tubes à la respiration, Le système nerveux (fig. 12), semblable à celui des Ophiurides, se ramifie sur le test en un réseau compliqué (Delage). Organes des sens : *pédicellaires*, piquants modifiés en pinces préhensiles à trois ou quatre branches, abondants au voisinage de la bouche; *sphéridies*, petits boutons ciliés, pédonculés ou non; d'usage peu défini.

Échinides.	Un appareil masticateur.	Globuleux, aires ambulacraires occupant tout un cercle de la sphère, anus sub-central...............	*Réguliers.*
		Déprimés, une rosette ambulacraire à branches courtes, anus excentrique........................	*Irréguliers.*
	Pas d'appareil masticateur.	Clypéiformes, anus marginal ou ventral, bouche centrale........	*Cassidulides.*
		Cordiformes, anus marginal ou ventral, bouche excentrique....	*Spatangides.*

Les *Réguliers* ont cinq glandes génitales s'ouvrant en dehors dans cinq plaques percées d'un pertuis (plaques génitales).

Ces animaux peuvent se subdiviser en trois familles :

Réguliers.....	Test mobile, aires ambulacraires larges........................	*Euéchinides.*
	Test immobile, aires ambulacraires étroites......................	*Cidarides.*
	Test à plaques écailleuses imbriquées, mobiles, à aires ambulacraires larges.................	*Échinothurides.*

Les plus fréquents sont les Euéchinides (*Echinus esculentus, E. Melo, E. granularius*), quelquefois comestibles. Le plus répandu est le *Strongylocentrus lividus.*

Les *Irréguliers* se subdivisent ainsi :

Irréguliers....	Test plus ou moins bombé, rosette ambulacraire imparfaite........	*Clypéastrides.*
	Test discoïde, plat, aires ambulacraires pétaloïdes..............	*Scutellides.*

Ces animaux sont peu répandus.

Les *Cassidulides* se divisent aussi en deux familles :

Cassidulides.	Aires ambulacraires non pétaloïdes.	*Échinonéides.*
	Cinq aires ambulacraires pétaloïdes.	*Échinolampides.*

Ils habitent les mers chaudes.

Les *Spatangides* vivent à de grandes profondeurs; parfois, sur les côtes de la Manche, on découvre des Euspatangides.

Spatangides..	Une rosette ambulacraire pétaloïde à 4 branches..................	*Euspatangides.*
	Pas de rosette pétaloïde..........	*Holastérides.*

Holothurides. — *Bouche antérieure et supérieure, tube digestif long et contourné sur lui-même. Estomac étroit, muni de cæcums glanduleux. Anus inférieur et postérieur* (fig. 13).

Système ambulacraire composé d'une partie centrale et d'une autre périphérique. La partie centrale se compose d'un *canal péri-œsophagien* avec renflements annexes (*vésicules de Poli*). La partie périphérique comprend : 1° dans les aires ambulacraires, des *canaux ambulacraires*, ramifiés aux tubes ambulacraires; 2° un *canal hydrophore* ou canal du sable, ouvert dans le cavité générale.

L'appareil circulatoire comprend en plus : 1° un système *sous-ambulacraire*, en relation avec le cœlome, composé de canaux situés en dessous et en dehors des canaux ambulacraires ; 2° un *appareil plastidogène*, engendrant des *amœbocytes*, corpuscules flottant dans le liquide cœlomatique, et enfermé dans l'appareil sous-ambulacraire; son organe central (*glande ovoïde*) est accolé au canal hydrophore, et s'ouvre dans un *anneau plastidogène péri-œsophagien*, duquel partent cinq canaux plastidogènes. Enfin 3° un *système absorbant*, portant au système plastidogène les éléments nécessaires à la formation des amœbocytes. Ce sont des lacunes de la paroi intestinale, débouchant dans l'anneau plastidogène. Les appareils respiratoires sont des tentacules simples ou ramifiés, formant une couronne préorale. Partant du voisinage de l'anus, existent des *poumons aquifères*, organes creux arborescents qui forment

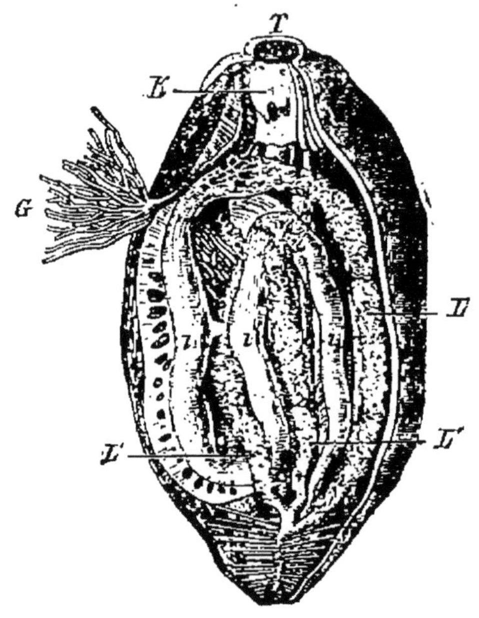

Fig. 13. — Organisation d'une Holothurie. — T, bouche. — K, squelette. — L, L', L'', poumons aquifères. — G, glande génitale. — *i i i*, intestin.

des vésicules allongées; l'eau entre et sort sans cesse, se renouvelant dans ces organes.

Les pieds ambulacraires sont des organes tubuleux contractiles, terminés par une ventouse ou non, et rangés en cinq ou six lignes longitudinales.

Pas d'appareil excréteur bien net.

Système nerveux consistant en un anneau pentagonal œsophagien, donnant cinq *troncs ambulacraires*.

Organes des sens peu importants.

Organes reproducteurs formant un paquet de tubes simples, dont le canal excréteur débouche sur la face dorsale, près de la couronne tentaculaire. Pas d'accouplement. Des métamorphoses (larve *Auricularia*).

Deux groupes d'Holothurides :

HOLOTHURIDES..	Des pieds ambulacraires................	*Eupodes.*
	Pas de pieds ambulacraires	*Apodes.*

Eupodes. — Holothuries, *Cucumaria*, *Rhopalodina.*

Apodes. — *Echinosoma, Synapta.*

Crinoïdes. — *Libres ou fixés par une tige calcaire, qui part de la partie aborale ou dorsale, pluriarticulée, portant des cirres verticillés. Face dorsale du corps formée de plaques juxtaposées. Face ventrale tournée vers le haut. Bouche et anus au centre de la face ventrale, dans un interradius.*

De la bouche partent des sillons ambulacraires, vêtus d'une peau molle et portant des tentacules (pieds ambulacraires) couverts de cils. Les ondulations des bras font mouvoir l'animal, qui, par une couronne dorsale de cirres, peut s'accrocher aux végétaux marins. Le calice porte des entonnoirs vibratiles, qui amènent l'eau dans un système circulatoire complexe.

CRINOÏDES..	Bras développés, contenant des organes génitaux..................................	*Brachiés.*
	Bras courts ou nuls, ne contenant par les organes génitaux..........................	*Cystidés.*

Brachiés. — Un grand nombre de plaques, disposées régulièrement sur cinq radius, forment un calice. Une pièce centrodorsale sert à l'insertion de la tige : *Comatula* ou *Antedon*, commun dans la Méditerranée, Pédonculé dans le jeune âge; *Pentacrinus*, fixé; d'autres espèces fixées vivent aux plus grandes profondeurs.

Cystidés. — Organes génitaux dans le calice, formé de plaques poreuses non disposées en rayons. Sessiles ou brièvement pédonculés. Éteints aujourd'hui.

CHAPITRE VIII

LES VERS.

Embranchement peu homogène, appelé sans doute à se démembrer en plusieurs autres.

Animaux *à symétrie bilatérale, dont le corps est divisé en métamères ou segments ; ils sont pourvus d'un système de canaux excréteurs (vaisseaux aquifères, organes segmentaires, néphridies). Le système nerveux est une chaîne ventrale ganglionnaire, reliée par un collier œsophagien à deux masses nerveuses cérébroïdes ; le système musculaire est bien développé ; l'appareil digestif aussi. L'appareil circulatoire apparaît dans les formes supérieures, avec les branchies. Il y a des métamorphoses et parfois des générations alternantes.*

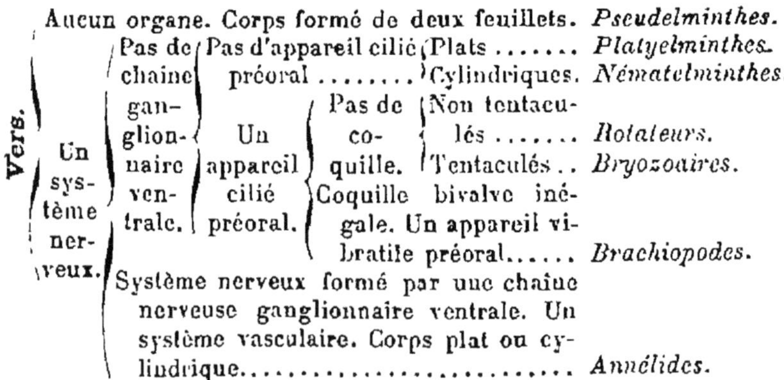

Vers.

Aucun organe. Corps formé de deux feuillets. *Pseudelminthes.*

Un système nerveux.
- Pas de chaîne ganglionnaire ventrale.
  - Pas d'appareil cilié préoral
    - Plats .... *Platyelminthes.*
    - Cylindriques. *Nématelminthes.*
  - Un appareil cilié préoral.
    - Pas de coquille.
      - Non tentaculés .... *Rotateurs.*
      - Tentaculés .. *Bryozoaires.*
    - Coquille bivalve inégale. Un appareil vibratile préoral...... *Brachiopodes.*
- Système nerveux formé par une chaîne nerveuse ganglionnaire ventrale. Un système vasculaire. Corps plat ou cylindrique........................ *Annélides.*

Pseudelminthes. — *Composés d'un feuillet interne (entoderme) et d'un externe (ectoderme). Ce sont des Vers dégradés* (Giard). *Pas d'organes, ni d'appareils. Leur* *organisation est celle d'une Gastrula.* Aussi les a-t-on nommés parfois *Gastréades.*

PSEUDELMINTHES.	Corps annelé, pas d'orifices.......		*Orthonectides.*
	Non annelés.	Pas d'orifices......	*Dicyémides.*
		Un orifice.........	*Physémides.*

Orthonectides. — Pluricellulaires, parasites des Némertiens ou des Ophiures. Le mâle est fusiforme, cilié, sauf un anneau post-céphalique au milieu du corps; se désagrège à un moment donné et forme les spermatozoïdes. Femelles dimorphes; aplaties et donnant des femelles; ou cylindriques et produisant des mâles (Giard) : *Rhopalura.*

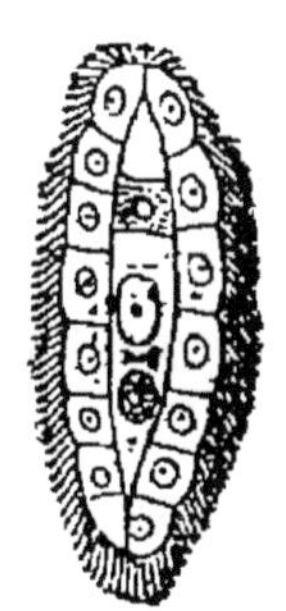
Fig. 14. — Dicyema.

Dicyémides. — Entoderme unicellulaire. Parasites des Céphalopodes. La cellule entodermique, axiale, contient des embryons vermiformes et piriformes; ceux-ci ne se transforment pas. Les autres deviennent identiques au *Dicyémide* qui leur a donné naissance (fig. 14).

Physémides. — Ectoderme à cellules indistinctes, entoderme à cellules munies d'un seul cil; vivent fixés au fond de la mer par le côté opposé à leur orifice : *Gastrophysema.*

Platyelminthes. — *Pas de cœlome véritable, le corps est intérieurement formé d'un parenchyme conjonctif. Le tégument est très glandulaire. La reproduction sexuée ou asexuée. Ce sont des Vers plats :*

PLATYELMINTHES.	Pas d'anus.	Corps non cilié.	Tube digestif nul.	*Cestodes.*
			Un tube digestif..	*Trématodes.*
		Corps cilié.	Libres...........	*Turbellariés.*
	Tube digestif terminé par un anus......			*Némertiens.*

Cestodes. — Endoparasites, composés d'une partie piriforme (tête ou *scolex*) et d'une série (*strobile*) de segments (*proglottis*). Le scolex (tête et cou) porte un ganglion nerveux, des ventouses et des crochets. Pas de tube digestif, pas d'appareil circulatoire ni respiratoire. Appareil excréteur comprenant des canaux latéraux, dans lesquels débouchent des canalicules. Hermaphrodites. L'appareil sexuel, rejeté dans chaque anneau, est composé de plusieurs glandes. L'œuf fécondé donne un embryon globuleux armé de six crochets (Hexacanthe), qui devient libre et aquatique, ou vit en parasite dès le début.

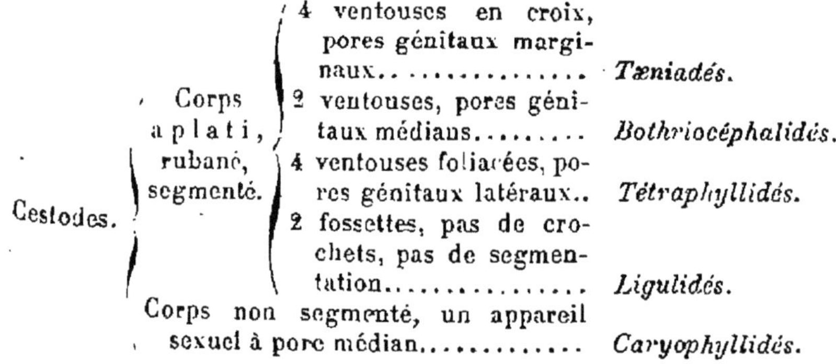

Cestodes.	Corps aplati, rubané, segmenté.	4 ventouses en croix, pores génitaux marginaux..............	*Tæniadés.*
		2 ventouses, pores génitaux médians.........	*Bothriocéphalidés.*
		4 ventouses foliacées, pores génitaux latéraux..	*Tétraphyllidés.*
		2 fossettes, pas de crochets, pas de segmentation................	*Ligulidés.*
	Corps non segmenté, un appareil sexuel à pore médian............		*Caryophyllidés.*

Chez les *Tæniadés*, l'Hexacanthe (fig. 15 et 16) s'entoure dans les tissus de l'hôte d'une vésicule entourée d'un kyste (*Cystique*). Les crochets disparaissent et

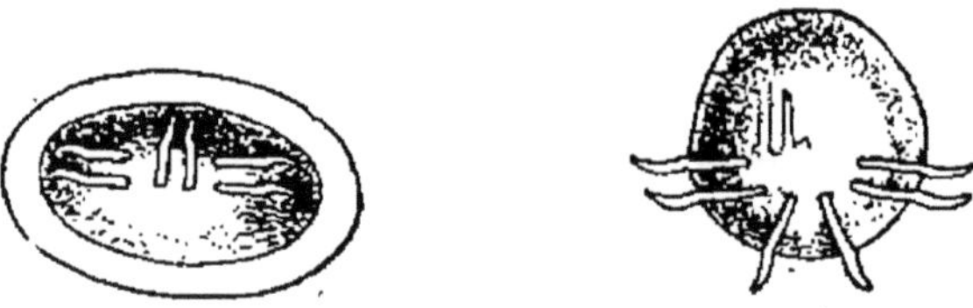

Fig. 15 et 16. — Hexacanthe.

au point opposé apparaît la tête du futur Tænia. Le Cystique peut être introduit dans un nouvel hôte et là se développer. Il donne le strobile par bourgeonnement. Les derniers anneaux se détachent (*Cucur-*

bitains). Le Cystique peut affecter plusieurs formes : *Cysticerque*, à une seule tête; *Cœnure*, à plusieurs têtes, et *Échinocoque*, Cystique à plusieurs corps vésiculeux produisant des têtes multiples. L'Échinocoque est appelé encore *Hydatide*. Les Cystiques peuvent quelquefois n'avoir qu'une vésicule réduite et ne jamais s'enkyster, mais ils sont spéciaux aux Invertébrés.

Les *Bothriocéphalidés* renferment le plus grand Cestode parasite de l'Homme (*Bothriocephalus latus*), dont les anneaux sont plus larges que longs.

Les *Tétraphyllidés* sont parasites des Sélaciens.

Les *Ligulidés* vivent dans l'intestin des Oiseaux aquatiques.

Enfin les *Caryophyllidées* sont parasites du tube digestif des Cyprins.

Trématodes. — Vers plats, sans cils vibratiles, à tube digestif bifurqué. Pas d'anus ; plusieurs ventouses. Bouche antérieure, pharynx musculeux, œsophage court, se ramifiant en branches gastrointestinales simples ou divisées. Un tronc médian excréteur se termine par un pore terminal. Deux ganglions cérébroïdes, une commissure dorsale, des nerfs latéraux et des nerfs antérieurs. Des taches oculaires. Sexes réunis. Deux glandes mâles débouchent par un canal unique dans un cloaque commun avec l'appareil femelle impair, muni de vitellogènes pairs. Pore génital simple ou double.

Trématodes..	Deux ventouses.....................	*Distomiens*.
	Plus de deux ventouses.............	*Polystomiens*.

Les *Distomiens* (Douves) sont endoparasites dans le tube digestif des Vertébrés. Leurs métamorphoses sont complexes. L'embryon cilié pénètre dans la cavité respiratoire d'un Mollusque et se transforme en un sac (*sporocyste*), dont la cavité contient des êtres parthénogénétiques, les *Rédies;* celles-ci contiennent une génération de Rédies filles. Les Rédies mères quittent le sporocyste, qu'elles détruisent, et se rendent dans la cavité digestive du Mollusque, puis les Rédies filles sortent du corps maternel qui disparaît ensuite; les Rédies filles donnent naissance à des *Cercaires*, larves plates à tube digestif et à ventouse; elles vivent libres, puis passent dans le corps d'un hôte nouveau et s'enkystent; ou bien s'enkystent sur un végétal, mais le développement est arrêté jusqu'à ce que le kyste arrive dans le corps d'un Vertébré; le Distomien gagne alors un organe déterminé. Citons la Douve du foie (*Distomum hepaticum*), la Petite Douve (*Distomum lanceolatum*), la *Bilharzia* qui vit dans les veines de l'Homme sous les hautes latitudes.

Les *Polystomiens* sont ectoparasites et ne subissent pas de métamorphoses : Gyrodactyle, *Diplozoon*, Tristome, etc.

Turbellariés. — Ciliés; corps mou, foliacé, pas de ventouses, tégument renfermant des cellules urticantes (*Nématocystes*) et des pigments. Une enveloppe musculaire. Tube digestif cilié dépourvu d'anus. Une cavité gastro-intestinale, bouche entourée d'un sphincter. Ni appareil circulatoire, ni appareil respiratoire. Deux troncs latéraux excréteurs. Orifice mâle unique ou double. Glande femelle impaire, compliquée de glandes accessoires (vitellogène, glande coquillière, etc.). Système nerveux comprenant deux ganglions et des troncs latéraux anastomosés. Yeux constitués par des taches pigmentaires avec ou sans cristallin. Otocystes rares. Des fossettes ciliées. Pas de métamorphoses. Deux sortes d'œufs : les uns par autofécondation, les autres par fécondation réciproque.

Turbellariés.	Cavité gastro-intestinale ramifiée	*Dendrocèles.*
	Cavité gastro-intestinale droite	*Rabdocèles.*
	Pas de cavité gastro-intestinale.	*Acœles.*

Les Turbellariés sont marins ou d'eau douce, les espèces terrestres sont peu fréquentes.

Les *Planaires*, Dendrocèles d'eau douce, sont caractérisées par un seul orifice sexuel extérieur.

Les *Mesostomum* sont des *Rabdocèles* d'eau douce.

Némertiens. — Jamais segmentés. Corps allongé. La tête porte à son extrémité un orifice buccal supérieur et un orifice proboscidien. Celui-ci se continue par un tube étroit, long, musculaire, terminé en cæcum exsertile, la *trompe;* à l'autre extrémité du corps, un anus. Il y a un cœlome contenant un liquide incolore à éléments figurés. Bouche. Œsophage. Intestin. Trompe caractéristique enfermée dans la chambre proboscidienne; la trompe porte ou non un stylet. Trois vaisseaux pour la circulation, la paroi en est contractile : un dorsal, deux latéraux unis à leurs extrémités. Appareil excréteur, représenté par de fins canalicules ouverts dans deux troncs latéraux en dehors des troncs vasculaires. Système nerveux comprenant deux ganglions cérébroïdes, unis par deux commissures, embrassant la trompe et non l'œsophage. Nerfs céphaliques. Nerfs dorsaux. Yeux rudimentaires. Éléments mâles et femelles issus de poches voisines de l'intestin, un pore génital pour chaque poche. Développement comprenant une larve, le *Pilidium*, ciliée, libre, caractéristique des Némertiens.

Se subdivisent en deux familles :

Némertiens.	Trompe armée de stylets	*Enoplides.*
	Trompe inerme.............................	*Anoplides.*

Pas de métamorphoses chez les premiers, des métamorphoses chez les seconds.

Némathelminthes. — *Corps cylindrique, un cœlome, pas d'appendices locomoteurs, une chaîne ganglionnaire ventrale. Segmentation interne et externe ne se correspondant pas. Anus terminal ; tube digestif et organes sexuels flottant dans le cœlome. Système nerveux comprenant un anneau œsophagien et deux troncs nerveux médians, dorsal et ventral. Unisexués et endoparasites.*

NÉMATELMINTHES..	Pas de tube digestif...........	*Acanthocéphales.*
	Un tube digestif..............	*Nématodes.*

Acanthocéphales. — Pas de tube digestif. Tête armée de crochets. Parasites et non segmentés. Ils sont armés d'une trompe rétractile et qui, rétractée, fait saillie dans le cœlome. A la gaine proboscidienne sont suspendues deux poches (*Lemnisques*), auxquelles on attribue un rôle excréteur. Un ganglion nerveux unique. Pas d'organes des sens. Sexes distincts.

Un seul genre, *Echinorhynchus*, parasite des Vertébrés, rare chez l'Homme.

Nématodes. — Ils ont l'aspect d'un cordon cylindrique de dimensions variables, pas trace de segmentation. Tégument formé d'une cuticule dépourvue de cils, un épiderme, un hypoderme épaissi en quatre bourrelets longitudinaux traçant deux lignes médianes, ventrale et dorsale, et deux lignes latérales. Une couche musculaire continue forme un revêtement interrompu sur la ligne ventrale. Les bourrelets hypodermiques séparent en outre quatre *champs musculaires*. Tube digestif complet, anus ventral, bouche s'ouvrant parfois au fond d'une poche armée de dents. Cœlome rempli d'un liquide incolore dépourvu de corpuscules. Les appareils circulatoire et respiratoire font défaut. Deux tubes longitudinaux, s'ouvrant sur la face ventrale par un pore unique et terminés d'autre part en cæcum, forment l'appareil excréteur. Système nerveux comprenant un collier œsophagien, émettant six troncs nerveux. Des yeux rudimentaires. Sexes séparés. Glande mâle tubuleuse s'ouvrant dans un cloaque avec le rectum ; ovaires filiformes, ouverts à part ou dans le cloaque.

Métamorphoses peu accentuées, l'embryon prend la forme qu'il doit conserver (*Rhabditis*) et se développe dans l'hôte qu'il doit infester. Le Rhabditis prend parfois des organes sexuels et donne naissance à des animaux qui prennent la forme du parent, en menant la vie parasite.

Nématodes..	Tube digestif complet.	Mâles à organes copulateurs terminaux......	*Trichinides.* *Trichocéphalides.* *Strongylides.*
		Mâles à pore génital ventral.............	*Ascarides.* *Oxyurides.* *Filarides.* *Anguillulides.* *Rabdonémides.* *Énoplides.*
	Tube digestif incomplet.		*Mermides.* *Gordiides.*

Les *Trichinides* renferment un Ver parasite, la Trichine (*Trichina spiralis*) vivant à l'état adulte dans l'intestin du Porc et à l'état de larve dans les muscles striés. L'Homme qui se nourrit de la chair de Porc infesté, s'infeste lui-même.

Les *Tricocéphalides*, parasites dans l'intestin humain (*Tricocephalus dispar*, 3 à 5 centimètres), ne déterminent aucun accident sérieux.

Les *Strongylides* renferment l'*Eustrongylus gigas*, qui atteint 30 centimètres et détermine des hématuries graves : il est très rare chez l'Homme ; l'*Ankylostoma duodenale* s'introduit avec les eaux malpropres dans l'intestin, il produit des accidents dangereux : très commun en Égypte.

L'*Ascaris lumbricoïdes* peut, en s'introduisant dans le canal cholédoque ou dans les voies respiratoires, déterminer des accidents graves, il est généralement localisé dans l'intestin, c'est le plus commun des vers parasites de l'Homme.

L'*Oxyurus vermicularis* est commun chez les enfants.

La *Filaria medinensis*, parasite de l'Homme, se localise dans le tissu conjonctif sous-cutané et cause des abcès douloureux. Spéciale aux contrées tropicales. La Filaire du sang de l'Homme (*F. Bancrofti*) est un parasite très redoutable pour l'Homme, il vit en dehors de l'Europe, et est introduit dans le sang par l'eau absorbée.

Les *Anguillulides* sont parasites des végétaux : Anguillule du blé (*Tylenchus Tritici*).

Les *Rabdonémides*, parasites de l'Homme, occasionnent la diarrhée de Cochinchine, souvent mortelle.

Les *Énoplides* sont libres.

Les *Mermides* et les *Gordiides* sont parasites d'Insectes ou de Poissons, très rarement de l'Homme (*Gordius aquaticus*) (1).

Rotateurs. — *Microscopiques, à tête munie d'un organe cilié (organe rotateur), porté sur la partie antérieure non segmentée du corps, qui contient tous les organes. La partie postérieure est extérieurement segmentée et bifurquée (queue); entre les branches de la bifurcation s'ouvre une glande visqueuse qui sert à fixer l'animal. La queue peut manquer.*

La bouche est un entonnoir ventral ou terminal. Pharynx musculeux. Appareil masticateur (*Mastax*). Un estomac à deux glandes, un rectum cilié, un anus

(1) Pour l'étude des vers parasites de l'Homme voyez Lefert. *Aide-mémoire d'Histoire naturelle médicale.*

dorsal. Ni appareil respiratoire, ni appareil circulatoire. Une paire d'organes segmentaires (*Monomérides*). Un système nerveux réduit à un ganglion dorsal. Yeux rudimentaires. Sexes séparés (dimorphisme sexuel accentué). Un simple sac constitue le testicule, il s'ouvre avec le rectum dans un cloaque ; ovaire sacciforme à oviducte très court. Deux sortes d'œufs : œufs d'été à coque molle, parthénogénétiques, donnant des femelles, puis des mâles ; œufs d'hiver à coque résistante, pondus après fécondation, donnant uniquement des femelles parthénogénétiques. Pas de métamorphoses. Animaux non réviviscents, quoique on l'ait longtemps cru.

Rotateurs.	Fixés par un pied, entourés d'un tube gélatineux........	*Syndétiens.*		
	Rotateurs libres....	*Nectiens...*	Corps cuirassé.	*Cataphractés.*
			Corps non cuirassés	*Acataphractés.*

Syndétiens. — Les plus répandus sont : *Melicerta, Liminias, Floscularia.*

Nectiens. — Les *Cataphractés* sont les *Brachionus.*

Les *Acataphractés : Rotifer, Apsilus, Trochosphæra, Balatro, Asplanchna,* etc.

Aux Rotateurs se rattachent les deux ordres suivants : 1° *Échinodères*, microscopiques, munis d'un anneau renflé hérissé de piquants; 2° *Gastrotriches* aquatiques vêtus de cils ventraux et de soies dorsales, corps terminé par une pince où s'ouvre l'anus.

Bryozoaires. — *Aquatiques, munis de tentacules, ciliés, fixés sur un support (lophophore). Ils vivent en colonies.*

Un assemblage de logettes (*ectocyste* ou *zoécie*, *a*, fig. 17 et 18) compose la colonie ; chaque loge renferme un animal ou *zooïde*, qui possède une couronne tentaculaire et un tube digestif (*f*, *g*, *h*, *i*). Les zooïdes

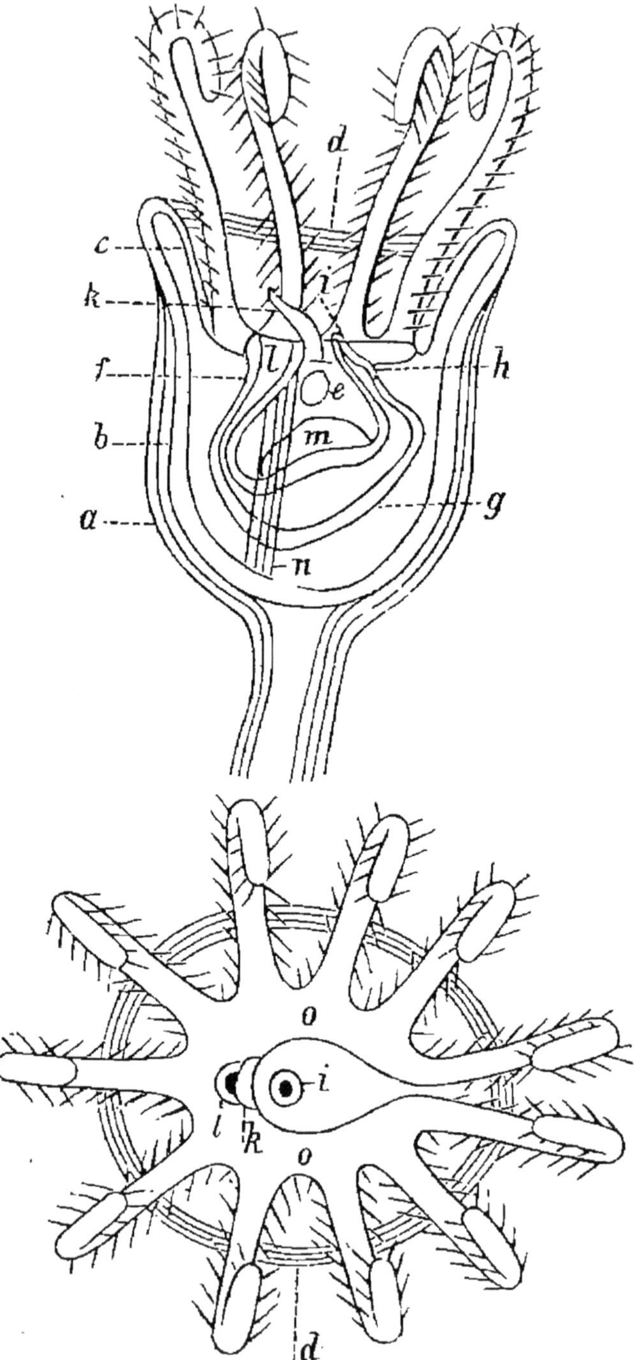

Fig. 17 et 18. — Schéma d'un Bryozoaire.
Fig. 17. — Coupe longitudinale. Fig. 18. — Vu par la bouche.

sont en relation par des orifices dont est perforé l'ectocyste; une large ouverture met sa cavité en rapport avec l'extérieur.

La cavité est tapissée de muscles qui se prolongent en *gaine tentaculaire*, *d*, laquelle est rétractile avec les tentacules ; le lophophore, *o*, extrémité libre de la gaine, est percé de la bouche, *l*, et de l'anus, *i*. Des cils entourent la bouche, qui peut être surmontée d'un épistome, *k*. Un œsophage cilié, *f*, puis un estomac, *g*, courbé sur lui-même, un rectum, *h*, terminé par un anus, *i*, constituent le tube digestif. L'estomac est relié par un funicule à la partie la plus interne de la zoécie ou *endocyste*, *b*, lequel se réfléchit à l'extérieur, *c*. Pas d'appareil circulatoire. Un étroit collier œsophagien, un ou deux ganglions, *e*, forment le système nerveux. L'appareil excréteur peut faire défaut, mais les Bryozoaires sont nettement des Monomérides; il se présente sous l'aspect de tubes contournés, lorsqu'il existe. Sexes réunis. Une glande unique, *m*. Des métamorphoses variées.

Se divisent en trois classes :

Bryozoaires.	Gaine tentaculaire. Anus en dehors du lophophore..........	*Ectoproctes.*
	Pas de gaine tentaculaire. Anus à l'intérieur du lophophore.............	*Entoproctes.*
	Deux bras symétriques.............	*Ptérobranches.*

La plupart des Bryozoaires sont *Ectoproctes*, et cette classe peut se diviser en deux sous-classes :

Ectoproctes.	Lophophore en fer à cheval, un épistome...........................	*Phylactolèmes.*
	Lophophore annulaire, pas d'épistome.	*Gymnolèmes.*

Les *Phylactolèmes* sont tous d'eau douce : *Plumatella*, *Cristatella*, etc. Les *Gymnolèmes* sont marins : *Cellepora*, *Cellularia*, *Alcyonidium*, *Tubulipora*.

Les *Entoproctes* sont aussi marins, l'ectocyste est corné ou nul : *Pedicellina*, *Loxosoma*.

Les *Ptérobranches* se rapprochent des Brachiopodes : pas d'entocyste, ni de muscles rétracteurs : *Rabdopleura*.

Brachiopodes. — *Fixés, acéphales, apodes, corps enfermé dans un test à deux valves inégales* (fig. 19 et 20), *ventrale et dorsale. Pas de ligament articulaire. Un manteau bordé de soies. Appareil cilié préoral, soutenu par deux bras creux spiralés.*

Valve dorsale plus petite que la ventrale, qui

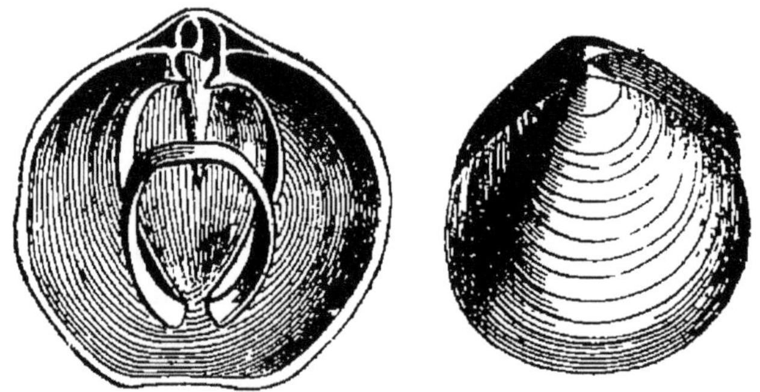

Fig. 19 et 20. — Coquille de Brachiopode.

forme un crochet ou bec muni d'un orifice par où passe le pédoncule de fixation. Deux bras dans la coquille, à droite et à gauche. Bouche entre les bras. Tube digestif dirigé vers le pédoncule terminé par un cæcum ventral, et environné d'une glande digestive très grosse. Quelquefois un anus ouvert dans le manteau. Système vasculaire représenté par la partie du cœlome que n'occupe pas le tube digestif. Manteau lacunaire, lacunes respiratoires. Une ou deux paires d'organes segmentaires débouchent à côté de la bouche. Sexes séparés, glandes paires semblables évacuant leurs produits par les tubes segmentaires. Coquille mince, cornée ou calcaire, sécrétée par le manteau, traversée par des canalicules allant d'une face à l'autre. Un squelette brachial (fig. 19 et 20), qui peut faire défaut. Les bras, ciliés, tubuleux, sont des organes de préhension. Deux ganglions nerveux, l'un dorsal, l'autre ventral, réunis par un collier œsophagien. Les nerfs vont aux bras, au manteau, aux muscles moteurs de la coquille. Peu d'organes des sens, cirres brachiaux tactiles.

Animaux marins, très répandus aux périodes géologiques, rares dans les mers actuelles :

BRACHIOPODES..	Une charnière et un squelette brachial à la coquille, pas d'anus...........	*Articulés*.
	Pas de charnière, pas de squelette brachial à la coquille, un anus latéral..	*Inarticulés*.

Les *Articulés* se trouvent dans la Méditerranée : *Thecidium*, *Terebratula Rhynchonella* (aussi dans l'Océan).

Parmi les *Inarticulés*, la Cranie (*Crania*) est méditerranéenne, les autres, *Lingula* et *Glottida*, sont des mers chaudes ; les Glottidés sont libres.

Annélides. — *Corps cylindrique ou aplati, segmenté ou non. Le tube digestif traverse parfois des diaphragmes qui correspondent ou non à une annulation externe. Bouche ventrale ou antérieure*, œsophage parfois protractile (*trompe*). Appareil vasculaire clos. Généralement pas de branchies. Deux paires d'organes segmentaires par anneau s'ouvrant à l'extérieur, latéralement et par des pavillons ciliés dans le cœlome. Sexes séparés ou réunis. Reproduction fréquemment asexuelle, par bourgeonnement ou scissiparité. Parapodes variables ; absents souvent. Des ganglions cérébroïdes, *gc* (fig. 21 et 22), innervant, *noc*, des yeux, *oc*, qui ne sont souvent que des taches oculaires, réunis au ganglion sous-œsophagien, *gso*, par des connectifs, *cn* ; une chaîne ganglionnaire plus ou moins soudée, *gv*; *cv*; le dernier ganglion (*anal*) formé par la coalescence d'un certain nombre de ganglions, *ga*.

Organes des sens représentés par des capsules auditives, des filaments (antennes ou cirres) tactiles, des taches oculaires ou des yeux bien conformés.

Des métamorphoses ou pas de métamorphoses. Une larve ciliée (*trochosphère*) ovoïde, non annelée, monoméride.

On divise les Annélides en quatre ordres :

ANNÉLIDES..	Segmentation peu visible.	Segmentation nulle. Tube digestif rectiligne.......	*Archéannélides.*
		Segmentation obscure. Tube digestif enroulé.........	*Géphyriens.*
	Segmentation visible.	Segmentation nette. Des ventouses. Pas de soies..	*Hirudinées.*
		Pas de ventouses. Des soies.	*Chétopodes.*

Archéannélides. — Corps allongé, deux antennes sur la tête, bouche antérieure, tube digestif droit, non

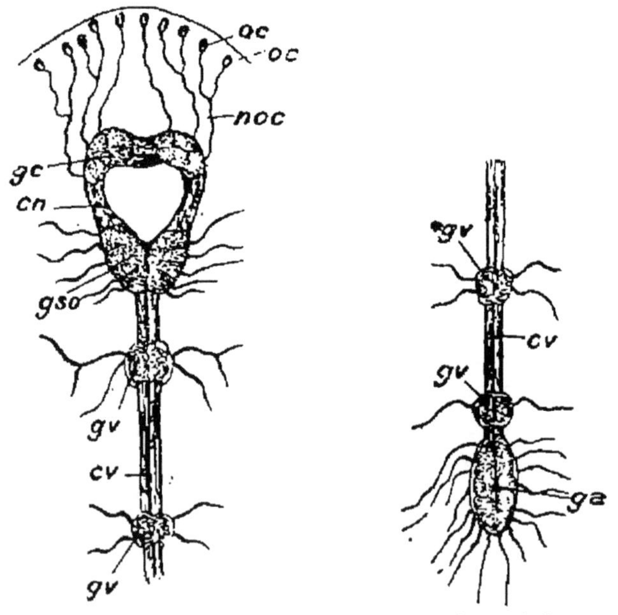

Fig. 21 et 22. — Système nerveux d'Annélide.

différencié, anus postérieur, cœlome divisé en somites homonomes. Deux vaisseaux longitudinaux dorsal et ventral; une paire d'organes segmentaires par somite. Sexes séparés ou réunis. Ganglion cérébroïde, collier œsophagien, pas de ganglions à la chaine ventrale : *Polygordius*, *Histriobdella*.

Géphyriens. — Ont le corps cylindrique ou renflé, muni d'une trompe et peu segmenté. La trompe est ou non en relation avec le tube digestif. Quelquefois des soies.

Cœlome non divisé; bouche munie de tentacules, tube digestif très contourné, anus dorsal et antérieur.

Souvent pas d'appareil circulatoire; quand il existe, il se compose de deux vaisseaux longitudinaux, l'un dorsal, contractile, l'autre ventral. Pas d'appareil respiratoire.

Des glandes anales ; de une à huit paires d'organes segmentaires.

Le cordon nerveux ventral n'est pas ganglionnaire. Sexes séparés.

Glandes à conduits vecteurs propres ou confondus avec les tubes segmentaires.

GÉPHYRIENS.	Bouche à la base d'une trompe imperforée. Deux soies en crochet, suborales. Anus terminal	*Armés*.
	Pas de trompe, pas de crochets, pas de soies. Bouche au milieu d'un panache de tentacules...........................	*Tubicoles*.
	Pas de crochets, pas de soies. Bouche à l'extrémité de la trompe. Anus dorsal..	*Inermes*.

Parmi les *Armés : Bonellia, Echiurus;*

Parmi les *Tubicoles : Phoronus*, seul genre;

Parmi les *Inermes : Sipunculus*, *Phascolosoma*, *Priapulus ;* tous les Géphyriens sont marins.

Hirudinées. — Ont le corps plat, démuni de soies et possédant deux ventouses, une perforée, l'autre imperforée fixatrice.

Le cœlome est oblitéré par du tissu conjonctif, et

ce qui en reste est un sinus servant à lacirculation. Pas d'appendices extérieurs.

Tube digestif (fig. 23) s'ouvrant au fond de la ventouse antérieure par une bouche, *b*, ouverte dans un œsophage, *c*, qui se dilate en estomac, *d*; l'intestin, *f*, possède des diverticules aveugles, *gggec*, puis forme un entonnoir *m*, que termine un rectum, *n*, *o*, *p*, parallèlement auquel courent deux derniers cæcums, *i*, *k*. Des dents chitineuses dans l'œsophage.

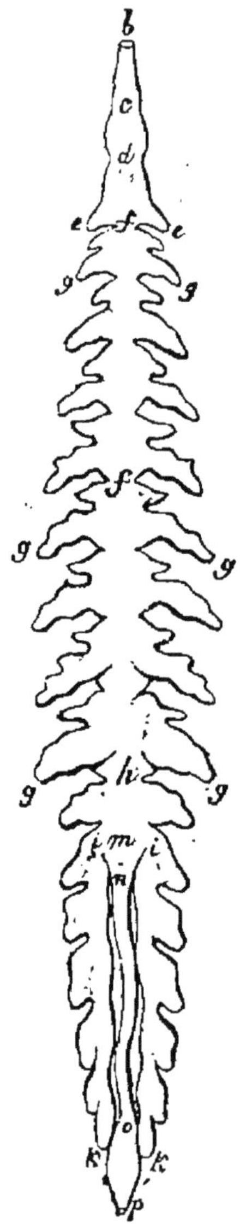

Fig. 23. — Tube digestif d'Hirudo.

Appareil circulatoire clos : un vaisseau dorsal, deux latéraux; longitudinaux tous trois.

Dix-sept paires d'organes segmentaires.

Système nerveux compris dans un sinus ventral, dernier vestige du cœlome, qui contient aussi le sang qui a circulé dans les trois vaisseaux. Vingt et un ganglions à la chaîne ventrale. Un système somato-gastrique. Glandes mâles au nombre de neuf paires à canaux déférents propres et se réunissant dans une vésicule dont le canal excréteur est un pénis. Deux ovaires, dont les oviductes se réunissent en un canal commun. Organes des sens rudimentaires :

Hirudinées..	Un œsophage armé de mâchoires.	*Gnathobdellides.*
	Pas de mâchoires. Une trompe....	*Rhynchobdellides.*

Les *Gnathobdellides* contiennent les diverses espèces de Sangsues (*Hirudo*). Parmi les *Rhynchobdellides*, les uns sont parasites de Poissons : *Branchellion*, *Piscicola*, les autres de Batraciens : *Glossiphonia*, ou libres : *Hœmentaria*.

Chétopodes. — Anneaux ou *somites* semblables (*homonomes*) ou non (*hétéronomes*). Parfois à chaque segment une paire de parapodes utiles pour la locomotion. Des appendices variés sur les segments : soies (tactiles); élytres (protecteurs), branchies, cirres, etc. Quand les parapodes manquent, les soies sont rares. Les diaphragmes internes correspondent à l'annulation externe. Chaque anneau contient : 1° un renflement du tube digestif; 2° deux ganglions nerveux; 3° une paire d'organes segmentaires; 4° deux troncs vasculaires, longitudinaux, réunis par des anses vasculaires allant aux branchies.

Les soies sont chitineuses, simples ou composées, et de formes diverses.

On divise ainsi les Chétopodes :

Chétopodes.	Pas de parapodes, ni cirres, ni branchies, peu de soies. Monoïques.	*Oligochètes.*
	Des parapodes portant des soies nombreuses, des branchies, des cirres. Dioïques.	*Polychètes.*

1° *Oligochètes.* — La tête est peu distincte, elle ne porte ni antennes ni tentacules, pas d'armure buccale, pas de parapodes. Quatre rangées longitudinales de soies courtes et peu nombreuses.

Tube digestif droit, jabot, gésier, intestin présentant une invagination tubuleuse, le *typhlosolis*. Appareil vasculaire clos; deux troncs longitudinaux : l'un ventral et l'autre dorsal, sont réunis dans chaque segment par une anse vasculaire. Le vaisseau dorsal est contractile, ainsi que certaines anses (*cœurs*). Sang rouge, mais sans globules. Pas d'appareil respiratoire. Chaque paire d'organes segmentaires appartient à deux segments consécutifs. Animaux monoïques. Chaîne nerveuse soudée de manière à n'offrir qu'un ganglion au milieu de chaque segment. Les organes des sens sont de simples amas pigmentaires. Au moment de la reproduction, une région du corps émet une sécrétion abondante (*clitellum*).

Deux classes d'Oligochètes, suivant qu'on trouve ou non des organes segmentaires dans les anneaux porteurs d'organes génitaux :

Oligochètes.	Des organes segmentaires dans les anneaux génitaux..........................	*Terricoles.*
	Pas d'organes segmentaires dans les anneaux génitaux..........................	*Limicoles.*

D'après M. E. Perrier, on peut diviser les *Terricoles* suivant la position du clitellum et des pores génitaux, en *Anteclitelliens* (pores précédant le clitellum), *Intraclitelliens* (pores sur le clitellum), *Postclitelliens* (pores après le clitellum), et *Aclitelliens* (pas de clitellum). Les premiers seuls sont répandus dans nos pays, et le plus commun est le Lombric ou Ver de terre (*Lumbricus*), dont on a décrit beaucoup d'espèces.

Les *Limicoles* sont aquatiques et ont les pores génitaux sur le clitellum, quand celui-ci existe : *Branchiobdella, Tubifex, Dero*, etc.

2° *Polychètes.* — La tête se décompose en un anneau *cérébral* portant les antennes et contenant le cerveau et un anneau *buccal* portant la bouche ; des tentacules dorsaux et des palpes labiaux, ventraux. On peut considérer le parapode comme composé de deux *rames :* une dorsale respiratoire, (*notopode*) ; l'autre ventrale, locomotrice (*neuropode*). Quand le parapode devient uniramé, le notopode disparaît (Pruvot). Tube digestif droit. Anus et bouche terminaux. Appareil circulatoire clos, sang rouge ou vert.

Deux vaisseaux principaux, reliés par des anses latérales : un sus-intestinal qui peut être contractile, et l'autre sous-intestinal. Le cœlome contient un liquide plasmatique, qui renferme des globules à mouvements amœboïdes. Les branchies sont des appendices cirriformes dorsaux, elles affectent souvent des formes arborescentes ou touffues. Les organes segmentaires sont parfois fermés du côté interne et figurent des reins. Pas de conduits vecteurs aux organes génitaux, dont les produits sont évacués par les conduits des organes segmentaires. Quelques espèces vivipares. Des générations alternantes. Le tégument est doublé d'une couche musculaire à fibres circulaires, sous laquelle existent quatre grands muscles longitudinaux, dorsaux et ventraux.

Les organes des sens sont plus développés que chez les autres Annélides ; souvent des yeux bien conformés (*Alciope*) ; deux classes :

Polychètes..	Hétéronomes à tête peu distincte.........	*Tubicoles.*
	Homonomes à tête distincte.............	*Errants.*

Les *Tubicoles* ou *Sédentaires* vivent dans des tubes chitineux ou calcaires sécrétés par la peau; ils n'y sont pas fixés : *Serpula, Hermella, Arenicola,* qui creuse des galeries dans le sable.

Parmi les *Errants*, qui sont tous marins et vivent à peu de profondeur : *Aphrodita*, recouvert d'un feutrage de soies ; *Eunice*, cinq antennes ; *Polynæ*, des élytres ; *Nereis*, quatre yeux et quatre antennes.

CHAPITRE IX

LES MOLLUSQUES.

Animaux à symétrie bilatérale, au corps mou non seg-

menté, recouvert d'une coquille calcaire et dépourvus, le plus souvent, de squelette. Il existe en général un pied ventral musculeux. Typiquement le système nerveux comprend trois sortes de ganglions : cérébroïdes, pédieux et viscéraux, ces derniers unis aux masses cérébroïdes par des commissures formant un double collier œsophagien. Organes des sens bien développés.

On peut diviser le corps en trois régions : tête, pied et tronc, celui-ci entouré d'un repli tégumentaire, le *manteau*, sécrétant le *test.*

Une glande hépatique est annexée au tube digestif. La bouche est souvent armée d'un appareil masticateur (radula) et de mâchoires, chitineux.

L'appareil circulatoire est incomplet, il y a un ventricule et deux oreillettes; la sang est incolore ou bleuâtre, sans globules.

Le rein est représenté par un organe dit *corps de Bojanus.*

La reproduction est sexuelle, et le jeune Mollusque subit des métamorphoses compliquées, la larve porte un appendice cilié, *le voile.*

Classification. — Cinq groupes :

Tête indistincte. (*Acéphales.*)	Test bivalve.................	*Lamellibranches.*
	Coquille tubuleuse...........	*Scaphopodes.*
Tête distincte. (*Céphalophores.*)	Un pied ventral..............	*Gastéropodes.*
	Des nageoires latérales.......	*Ptéropodes.*
	Tète entourée d'une couronne de tentacules.............	*Céphalopodes.*

Lamellibranches. — *Bivalves à branchies lamelleuses, pas de tête, pas d'armature buccale, corps comprimé latéralement.*

Appareil digestif. — Pas de bulbe pharyngien ni de mâchoires; bouche entourée de tentacules labiaux couverts de cils vibratiles, dans laquelle n'existe aucun appareil chitineux pour broyer les aliments. Œsophage court, estomac volumineux portant un cæcum renfermant une *tige cristalline*, intestin traversant le ventricule, anus s'ouvrant dans la cavité palléale.

Appareil circulatoire. — Un ventricule, deux oreillettes, le sang passe dans des sinus, traverse le rein et les branchies, puis revient au cœur.

Appareil respiratoire. — Deux paires de branchies lamelleuses, chacune composée de deux feuillets, l'un adhérent, l'autre libre ; entre les deux, une cavité que les mailles branchiales mettent en rapport avec l'extérieur. Les lobes du manteau peuvent se souder en un ou deux *siphons*.

Appareil urinaire. — Corps de Bojanus sub-cardiaque, masse paire de glandes, communiquant avec le péricarde. Une autre glande, supra-cardiaque, joue aussi un rôle dans l'excrétion (glande de Keber). Le péricarde est un vestige du cœlome.

Appareil reproducteur. — Animaux dioïques. L'ovaire et la glande mâle se prolongent parfois dans le manteau, ces glandes sont réunies en une seule chez les Monoïques, qui sont peu nombreux.

Appareil locomoteur. — Pied très variable de forme, sécrétant une matière qui se solidifie en filaments adhésifs (*byssus*) ; manteau bilobé recouvrant le Mollusque comme la couverture d'un livre. Les bords se soudent en deux fentes ou deux tubes servant à la respiration. Coquille à deux valves concaves, unies par une charnière dont les moitiés sont unies au moyen d'un ligament élastique ; un muscle (*Monomyaires*) ou deux muscles (*Dimyaires*) antagonistes du ligament ferment la coquille. La face interne de celle-ci porte l'empreinte entière ou non des siphons respiratoires (*impression palléale*). Les valves sont symétriques ou asymétriques, et en se fermant, laissent ou ne laissent pas un espace par où passent le pied ou les siphons.

Extérieur. — Ces animaux sont couverts d'une coquille bivalve.

Système nerveux. — Il est très constant et se compose (fig. 24 et 25) de deux ganglions cérébroïdes *a* plus ou moins rapprochés et réunis par une commissure dorsale. Deux nerfs les joignent à un ganglion

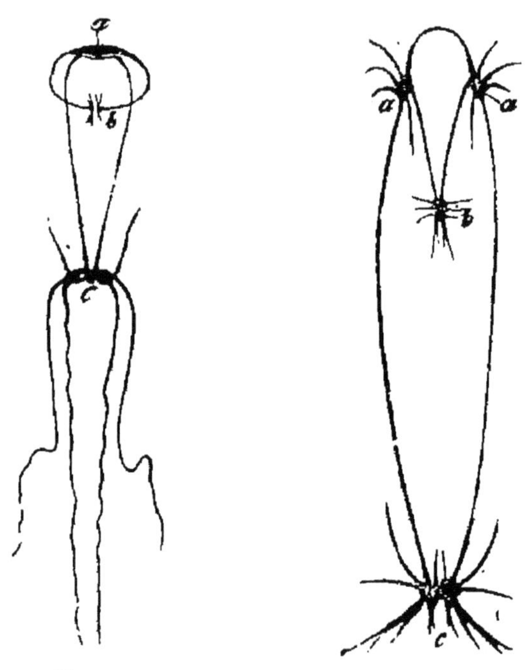

Fig. 24. Fig. 25.

Fig. 24 et 25. — Systèmes nerveux de Lamellibranches.

pédieux *b*, placé à la base du pied (il résulte de la fusion de plusieurs ganglions). Les connectifs embrassent l'œsophage ; mais de la masse cérébroïde en partent deux autres, qui aboutissent au ganglion viscéral (branchial ou pleural) *c*, jamais uni au pédieux, ces connectifs entourent aussi le tube digestif et forment le *grand collier*.

Organes des sens. — Organes des sens peu développés : des otocystes et des yeux, ceux-ci chez le

Pecten sont bien conformés ; la disposition de la rétine rappelle celle que l'on observe chez les Vertébrés. Les yeux se trouvent en général sur les franges du manteau.

Classification. — Deux groupes :

Lamellibranches.	Siphons respiratoires développés, lobes palléaux réunis..	*Siphonidés.*
	Pas de siphons, bords du manteau libres................	*Asiphonidés.*

Siphonidés. — Mollusques à siphons (fig. 26). On

Fig. 26. — Lamellibranche siphoné.

peut les diviser en deux classes :

Siphonidés......	Siphons longs, impression palléale à sinus..............	*Sinupalléaux.*
	Siphons courts, impression palléale sans sinus...........	*Intégropalléaux.*

Parmi les *Sinupalléaux*, les uns sont enfermés dans leur manteau, qui ne laisse qu'une petite ouverture pour le pied, ce sont : les Pholades (*Pholas*), les Tarets (*Teredo*), l'*Aspergillum*, les Couteaux (*Solen*), les Myes (*Mya*), tous marins. D'autres ont les bords du manteau ouverts en avant, ce sont : les Vénus, les Arseilles, les Clovisses, les Tellines, les Mactres.

Dans les *Intégropalléaux* on range les Cyprines, les Cyclades, d'eau douce; les Bucardes (*Cardium*), les Bénitiers (*Tridacna*).

Asiphonidés. — Ils se divisent comme il suit :

Asiphonidés.	Valves égales......................	*Équivalves.*
	Valves inégales....................	*Inéquivalves.*

Chez les *Équivalves*, les impressions musculaires sont égales sur chaque valve ou inégales. Elles sont égales dans les Anodontes, les Mulettes (*Unio*), fluviatiles, ou au moins d'eau douce, les Arches (*Arca*) et les Pétoncles (*Pectunculus*). Inégales chez les Moules (*Mytilus*), les Jambonneaux (*Pinna*).

Parmi les *Inéquivalves*, les uns ont le ventricule traversé par le rectum : Pintadines, Huîtres perlières (*Meleagrina*), Marteaux, Peignes (*Pecten*) ou Coquilles de Saint-Jacques. Les autres ont le ventricule non traversé par le rectum : Huîtres (*Ostrea*), dont les diverses variétés sont comestibles et très recherchées ; Anomies (*Anomia*), phosphorescentes, etc.

Scaphopodes. — *Mollusques acéphales à pied trilobé, à coquille conique ouverte à ses deux extrémités. La région céphalique porte des filaments tentaculaires, organes de préhension.*

Corps fixé à la coquille et entouré d'un manteau de même forme. La glande digestive est double et volumineuse. Pas de cœur ni de branchies. Reins tubuleux. Dioïques (de Lacaze-Duthiers).

Un seul genre, marin : le Dentale (*Dentalium*).

Gastéropodes. — *Mollusques céphalophores à pied ventral. La tête est munie de tentacules. Le pied porte souvent à sa partie postérieure une pièce cornée ou calcaire (opercule), qui sert à clore la coquille, la forme de celle-ci varie : elle est interne ou externe.*

Appareil digestif. — Bouche munie d'une mâchoire cornée et d'une radula protractile. Œsophage renflé en un ou plusieurs jabots. Estomac simple ou multiple. Foie volumineux ; intestin environné d'une glande digestive impaire. Le rectum traverse parfois le ventricule. Anus latéral, au voisinage de la tête.

Appareil circulatoire. — Cœur dorsal. Une ou deux oreillettes et un ventricule, d'où naît l'aorte.

Le ventricule est situé en arrière de l'appareil respiratoire et l'oreillette en avant du ventricule, sauf chez les Opisthobranches.

Appareil respiratoire. — Branchies ou poumons rarement réunis, quelquefois il n'y a que la respiration cutanée. La position des branchies est un bon caractère pour la classification.

Appareil urinaire. — L'organe de Bojanus est composé de deux parties symétriques, identiques, dont chacune constitue un sac communiquant avec le péricarde et avec l'extérieur. Quelquefois les deux reins n'ont pas la même structure, souvent l'un des deux disparaît ou tous deux se confondent.

Appareil reproducteur. — Les Gastéropodes sont dioïques ou monoïques. La glande mâle est cachée entre les lobes de la glande digestive, le canal déférent aboutit à la verge, près du tentacule droit. L'ovaire a la même position que le testicule.

Chez les monoïques, il y a fusion étroite des deux glandes, dont les orifices sont confondus ou distincts.

Appareil locomoteur. — On trouve souvent dans le tégument des glandes cutanées sécrétant une matière visqueuse. D'autres possèdent dans la chambre branchiale une glande dont la sécrétion prend une couleur rouge ou pourpre. Le jeune peut renfermer encore des cellules urticantes (Nématocystes).

Le pied est déprimé ou comprimé, ambulatoire dans un cas, natatoire dans l'autre.

La forme du manteau varie, formant le plus souvent en arrière de la tête une cavité palléale.

La coquille, toujours univalve, est généralement externe et enroulée en hélice autour d'un axe, la *columelle*. L'ouverture de la coquille est plus souvent à droite ; son bord échancré ou non peut se prolonger en un siphon plus ou moins long.

Système nerveux. — Il se compose de trois groupes fondamentaux de ganglions réunis par des filets. Le centre viscéral est asymétrique et formé de cinq ganglions (de Lacaze-Duthiers).

Organes des sens. — Le tact paraît localisé dans les téguments, l'olfaction dans les tentacules céphaliques. Sur le ganglion pédieux, il y a des otocystes, et, sur les tentacules, des yeux bien constitués.

Classification. — On peut les diviser comme il suit :

Gastéropodes.
- Intestin droit. *Isopleures.*
- Intestin courbé. *Anisopleures.*
  - Pied conformé pour la marche.
    - Monoïques.
      - Respiration aérienne.. *Pulmonés.*
      - Respiration aquatique. *Opisthobranches.*
    - Dioïques............ *Prosobranches.*
  - Pied conformé pour la natation.. *Hétéropodes.*

Isopleures. — Corps ovale, coquille nulle ou formée de pièces imbriquées, manteau débordant le pied sur toute la périphérie, un bulbe pharyngien avec une radula, un œsophage, un estomac, glande digestive, intestin volumineux.

Un ventricule, deux oreillettes, un péricarde. L'aorte se perd dans des lacunes, deux vaisseaux longitudinaux ramènent le sang aux branchies situées entre le manteau et le pied. Elles sont lamelleuses. Le corps de Bojanus est glanduleux et renflé, en rapport avec le péricarde. Il y a un collier œsophagien, des nerfs pédieux et des nerfs latéraux s'anastomosant avec eux. Organes des sens peu développés. Quelquefois des yeux dorsaux. Sexes séparés, glande impaire s'ouvrant sur la face ventrale par deux orifices.

Deux ordres d'Isopleures :

Isopleures.
- Pas de coquille...................... *Solénogastres.*
- Coquille formée de plaques imbriquées. *Placophores.*

a) *Solénogastres.* — Ils se rapprochent par quelques traits des Annélides : *Neomenia, Proneomenia;* marins.

b) *Placophores.* — Ils ont comme type l'Oscabrion, Cloporte de mer (*Chiton*), qui s'enroule sur lui-même comme un Cloporte.

Anisopleures. — a) *Pulmonés.* — Gastéropodes monoïques, dont la tête est munie d'une ou deux paires de tentacules. Le pied porte une glande productrice d'un liquide visqueux, qui laisse une traînée brillante. La coquille fait parfois défaut. En général, les Pulmonés ne sont pas operculés.

On les divise ainsi :

Pulmonés.	Deux tentacules rétractiles portent les yeux. *Stylommatophores*......	*Symphysotrèmes.* *Chorisotrèmes.*
	Les yeux sont à la base de deux tentacules non rétractiles. *Basommatophores*......................	*Hygrophyles.* *Thalassophyles.*

Les *Symphysotrèmes* ont les orifices génitaux contigus ou confondus; ce sont les *Testacelles*, portant une petite coquille à la partie postérieure du corps; les *Limaces*, dont la coquille rudimentaire est placée sous un repli du manteau; la Limace rouge (*Arion*) n'a pas de coquille; les Escargots (*Helix*), les *Barillets* (*Pupa*) et les Clausilies (*Clausilia*), ces dernières à coquille sénestre (enroulée à gauche) fusiforme.

Les *Chorisotrèmes* sont les Limaces des pays chauds : Vaginules ; Oncidies.

Parmi les *Hygrophyles* : les *Limnées*; les *Planorbes* (coquille discoïde); les *Physes*, sont des eaux douces.

Les *Thalassophyles* sont marins, ce sont les *Siphonaires* et *Amphiboles*.

b) *Opisthobranches.* — Gastéropodes marins à respiration branchiale. Les branchies sont situées en arrière du cœur. La coquille fait souvent défaut, elle est petite et cachée par le manteau.

On les divise ainsi :

Opisthobranches.	Branchies latérales placées sous le manteau..................	*Tectibranches.*
	Branchies dorsales à nu, pas de coquille.....................	*Nudibranches.*

Parmi les *Tectibranches*, la plupart sont marins : l'*Aplysie* ou Lièvre de mer; les *Pleurobranches*, à coquille interne, les *Bulles*, les *Ombrelles*, etc.

Les *Nudibranches* renferment les *Doris, Tethys, Phillirhoe*, etc.

c) *Prosobranches.* — Coquille operculée le plus souvent, respiration le plus fréquemment branchiale ; branchies en avant du cœur, coquille très bien développée. La plupart sont marins.

Trois groupes :

Prosobranches.	Branchie gauche rudimentaire, la droite volumineuse, une trompe protractile..................	*Cténobranches.*
	Branchies réunies à la base, ventricule traversé par le rectum..	*Aspidobranches.*
	Branchies formant un cercle subpalléal, le rectum ne traverse pas le ventricule................	*Cyclobranches.*

Aux *Cténobranches* appartiennent : les Strombes (*Strombus*), Porcelaines (*Cypræa*), Littorines, Cônes, Buccins, Fuseaux, Harpes, Olives, Janthines, Vermets, Volutes, tous marins ; les Paludines, les Ampullaires, les Cyclostomes, d'eau douce ou terrestres.

Aux *Aspidobranches* : les Hélicines, terrestres; les Néritines, fluviatiles ; les Oreilles de mer (*Haliotis*), les Fissurelles (*Turbo*), marins.

Aux *Cyclobranches*, les Patelles ou Bernicles (*Patella*), communes sur les côtes de l'Océan.

d) *Hétéropodes.* — Gastéropodes pélagiques à pied

comprimé, nageurs, tête prolongée en trompe, deux tentacules, branchies en avant du cœur, nus ou testacés. Tous marins.

Hétéropodes.	Une coquille, pas de nageoire caudale, branchies cachées.........	*Atlantidés.*
	Coquille petite ou absente, branchies saillantes ou nulles.......	*Ptérobrachéidés.*

Parmi les *Atlantidés*, l'Atlante à coquille discoïde, et parmi les *Ptérobrachéidés*, la Carinaire à coquille en forme de bonnet.

Ptéropodes. — *Mollusques pourvus de nageoires en forme d'ailes, à tête peu distincte, portant deux ou quatre bras.*

Appareil digestif. — Rappelle celui des Gastéropodes, bouche munie de tentacules, anus à droite près de l'ouverture de la cavité palléale.

Appareil circulatoire. — Une oreillette et un ventricule, le système artériel s'ouvre dans des lacunes.

Appareil respiratoire. — Une ou deux branchies enfermées dans la cavité palléale, quelquefois des branchies externes ou une respiration cutanée.

Appareil urinaire. — L'organe de Bojanus est un sac impair, débouchant dans la cavité palléale ou directement au dehors.

Appareil reproducteur. — Monoïque. Une glande hermaphrodite voisine du cœur, œufs pondus en longs cordons.

Appareil locomoteur. — Le pied est trilobé, le lobe médian atrophié aux dépens des lobes latéraux aliformes. Sur les bras de quelques-uns on observe des ventouses.

Le manteau est sacciforme ou nul. La coquille, quand elle existe, est univalve, symétrique, translucide, composée d'une plaque ventrale et d'une plaque dorsale.

Système nerveux. — Moins fusionné que celui des Céphalopodes, se rapproche de celui des Gastéropodes ; il se compose de ganglions cérébroïdes, reliés par une commissure aux sous-œsophagiens, de ganglions pédieux et de ganglions viscéraux.

Organes des sens. — Sur les ganglions pédieux on rencontre des otocystes. Yeux très rudimentaires. Les bras et les tentacules sont des organes du tact.

Classification. — Suivant qu'ils sont nus ou testacés, on les divise en *Gymnosomes* et *Thécosomes*. Marins.

Céphalopodes. — *Mollusques marins au corps terminé en avant par une tête munie de tentacules* (*bras*), *armés de ventouses. La bouche s'ouvre au milieu de cette couronne tentaculaire. Sur la ligne médiane ventrale, un organe tubuleux* (*entonnoir*) *donne accès dans la cavité générale dans laquelle on trouve les orifices des divers organes et les branchies.*

Tégument. — Un épiderme à cellules pavimenteuses, sous lequel se trouvent du tissu conjonctif et des muscles ainsi que des cellules pigmentaires amassées en *chromatophores*, qui produisent les changements de coloration des animaux. La coquille, calcaire ou siliceuse, est recouverte par le tégument (*os de seiche*).

Squelette. — Un squelette cartilagineux interne, qui couvre les organes des sens et les centres nerveux.

Appareil digestif. — La bouche est entourée d'un pli cutané, la *lèvre* (fig. 27, *lf*), qui renferme les mâchoires en bec de Perroquet ; elle forme un bulbe dans lequel est contenu un organe en forme de râpe (*radula*), et elle reçoit les canaux *cs*, de glandes salivaires *gi*, *gs*, puis est suivie d'un œsophage *œs* renflé parfois en un *jabot*, *jœs;* ensuite vient un estomac, *cst*, à valvule spiralée *sp*, un cœcum *cœ* lui est annexé. L'intestin contourné *in* s'ouvre par l'anus *a* dans la cavité palléale. Une

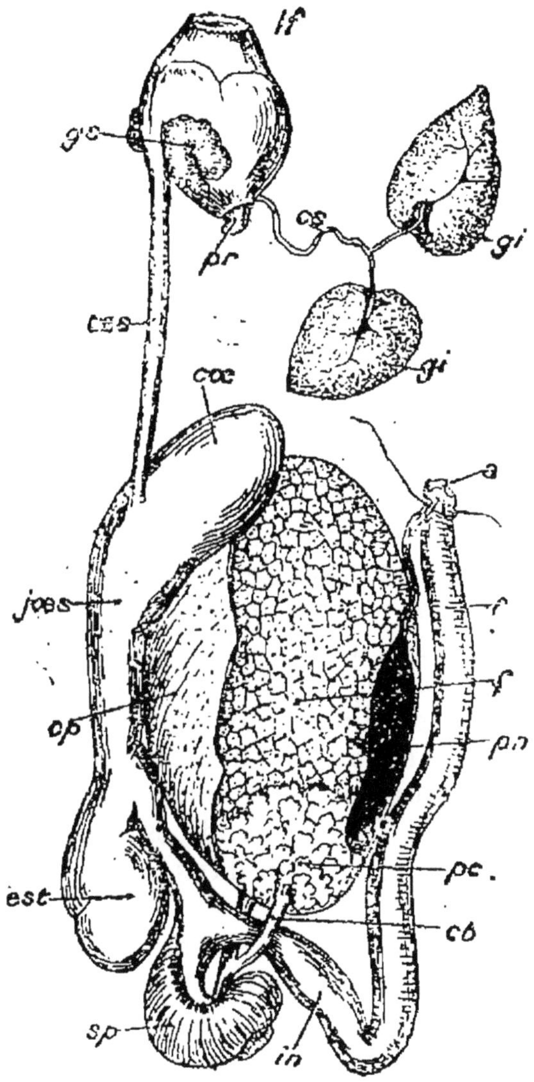

Fig. 27. — Tube digestif de l'Poulpe. — *pr*, sac contenant la radula. — *r*, rectum. — *cb*, conduit de la glande digestive.

glande digestive hépato-pancréatique *pc* est annexée au tube digestif (fig. 27).

Appareil circulatoire. — Un ventricule volumineux, d'où sortent une aorte céphalique et une aorte postérieure se ramifiant aux divers organes. Une lacune veineuse, et une grosse veine céphalique qui se divise en *veines caves* allant aux branchies; elles se renflent en poches pulsatiles; avant d'y parvenir, le liquide sanguin est ramené dans deux oreillettes. Le sang est bleu.

Appareil respiratoire. — Deux ou quatre branchies au fond de la cavité palléale et unies à sa paroi dorsale.

Appareil urinaire. — Des masses spongieuses, suspendues comme des grappes aux veines caves, sont les reins.

On trouve aussi en rapport avec le système digestif une *poche à encre*, organe de défense *pn* (fig. 27).

Appareil reproducteur. — Sexes séparés. Glande mâle formée de cæcums ramifiés, canal déférent sinueux, muni de glandes et d'un réservoir accessoire; le canal éjaculateur s'ouvre à la base de l'entonnoir. Un des bras s'emplit de spermatophores (*Hectocotyle*) et devient un organe copulateur. Ovaire lobé, oviducte pair ou impair, s'ouvrant à la base de l'entonnoir; des glandes *nidamenteuses* servent à agglutiner les œufs.

Extérieur. — Les appendices péri-buccaux sont au nombre de 8 ou de 10; dans ce dernier cas, 8 bras et 2 tentacules.

Système nerveux. — Très concentré. Trois sortes de ganglions : cérébraux, pédieux et viscéraux, fusionnés en une masse unique protégée par les cartilages céphaliques, une masse sous-œsophagienne plus volumineuse est reliée à la masse sus-œsophagienne par des connectifs. Il en part un grand nombre de nerfs allant aux différents viscères.

Organes des sens. — Très différenciés. En arrière,

des yeux, des fossettes olfactives; et sur la partie postérieure du cartilage, deux otocystes, qui ont en même temps la faculté de coordonner les mouvements (Delage). L'organisation de l'œil rappelle celle de l'œil des Vertébrés. Une *fausse cornée*, prolongement de la membrane orbitaire, est percée et l'eau vient baigner le cristallin (fig. 28). La rétine *r* est formée de sept couches, inverses des couches de la ré-

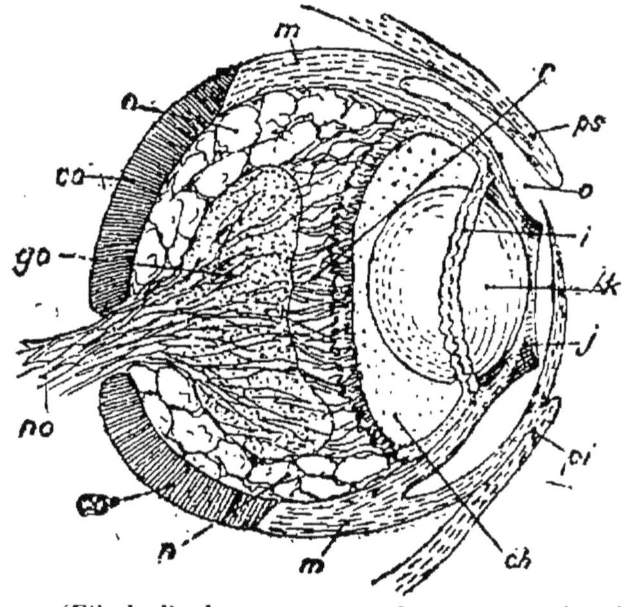

Fig. 28. — Œil de Poulpe. — *co*, cartilage. — *m*, sclérotique. — *p*, tissu graisseux. — *no*, nerf et *go*, ganglion optique. — *ch*, corps vitré. — *z*, pupille. — *p*[1], *p*[3], paupières ouvertes en *o*.

tine des Vertébrés. Le cristallin *kk* est enchâssé dans un corps ciliaire *i*. La portion antérieure est aplatie, la portion postérieure convexe, les deux surfaces de jonction planes.

La surface des bras est le siège du tact; et le goût a son siège à l'entrée de la cavité buccale.

Classification. — On divise le groupe de la manière suivante :

4 branchies. *Tétrabranchiaux.*

2 branchies. *Dibranchiaux.*	8 bras. *Octopodes.*	Ventouses sur un rang....	*Monocotylides.*
		Ventouses sur deux rangs..........	*Polycotylides.*
	8 bras et deux tentacules. *Décapodes.*	Coquille fibreuse interne..........	*Chondrophores.*
		Coquille calcaire interne..........	*Sépiophores.*
		Coquille externe cloisonnée et spiralée..........	*Phragmophores.*

Tétrabranchiaux. — Tentacules nombreux, filiformes, soudés dorsalement en un capuchon céphalique. Pas de poche à encre, une coquille externe, spiralée, cloisonnée en plusieurs chambres, la dernière est occupée par l'animal, dont la partie ventrale est tournée vers la partie convexe de la coquille, un siphon tubulaire traverse les cloisons, et un pédoncule ligamenteux qui s'y engage fait adhérer le manteau à la première chambre. Pas de cornée ni de cristallin.

Seul genre actuellement vivant : Nautile, de l'océan Pacifique.

Dibranchiaux. — a) *Octopodes.* — Corps ovoïde le plus souvent dépourvu de nageoires latérales. Yeux fixes, ventouses sessiles ou pédonculées.

1° *Monocotylides*, corps sans nageoires, bras non munis de cirres : *Eledone*, espèce méditerranéenne, comestible (*E. moschata*, *E. Aldrovandi*).

2° *Polycotylides*, Poulpes (*Octopus*) ; Argonautes (*Argonauta*), dont la femelle est recouverte d'une coquille mince, uniloculaire, sécrétée par les bras dorsaux.

b) *Décapodes.* — Huit bras sessiles, et deux longs tentacules terminés en massue. Corps muni d'une paire de nageoires, ventouses pédonculées pourvues d'un cercle corné.

1° *Chondrophores* : Calmarets (*Loligopsis*) ; les

Architeuthis, qui peuvent atteindre 12 mètres de long; Sépioles (*Sepiola*); Calmars (*Loligo*).

2° *Sépiophores :* Seiches (*Sepia*).

3° *Phragmophores :* Spirules (*Spirula*), à coquille enroulée ventralement et munie d'un siphon qui traverse les cloisons. Mollusques des tropiques.

CHAPITRE X

LES ARTICULÉS OU ARTHROPODES.

Animaux au corps annelé portant des membres articulés. La structure des divers anneaux ou somites est variable. Quelques-uns portent les membres formés de segments mobiles les uns sur les autres. Ils ont un cerveau, un système nerveux formé d'une chaîne ganglionnaire ventrale reliée par un collier œsophagien à deux ganglions cérébroïdes. Jamais de cils vibratiles.

Appareil digestif. — Bouche entourée de pièces pour la mastication ou la succion. La forme du tube digestif est variable, les glandes qui lui sont annexées sont assez compliquées, anus terminal.

Appareil circulatoire. — Cœur artériel. C'est un vaisseau chez les Trachéens, dorsal, percé d'ouvertures, aspirant le liquide dans un sinus péricardique et le lançant dans un système de vaisseaux incomplets. Sang incolore sans globules.

Appareil respiratoire. — Trachées s'ouvrant au dehors par des stigmates, poumons ou branchies; on trouve parfois un système combiné de branchies et de trachées, ou de poumons et de trachées.

Appareil urinaire. — Ce sont des cæcums filiformes (*tubes de Malpighi*) annexes de l'intestin, ou des *organes segmentaires* s'ouvrant à la surface du corps; ou encore des glandes spéciales débouchant au dehors.

Appareil reproducteur. — Sexes le plus souvent

séparés. Les glandes sont paires, les éléments mâles agglutinés en spermatophores. Ovipares ou ovovivipares. Souvent on observe la parthénogénèse. Des métamorphoses progressives.

Squelette. — Un squelette tégumentaire. Le tégument est formé par un *épiderme* et un *derme*. Deux couches à l'épiderme : une cuticule externe homogène et une couche profonde chitinogène. La cuticule est une sécrétion constituée par de la *chitine*, imprégnée de matières colorantes; mince ou épaissie, et souvent incrustée de sels calcaires; les productions tégumentaires internes (*apodèmes*) sont chitineuses. Le derme est formé par du tissu conjonctif fibreux et cellulaire. La dureté du tégument en fait un squelette externe qui tombe à diverses époques (*mues*). Les anneaux sont formés d'un *arceau tergal* et d'un *arceau ventral*.

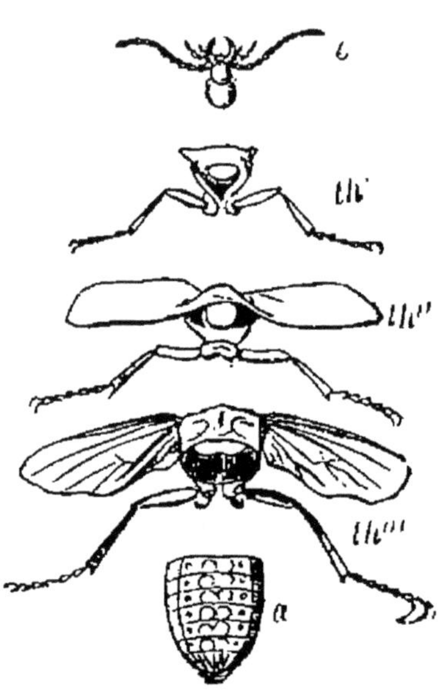

Fig. 29. — Corps d'un articulé.

Le premier est composé de deux *tergites* latérales, réunies par un *tergum* médian.

Le deuxième comprend deux *sternites* inférieures qui peuvent être soudées (*sternum*), deux latérales (*épimères*) et deux *épisternites* intermédiaires. Les anneaux sont unis les uns aux autres par des régions membraneuses qui leur donnent de la mobilité. Ils servent d'insertion aux muscles.

Le corps se divise en trois parties : tête, thorax et abdomen.

La tête *c* (fig. 29), porte la bouche, les pièces masticatrices, les yeux et des pièces préorales, mobiles, les *antennes*, qui manquent parfois.

Le thorax est divisible en trois parties : *prothorax*, *th'*, *mésothorax*, *th''* et *métathorax*, *th'''*, qui portent chacune des pattes et les *ailes*, lorsqu'il y en a (*Insectes*).

L'abdomen *a*, porte ou ne porte pas de pattes, suivant les groupes.

Appareil phonateur. — Chez les Articulés, les Insectes seuls produisent une stridulation.

Système nerveux. — Une *chaîne ganglionnaire ventrale*, réunie par un *collier œsophagien* à deux ganglions *sus-œsophagiens* (*cerveau*). On a distingué trois parties dans le cerveau des Insectes (*protocérébron*, *deutocérébron* et *tritocérébron*).

Organes des sens. — Des poils tactiles *creux* forment le sens du tact. Les antennes sont le siège de l'odorat, les organes auditifs sont rares.

Les yeux existent toujours. Ils sont disposés par paires, et parfois on reconnaît des yeux supplémentaires à la base d'appendices. Ils sont quelquefois réduits à des taches pigmentaires ; le plus fréquemment, ils sont munis d'un appareil convergent, simple ou formé d'yeux réunis sous une cornée récticulée polygonale.

Classification. — Trois groupes, qui, par leurs subdivisions, divisent l'embranchement en six classes :

Articulés.	Des branchies. *Branchiaux*............	Deux paires d'antennes...		*Crustacés.*
		Pas d'antennes..........		*Xiphosures.*
	Des trachées dont les stigmates sont répandus sur la surface du corps. *Protrachéens.*	Une paire d'antennes.....		*Onychophores.*
	Des trachées dont les stigmates sont disposés sur deux rangs. *Trachéens*........	Pas d'antennes.	Huit pattes..	*Arachnides.*
		Une paire d'antennes.	Pattes très nombreuses.	*Myriapodes.*
			Six pattes...	*Insectes.*

I. — Les Branchiaux.

Articulés à respiration branchiale et dont les glandes excrétrices ont un orifice particulier.

Crustacés. — *Branchiaux biantennés.*

Le corps comprend typiquement vingt et un anneaux, mais en réalité plus ou moins. Tête soudée avec un ou plusieurs anneaux du thorax en un céphalothorax, formant bouclier ou même carapace bivalve. Deux paires d'antennes (*antennules antérieures*), la seconde parfois atrophiée (*antennes*). Pièces buccales variables en nombre et en forme (*mandibules, maxilles, maxillipèdes*). Pattes thoraciques et abdominales.

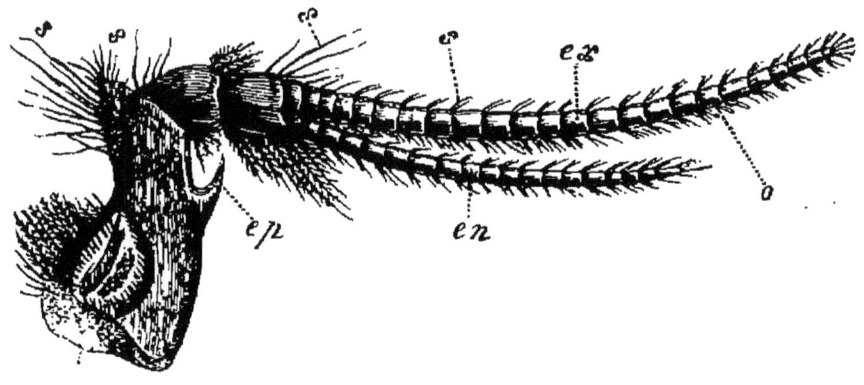

Fig. 30. — Antennule d'écrevisse. — *s*, *o*, organes sensitifs.

Les organes appendiculaires (fig. 30) se composent de deux tiges, l'une interne (*endopodite, en*), l'autre externe (*exopodite, ex*), celle-ci portant parfois un court appendice, le fouet (*épipodite, ep*). Vie aquatique.

Appareil digestif. — Une lèvre supérieure recouvrant des mandibules palpigères, qui elles-mêmes couvrent une lèvre inférieure ; à la suite des mandibules, des maxillipèdes. Les lèvres peuvent se souder en une trompe qui renferme des stylets aigus correspondant aux mandibules; les maxillipèdes en ce cas deviennent des ventouses ou des crochets. Œsophage court. Estomac contenant des pièces mobiles dures (appareil masticateur). Foie volumineux. Intestin droit, muni de cæcums, anus dans le dernier anneau de l'abdomen, nommé *telson*. Pas de glandes salivaires. Glandes digestives développées.

Appareil circulatoire. — Cœur tubuleux artériel, un péricarde jouant le rôle d'oreillette, système veineux lacunaire, système artériel bien développé, ventricule quadrangulaire percé de trois orifices de chaque côté.

Appareil respiratoire. — Branchies lamelleuses ou vésiculaires, fixées aux membres abdominaux, ou sur la carapace. La respiration est parfois cutanée, et jusqu'à un certain point pulmonaire par l'existence de lamelles abdominales, creusées de cavités où pénètre de l'air (Isopodes).

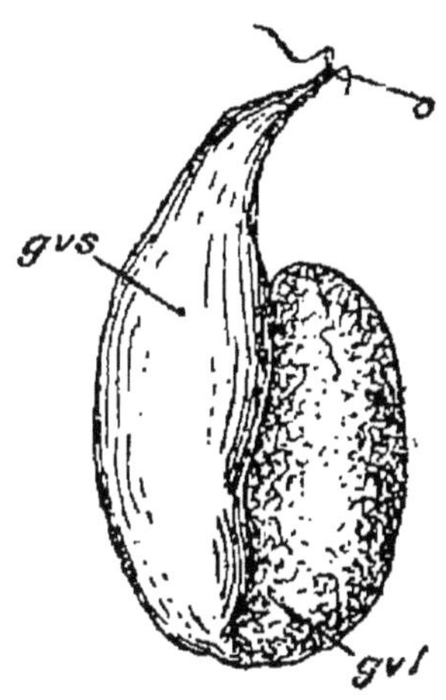

Fig. 31. — Glande verte d'Écrevisse.

Appareil urinaire. — Glandes qui débouchent à la base des antennes (*glandes vertes*), ou à la base des mâchoires (*glandes du test*). Elles se divisent en une glande *gvl* et un réservoir *gvs* qui est muni de l'orifice *o* (fig. 31).

Appareil reproducteur. — Sexes séparés, organes pairs; femelles ovipares. Développement par métamorphoses progressives ou régressives.

Extérieur. — Le corps, composé d'anneaux, présente deux parties : le céphalo-thorax et l'abdomen. Le corps est recouvert d'une carapace calcaire provenant du derme des deux ou trois premiers anneaux.

Système nerveux. — Un cerveau, une chaîne ventrale gt^1, ga^6, un système somato-gastrique suit la chaîne et se termine après le ganglion anal *sn* (fig. 32).

Organes des sens. — Des poils chitineux, dans lesquels pénètrent des filets nerveux, localisent le goût, l'odorat et le toucher.

A la base des antennules, existent des sacs auditifs avec ou sans otolithes.

Les yeux sont simples, pairs ou impairs; quelquefois composés, à cornée lisse ou à facettes. Quelques Crustacés sont complètement aveugles.

Tégument. — Il est dur et incrusté de sels calcaires, ou bien corné simplement; le nombre des anneaux est variable;

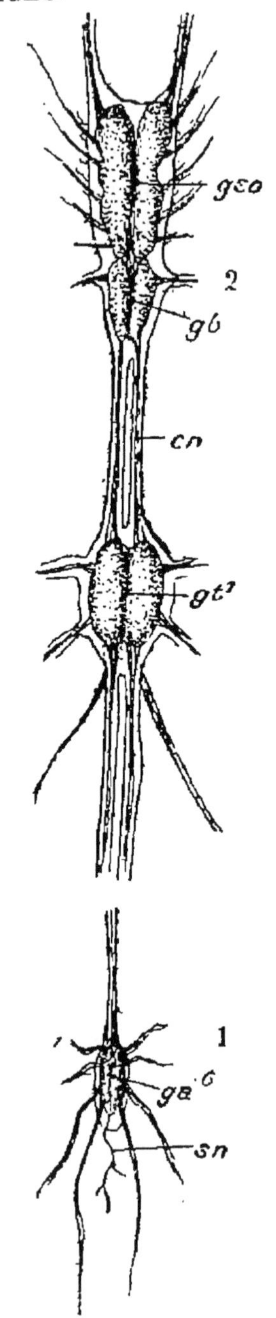

Fig. 32. — 1, 2, Extrémités du système nerveux d'un crustacé. — *gso*, *gb*, ganglions sous-œsophagiens. — *cn*, connectif.

quelquefois le corps est revêtu d'une coquille bivalve ou multivalve; parfois aussi deux pigments colorent le tégument.

Classification. — Deux groupes, qui eux-mêmes se subdivisent : *Entomostracés* et *Malacostracés :*

Entomostracés. — Cinq sous-groupes :

Nombre variable d'anneaux au corps. *Entomostracés*...........	Hermaphrodites et parasites................	*Centrogonides.*
	Hermaphrodites et fixés..	*Cirripèdes.*
	Dioïques, carapace bivalve................	*Ostracodes.*
	Dioïques, pieds biramés, pas de carapace.......	*Copépodes.*
	Dioïques, pieds lamelleux.	*Phyllopodes.*

a) *Centrogonides.* — Corps non segmenté, présentant des filaments radiciformes, pas de cirres, pas de pièces calcaires, pas de tube digestif. Hermaphrodites. Parasites des Crabes et constitués dans l'hôte par des racines absorbantes et au dehors par un corps charnu, formé exclusivement des organes génitaux.

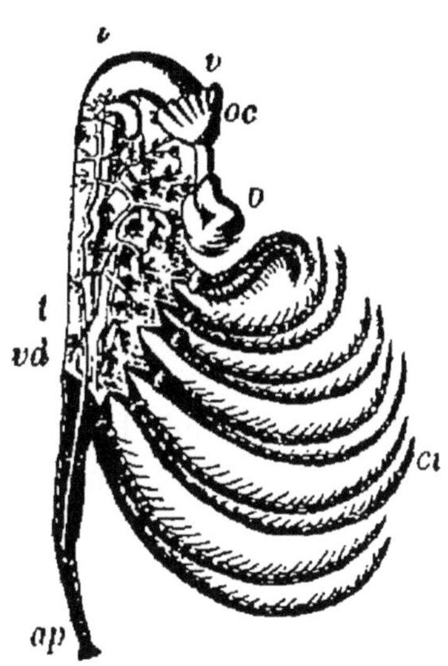

Fig. 33. — Anatife.

Saculine (*Saculina*), parasite sur l'abdomen des Crabes et désignée souvent sous le nom d'Œufs de Crabes. La larve se fixe sur un jeune Crabe et par un prolongement creux perce la carapace et s'introduit dans le corps de l'animal, où son développement s'accomplit (Delage).

b) *Cirripèdes.* — Marins, monoïques, fixés, entourés d'un repli cutané à plaques calcaires. Pattes multiarticulées, en cirres. Corps obscurément segmenté, fixé par la partie céphalique ; une seule paire d'antennes. Trois ou six paires de pattes cirriformes (*ci*, fig. 33). Un œsophage, *œ*, musculeux ; bouche, *o*, avec trois paires de pièces ; intestin droit, *i*. Ni appareil circulatoire, ni appareil respiratoire. L'abdomen porte un long pénis, *ap*, chez le mâle ; la glande mâle, *t*,

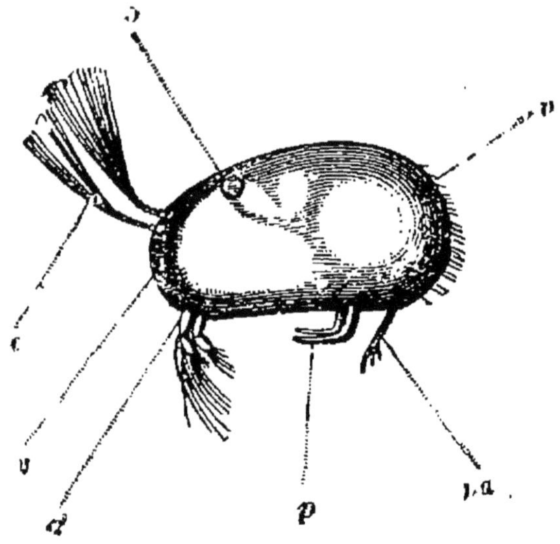

Fig. 34. — Cypris. — *o*, œil.

est paire, ainsi que les canaux déférents, *vd*. Un œil rudimentaire. Système nerveux normal. Des métamorphoses.

Les Anatifes (*Lepas*), à la coquille formée de cinq pièces, vivent fixés aux corps flottants ; les Balanes (*Balanus*) vivent sur les rochers. Beaucoup de Cirripèdes sont parasites.

c) *Ostracodes*. — Carapace bivalve (fig. 34, *v*), pas de pattes lamelleuses. Corps comprimé, segmentation obscure, quatre antennes natatoires, *aa'* ; deux ou trois paires de pattes locomotrices, *pa* ; abdomen court et fourchu *p*.

Le Pou d'eau (*Cypris*, fig. 34) vit dans les eaux douces; les *Cythérées* sont marines.

d) *Copépodes*. — Dioïques, quatre à cinq paires de pattes biramées. Corps allongé, segmenté, pas de coquille. Subissent des métamorphoses compliquées, parfois régressives.

Copépodes ..	Abdomen terminé en fourche. Pas d'yeux composés................	*Eucopépodes*.
	Abdomen aplati. Des yeux composés.	*Branchiures*.

Les *Cyclopes*, dont les antennules sont transformées en bras préhensiles ou en poches ovifères, ont un œil unique; ce sont les *Eucopépodes* les plus communs, ils abondent dans les eaux douces. A côté d'eux, les *Caligus*, parasites des Poissons marins, ont une trompe bien développée.

Les *Argulus* ou Poux de Poissons, dont une espèce, *A. foliaceus*, vit sur la Carpe, sont les représentants les plus communs des *Branchiures*.

e) *Phyllopodes*. — Pattes lamelleuses. Corps nettement segmenté, membres servant à la préhension, à la locomotion et à la respiration. La parthénogénèse est fréquente.

Phyllopodes.	Corps comprimé, mal segmenté. Quatre ou cinq paires de pattes. Une carapace bivalve...........	*Cladocères*.
	Corps segmenté. Carapace clypéiforme ou bivalve. Dix à quarante paires de pattes...............	*Branchiopodes*.

Parmi les *Cladocères* : *Daphnia Pulex* des eaux douces stagnantes. *Polyphemus* des lacs suisses, etc.

Parmi les *Branchiopodes* : *Branchipus* des mares; *Artemisia* des marais salants; *Apus*, *Nebalia*, etc.

Malacostracés. — Voici quelle est la classification des Malacostracés.

21 segments au corps. *Malacostracés.*	Yeux sessiles. *Édriophtalmes.*	Appareil respiratoire aux pattes thoraciques.....	*Amphipodes.*
		Pieds abdominaux lamelleux..................	*Isopodes.*
		Pieds-mâchoires portant les branchies.........	*Cumacés.*
	Yeux pédonculés *Podophtalmes.*		

1° *Édriophtalmes.* — a). *Amphipodes.* Les pattes thoraciques portent des vésicules respiratoires, le corps est comprimé, six ou sept anneaux du thorax libres, portant les pattes, abdomen variable, pourvu de pattes natatoires. Les uns sont parasites (*Hypérines*), les autres libres (*Crevettines*), à ceux-ci appartiennent le Talitre ou Puce de mer (*Talitrus saltator*), abondant sur les plages sablonneuses, et les Crevettes de ruisseau (*Gammarus Pulex*), communes dans les eaux courantes.

b). *Isopodes.* — Les pieds abdominaux sont foliacés ; sept paires de pattes thoraciques ambulatoires, corps déprimé, thorax à sept anneaux, abdomen réduit portant des pattes foliacées.

Isopodes..	Pattes abdominales munies de lamelles branchiales..........................	*Euisopodes.*
	Pattes biramées abdominales ne fonctionnant pas comme branchies............	*Anisopodes.*

Les *Euisopodes* sont les Cloportes (*Oniscus*), les Armadilles (*Armadillo*) terrestres, la Ligie (*Ligia*), grand Cloporte marin, commun sur les côtes de France. Les *Anisopodes* rappellent les Podophtalmes : *Anceus, Tanais.*

c). *Cumacés.* — Ont deux paires de pattes mâchoires portant des branchies et six paires de pattes thoraciques. Antennules bifides, pas de glandes antennaires. Habitent le fond des mers, même à de grandes profondeurs.

2° *Podophtalmes.* — *Yeux pédonculés. La carapace*

(céphalothorax) recouvre la face dorsale du thorax. Les premières pattes abdominales sont, chez le mâle, transformées en organes copulateurs.

Les glandes génitales, trilobées, s'ouvrent, chez

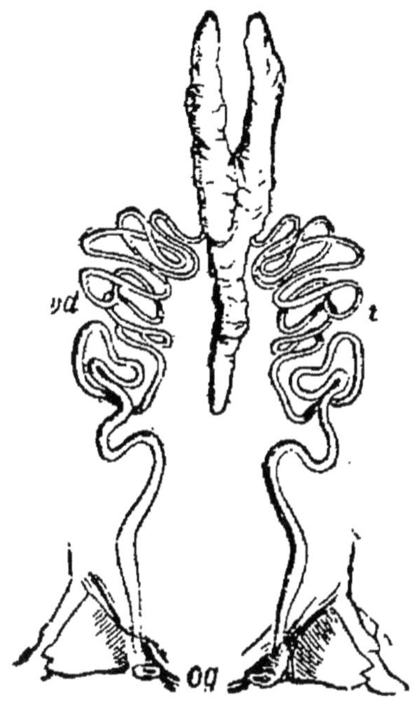

Fig. 35. — Glandes mâles de Crustacé. — *og*, orifices. — *vd*, canaux déférents.

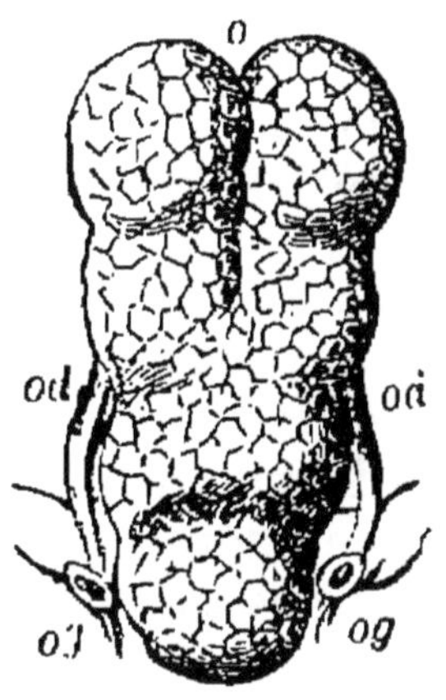

Fig. 36. — Glandes femelles de Podophtalme. — *og*, orifices, — *od*, oviductes. — *o*, ovaire.

les mâles, sur la base du cinquième pied thoracique, chez les femelles, à la base de la troisième patte ambulatoire (fig. 35 et 36).

PODOPHTALMES.	Trois paires de pattes-mâchoires, cinq paires de pattes locomotrices simples ou terminées par une pince.	*Décapodes.*
	Maxillipèdes et pattes ambulatoires bifides et identiques...........	*Schizopodes.*
	Cinq paires de maxillipèdes et trois de pattes ambulatoires	*Stomatopodes.*

1° *Décapodes.* — Ils sont caractérisés par une grande carapace recouvrant les branchies, fixée à la base des pattes thoraciques. Le cœur est thoracique.

Décapodes....	Abdomen rudimentaire replié sous le corps. Pas de nageoire caudale.	*Brachyures.*
	Abdomen allongé, terminé par une nageoire caudale...............	*Macroures.*

Les Décapodes *Brachyures* sont les Crabes, dont les pattes de la première paire sont munies de pinces didactyles, mobiles par la branche interne.

Les Décapodes *Macroures* renferment les Langoustes (*Palinurus*), Crevettes (*Palæmon*), Homards (*Homarus*), Écrevisses (*Astacus*).

2° *Schizopodes.* — Ils ont l'aspect de Décapodes Macroures, leurs branchies sont des appendices ramifiés des pattes thoraciques; elles sont extérieures ou cachées dans une cavité : ex. *Mysis.*

3° *Stomatopodes.* — Carapace courte. La deuxième paire de maxillipèdes est très développée. L'abdomen bien développé est muni de pattes lamelleuses portant des touffes branchiales : *Squilla* de la Méditerranée. Les Podophtalmes subissent des métamorphoses : leurs larves sont des *Nauplius* (rarement), des *Protozoe* et *Zoe*, la forme *Nauplius* caractérise les Crustacés inférieurs.

Xiphosures. — Dépourvus d'antennes. Le céphalothorax, clypéiforme et circulaire, porte les yeux. Les mandibules sont didactyles ; il y a cinq paires de pattes entourant la bouche. Abdomen hexagonal portant de fausses pattes lamelleuses, couvertes par un opercule. La partie terminale de l'abdomen est un long stylet mobile. Un cœur et un système très complet de vaisseaux. Sexes séparés, pore génital distinct. Des ganglions cérébroïdes, chaîne ventrale coalescente ; une masse sous-œsophagienne et une masse abdominale. Des métamorphoses.

Les *Limules* ou Crabes des Moluques se rapprochent des Scorpions.

II. — Les Protrachéens.

Articulés à respiration aérienne, à organes excréteurs représentés par des tubes segmentaires, stigmates épars.

Une seule classe, celle des *Onychophores*, animaux terrestres, composés de segments portant chacun une paire de pattes terminées par des griffes et vaguement articulées. Des antennes, à la base desquelles s'ouvre un orifice qui laisse échapper une substance visqueuse. Deux paires de pièces buccales. Tube digestif complet. Glandes salivaires. Un vaisseau dorsal. Trachées non ramifiées. Tubes segmentaires dans chaque anneau. Sexes séparés. Deux glandes mâles. Un ovaire. Pas de métamorphoses. *Pas de collier œsophagien.* Les cordons qui partent des deux ganglions cérébroïdes contournent l'œsophage et vont s'anastomoser au-dessous de l'anus terminal.

Un seul genre : *Peripatus*, vivant comme les Myriapodes, originaire de l'Australie, de l'Amérique et de l'Afrique méridionales.

III. — Les Trachéens.

Caractérisés par la présence de trachées et de stigmates disposés régulièrement sur deux rangs et par des tubes de Malpighi s'ouvrant dans l'intestin.

Arachnides. — *Trachéens sans antennes et à quatre paires de pattes, à abdomen apode. Jamais d'ailes.*

Appareil digestif. — Bouche avec deux lèvres supérieure et inférieure rudimentaires, *e*, une paire de mandibules terminées en griffe, *b*, des *chélicères* (fig. 37, *a*), une paire de mâchoires, *c*, portant un palpe maxillaire, *d*, développé, que termine une pince ou un crochet. Œsophage étroit, *œ*, estomac, *v*, avec des cæcums, *v'v''*, des glandes salivaire et digestive, *hh*; l'intestin, *i*, se termine par une ampoule rectale, *r* (fig. 38).

Appareil circulatoire. — A la région abdominale supérieure, un vaisseau dorsal (*cœur*) avec quatre ventriculites. Chez les Arachnides inférieurs, l'appareil fait défaut.

Appareil respiratoire. — Poumons ou trachées, séparés ou simultanés. Le poumon est une cavité renfermant des lamelles chitineuses, parallèles, à l'intérieur desquelles le sang circule. Un *pneumostome* met en communication la cavité et l'extérieur.

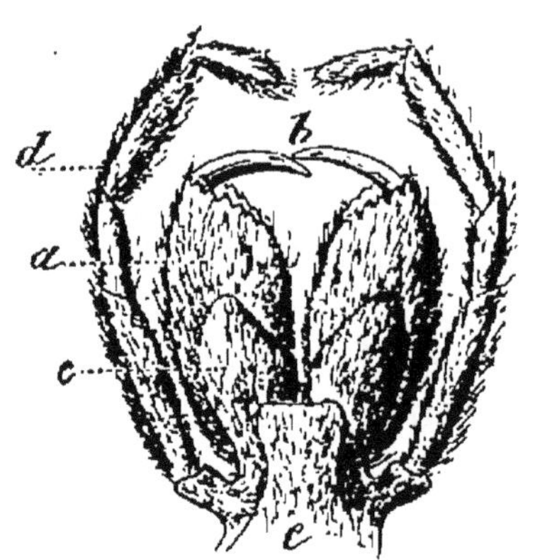

Fig. 37. — Bouche d'Arachnide.

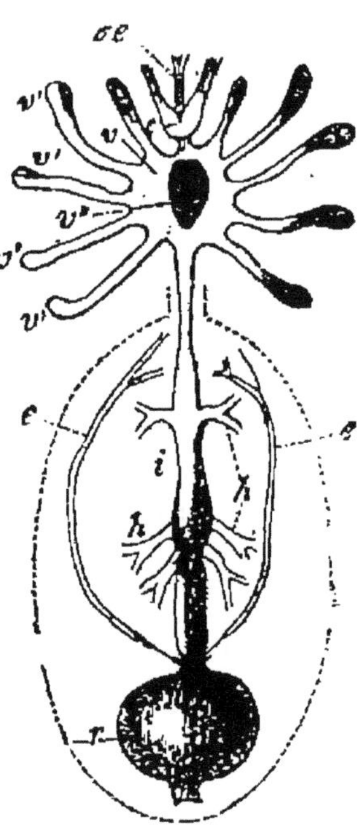

Fig. 38. — Appareil digestif d'Arachnide.

Appareil urinaire. — Canaux de Malpighi, ouverts à l'extrémité de l'intestin, *ee* (fig. 38).

Appareil reproducteur. — Sexes séparés. Glandes paires, à conduits s'unissant sur la face ventrale de l'abdomen, pas d'organes copulateurs. Vivipares, pas de métamorphoses.

Appareil locomoteur. — Quatre paires de pattes.

Système nerveux. — Coalescence des ganglions thoraciques, une chaîne ganglionnaire avec ganglion sus-œsophagien, c (fig. 38) et collier.

Organes des sens. — Pas d'ouïe. Yeux simples, sessiles au sommet du céphalothorax.

Classification. — On les divise ainsi :

Arachnides.	Abdomen inarticulé. *Hologastres.*	Bouche piqueuse ou suceuse, pas de cœur ni d'organes respiratoires	*Tardigrades.*
		Corps vermiforme. Pas d'appareil circulatoire ni respiratoire	*Linguatulides.*
		Abdomen soudé au céphalothorax, bouche broyeuse ou suceuse	*Acariens.*
		Abdomen pédiculé pourvu de filières. 1 ou 2 paires de poumons	*Aranéides.*
	Abdomen articulé. *Arthrogastres.*	Pas d'aiguillon venimeux, des trachées. Pas de filières	*Phalangides.*
		Quatre poumons	*Pédipalpes.*
		Abdomen divisé en deux régions dont la postérieure porte un aiguillon venimeux	*Scorpionides.*
		Tête et thorax distincts, respiration trachéenne, pattes maxillaires pédiformes	*Solifuges.*

Tardigrades. — Microscopiques, tête peu distincte, corps cylindrique vaguement annelé, quatre paires de pattes, un suçoir, des glandes salivaires, un tube digestif, mais pas d'appareils circulatoire, respiratoire, ni urinaire, une chaîne de quatre ganglions ventraux, deux cérébroïdes, un collier œsophagien. Animaux réviviscents.

Linguatulides. — Vermiformes, annelés, ni pattes, ni pièces buccales ; bouche ventrale, pharynx musculeux, œsophage étroit, continué sans démarcation par l'intestin : Linguatules, parasites des fosses nasales et des sinus frontaux des Vertébrés, parfois de l'Homme.

Acariens. — Corps inarticulé, muni de pattes, mâchoire en rostre ou en suçoir. Pas d'appareil circulatoire ni respiratoire. Une larve hexapode, subissant des métamorphoses. Parasites.

Les plus communs sont les Tiques (Tiques des Chiens, *Ixodes ricinus*) et le Sarcopte de la gale (*Sarcoptes scabiei hominis*).

Aranéides. — Abdomen pédiculé, inarticulé, portant des filières. Chélicères venimeuses, rarement dangereuses. L'abdomen renferme des glandes séricigènes (fig. 39) servant à former les fils de la toile; la sécrétion s'écoule par des mamelons perforés (filières).

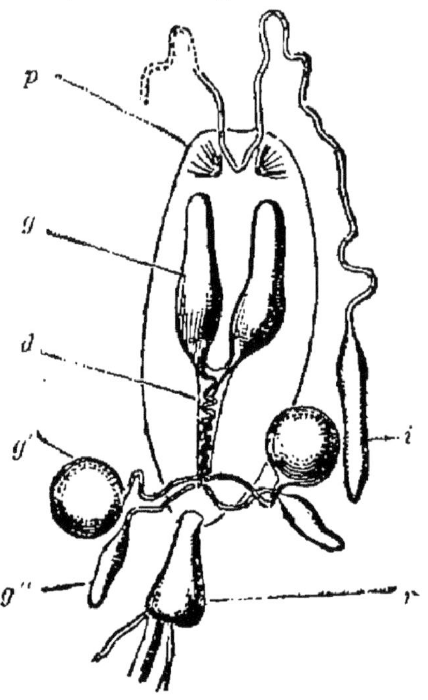

Fig. 39. — Glande séricigène de *Pholcus*. — *g*, *g'g''*, les glandes. — *d*, leur canal excréteur. — *p*, poumon. — *r*, rectum. — *t*, testicule.

Aranéides.	Six filières et deux poumons. *Dipneumones.*	Yeux sur trois rangées transversales, *Vagabondes*	*Sauteuses.*
			Coureuses.
		Yeux sur deux rangées transversales, *Sédentaires*	*Latérigrades.*
			Tubitèles.
			Inéquitèles.
			Orbitèles.
	Quatre poumons et quatre filières. *Tétrapneumones.*		

1° *Dipneumones.* — a) *Vagabondes.* — Elles ne tissent pas de toile mais fabriquent des sacs ovifères.

Chez les *Sauteuses*, les yeux du milieu de la rangée antérieure sont les plus gros; pattes non terminées en griffe : *Salticus*, *Myrmecia*.

Chez les *Coureuses*, les yeux de la rangée antérieure sont les plus petits, les pattes sont terminées par une griffe : *Dolomedes*, *Lycosa*, Tarentule (*Lycosa tarentula*), qui vit dans des trous souterrains.

b) *Sédentaires*. — Les *Latérigrades* ne construisent que des toiles rudimentaires, elles marchent de côté ou à reculons; les yeux sont disposés en forme de croissant : *Thomisus*, produisant les « fils de la Vierge » et *Philodromus*.

Les *Tubitèles* filent des toiles horizontales, avec un réduit en forme de tube où elles se tiennent : Segestrie des caves (*Segestria cellaria*); Argyronètes, se construisant une cloche au fond de l'eau; Tégénaires, établissant leurs toiles triangulaires dans les appartements mal tenus.

Les *Inéquitèles* tissent des toiles dont les fils s'entre-croisent en tous sens, elles se tiennent sur la toile même : *Pholcus*, *Theridium*, *Latrodectes*.

Les *Orbitèles* font des toiles verticales, arrondies, formées de fils concentriques et de fils rayonnants; se fixent au centre de la toile ou dans une retraite peu éloignée : *Epeira*, *Gasteracantha*, *Tetragnatha*, etc.

2° *Tétrapneumones*. — Ce sont des araignées de grande taille; elles ont les griffes des chélicères dirigées en dehors et ne tissent pas de toile : *Mygale*.

Phalangides. — Trachéens à céphalothorax inarticulé et à abdomen segmenté : les Faucheurs (*Phalangium*) ressemblent à des Araignées, les Pinces (*Chelifer*) ressemblent à de très petits Scorpions.

Pédipalpes. — Pulmonés à chélicères monodactyles. Céphalothorax inarticulé, pas d'aiguillons, chélicères venimeuses : *Telyphone*, ressemblant aux Scorpions, et *Phrynus*, aux Araignées.

Scorpionides. — Céphalothorax inarticulé, il porte les yeux, chélicères non venimeuses, triarticulées, palpe maxillaire terminé par une pince didactyle, mobile par la branche externe. Un préabdomen large, un postabdomen caudiforme, portant à son dernier segment un appareil venimeux. Le venin excite les centres nerveux, paralyse les extrémités périphériques (Joyeux-Laffuie); piqûre non mortelle pour l'Homme, mais mortelle pour les Mammifères et les Oiseaux de petite taille: *Buthus, Scorpio.*

Solifuges. — Le céphalothorax est articulé, les chélicères sont munies de pinces verticales puissantes, les palpes très développés. Thorax à trois articles. Semblables à de grosses Araignées et passant pour très venimeuses. Galéodes des pays chauds.

Myriapodes. — *Trachéens munis d'une paire d'antennes et de nombreuses paires de pattes. Corps divisé en tête et tronc. La tête porte les yeux, simples ou composés, une paire d'antennes, trois paires de pièces masticatrices (les mandibules non palpigères). Les anneaux du tronc comprennent deux arceaux : un ventral et un tergal. Jamais d'ailes.*

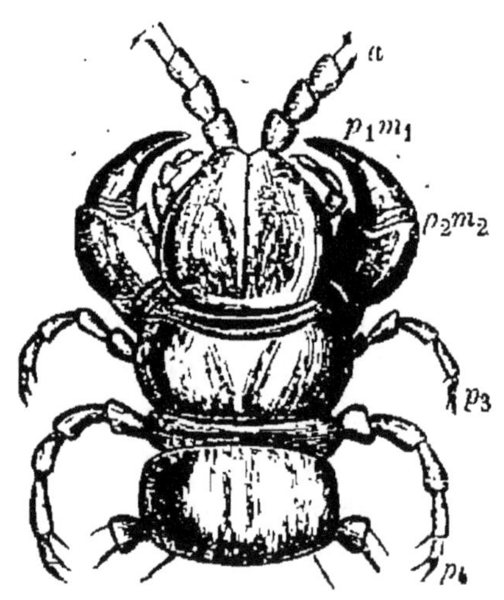

Fig. 40. — Tête de Chilopode. — *a*, antenne. — p_1m_1, maxillipède — p_2m_2, forcipule. — p_3, p_4, pattes.

Appareil digestif. — Bouche comprenant comme pièces masticatrices : 1° un labre; 2° une paire de mandibules; 3° une paire de mâchoires; 4° une lèvre inférieure palpigère ; 5° une plaque médiane postérieure (*mentonnière*), qui elle-même porte les *pattes ravisseuses* ou *forcipules*, biarticulées et terminées par un crochet mobile ; ce sont des pinces à mouvements latéraux en rapport avec une glande venimeuse (fig. 40). Chez certains Myriapodes, les mâchoires et la lèvre inférieure se soudent et forment la plaque médiane.

Tube digestif rectiligne. Œsophage, jabot, glandes en cæcum, entourant l'estomac. Intestin élargi.

Appareil circulatoire. — Semblable à celui des Insectes. Le liquide nourricier se rassemble dans un sinus qui entoure la chaîne ganglionnaire.

Appareil respiratoire. — Longs tubes trachéens latéraux. Stigmates latéraux ou ventraux, parfois dorsaux.

Appareil urinaire. — De une à trois paires de tubes de Malpighi, s'ouvrant vers l'extrémité de l'intestin.

Appareil reproducteur. — Au-dessus ou au-dessous du tube digestif. Un long tube simple ou double, un conduit vecteur s'ouvrant par un ou deux orifices tantôt devant l'anus, tantôt à la partie antérieure du corps. Des organes copulateurs. Sexes séparés. Souvent des spermatophores.

Appareil locomoteur. — Tarses biarticulés terminés en crochet, la dernière paire de pattes plus allongée que les autres.

Système nerveux. — Cerveau. Collier œsophagien, chaîne ventrale. Un ganglion au niveau de chaque anneau. Un système somato-gastrique.

Organes des sens. — Tégument s'incrustant parfois de sels calcaires. Des antennes *a* (fig. 40), pour l'odorat ; pas d'organes de l'ouïe ; des ocelles ou des amas de points oculaires. Rarement des yeux à facettes, quelquefois aveugles.

Classification. — Deux groupes :

MYRIAPODES.	Corps aplati. Une paire de pattes par segment. Deux paires de mâchoires..	*Chilopodes.*
	Corps cylindrique. Deux paires de pattes par segment. Une paire de mâchoires.	*Chilognathes.*

Chilopodes. — *Antennes longues. Stigmates latéraux. Deux forcipules. Pore génital terminal. Pas d'organes d'accouplement. Carnassiers.*

Se subdivisent en deux groupes :

Chilopodes...	Stigmates dorsaux, yeux à facettes, tarses trifides	*Schizotarses.*
	Stigmates latéraux, ocelles, tarses simples........................	*Holotarses.*

Les *Schizotarses* ne renferment que les Scutigères des régions chaudes de l'Europe et d'Afrique.

Les *Holotarses* renferment les Scolopendres, venimeuses dans les pays chauds, les Géophiles d'Europe, s'introduisant parfois dans les fosses nasales de l'Homme.

Chilognathes. — *Les trois anneaux post-céphaliques ne portent qu'une paire de pattes chacun, tous les autres en portent deux. Antennes courtes à sept articles. Pas de forcipules. Stigmates ventraux. Pores génitaux en avant. Des organes d'accouplement. Végétariens.*

Chilognathes.	Tête grosse très distincte........	*Phanérocéphales.*
	Tête petite, cachée	*Cryptocéphales.*

Les principaux types sont pour les *Phanérocéphales*, les Iules vermiformes, pouvant se rouler sur eux-mêmes, et les Blaniules, aveugles ; pour les *Cryptocéphales*, les Polyzonies à bouche adaptée pour la succion.

Insectes. — On désigne aussi les Insectes sous le nom d'*Hexapodes*, en raison de leurs trois paires de pattes. Le corps est nettement divisé en *tête*, *thorax* et *abdomen*.

A chacune des trois régions du corps correspond une apodème (*entocéphale*, *entothorax*, *entogastre*). Trois paires de pièces masticatrices. Thorax toujours divisé en trois segments. Le deuxième, ou le deuxième et le troisième portent chacun une paire d'ailes. Abdomen dépourvu de pattes, sauf chez quelques Insectes inférieurs. Parfois une *armure génitale* sur les derniers segments abdominaux.

APPAREIL DIGESTIF. — Trois paires de pièces 1° mandibules ; 2° première paire de mâchoires ou maxilles ; 3° deuxième paire de mâchoires. Ces deux paires portent des *palpes*, *maxillaires* pour la première et *labiaux* pour la seconde. En outre une lèvre supérieure ou *labre* non appendiculaire. Il faut ajouter encore des saillies de la cavité buccale : *épipharynx* et *hypopharynx*.

Suivant le genre de nourriture de l'Insecte, les appendices varient beaucoup. On les ramène à trois types (Savigny).

Type broyeur. — *Labre* L (fig. 41 et 42) transversal,

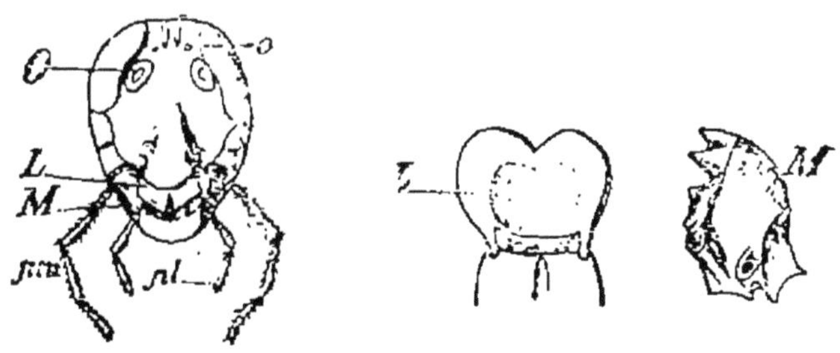

Fig. 41. Fig. 42. Fig. 43.

Fig. 41 à 43. — Tête d'un broyeur. — O, œil. — o, ocelle.

inséré sur le bord supérieur buccal. *Mandibules* M (fig. 41 et 43) dentées intérieurement et mobiles latéralement. *Maxilles* présentant un article basilaire, *gond* surmonté d'une *tige* portant deux lobes :

un *palpe maxillaire pm* interne, ou un *galéa*, suivant sa forme, et un *mando*, garni de soies et de dents, pièce masticatrice exclusivement. Sur le côté, la tige porte un filament articulé, *palpe maxillaire externe* ou palpe maxillaire. ***Mâchoires inférieures***, unies en un *labium* ou lèvre inférieure comprenant un *sub-mentum* et un *mentum*, correspondant au gond et aux tiges le mentum porte deux *palpes labiaux pl*, et est ter-

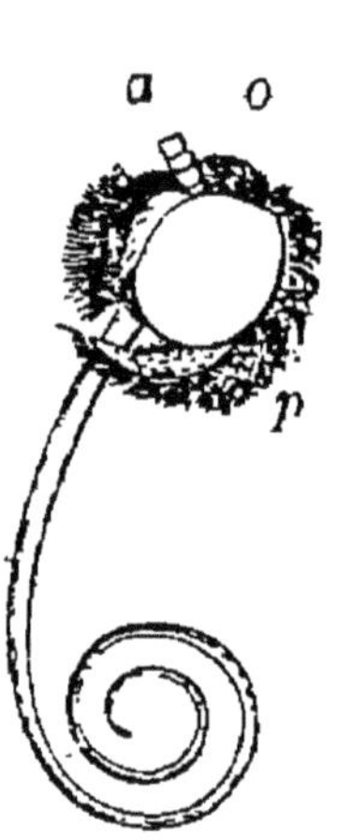

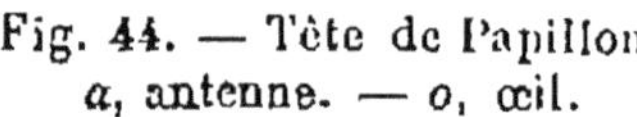
Fig. 44. — Tête de Papillon. *a*, antenne. — *o*, œil.

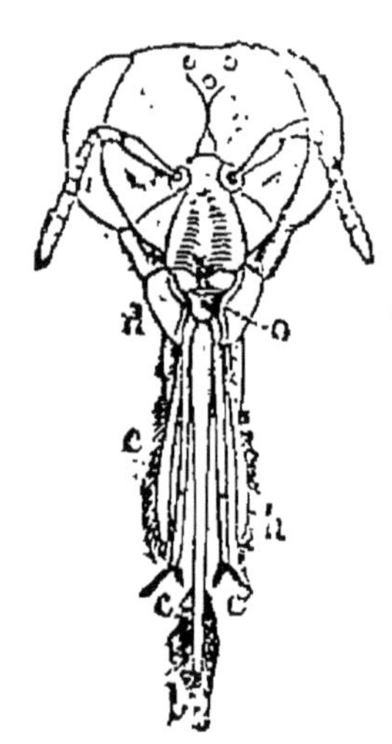

Fig. 45. — Tête d'un Insecte lécheur.

miné par une languette simple représentant les mandos et deux *paraglosses* homologues des galéas.

Type lécheur. — Le *labre d* et les *mandibules o* ont la même conformation. ***Mâchoires*** aplaties ou arrondies *c*, *labium* portant de *longs palpes labiaux cc*, des *paraglosses* lancéolées et une languette *b* allongée, creusée d'un canal à son intérieur (fig. 45).

Type suceur. — 1° Chez les ***Papillons***, les *deux mâchoires m* (fig. 44) se sont allongées, creusées en gouttière et par leur rapprochement forment un canal complet, flexible, enroulable (*trompe*) ; à la base on voit des rudiments de *palpes maxillaires p*, ainsi que des *mandibules réduites* et un *labre*. Le *labium*, très court, est muni de *palpes labiaux*. Cet organe est uniquement suceur.

2° Chez les *Mouches*, les pièces sont adaptées à la succion et à la ponction. Le *labium*, repliant ses bords et s'allongeant, forme une gaine dans laquelle des organes en forme de piquants peuvent se mouvoir.

Ces stylets, cornés et très durs, sont des modifications du *labre l*, des *mandibules M*, et des *mâchoires m*. Souvent aussi l'*épipharynx* et l'*hypopharynx*, *H*, s'y ajoutent. Les mâchoires sont pourvues de palpes articulés, *pm*. Le nombre des pièces sétiformes varie de six à deux (fig. 46).

3° Chez les *Punaises*, le *labium* L, recouvert à sa base par le *labre l*, forme un bec articulé renfermant les mandibules *m* et les mâchoires M transformées en quatre soies aptes ou non à perforer (fig. 47).

Le pharynx n'est présent que chez les Broyeurs ; l'œsophage présente souvent un jabot et un gésier. L'estomac porte un grand nombre de glandes, sous forme de villosités externes ; un étranglement valvulaire le sépare de l'intestin, le rectum est renflé. Les glandes salivaires sont parfois adaptées à la défense (glandes à venin).

Appareil circulatoire. — Un vaisseau dorsal contractile fixé à la paroi du corps par des muscles triangulaires (muscles aliformes) joue le rôle de cœur. Il est divisé en chambres, munies d'orifices latéraux par lesquels le sang pénètre. Un prolongement de la chambre antérieure est l'aorte, qui conduit le sang dans des lacunes.

Appareil respiratoire. — Trachées s'ouvrant au dehors par une ou plusieurs paires de stigmates situés sur les anneaux abdominaux ou thoraciques, *jamais sur la tête* Le système trachéen est dit *holopneustique*, si tous les anneaux, sauf les céphaliques, portent des stigmates.

Chez quelques larves aquatiques, les trachées se

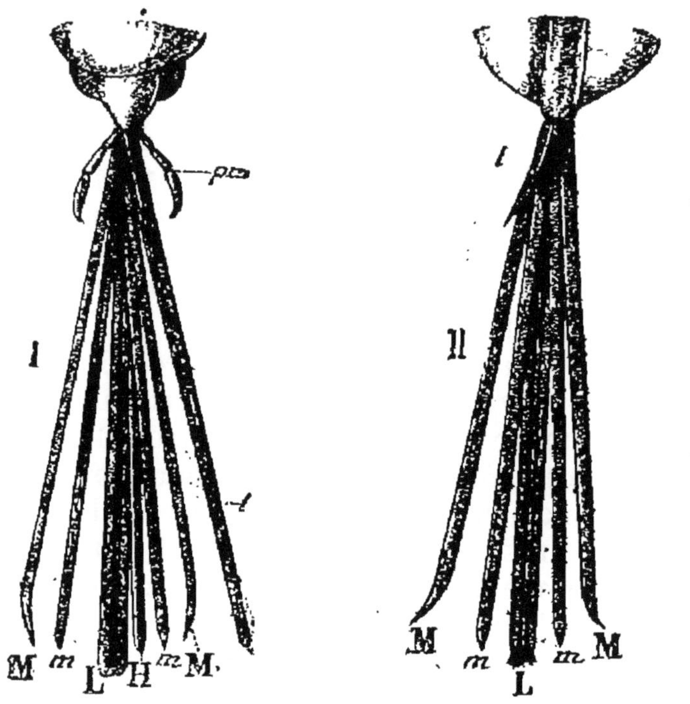

Fig. 46. — Bouche suceuse. Fig. 47. — Tête de Rhynchote.

combinent aux branchies et forment des appareils foliacés externes (branchies trachéennes).

Les trachées se ramifient à l'intérieur des organes et se terminent par des vésicules closes. Les stigmates sont entourés de poils protecteurs et d'un cadre corné (*péritrème*) soumis à la volonté de l'Insecte.

Appareil urinaire. — Deux ou plusieurs tubes de Malpighi débouchent dans l'intestin à son point de jonction avec l'estomac.

Appareil reproducteur. — Sexes séparés. Appareil mâle comprenant deux testicules, deux canaux déférents renflés en vésicules séminales et s'unissant ensuite pour former le canal éjaculateur. Un pénis. Des glandes sécrétant les enveloppes des spermatophores. Une armure génitale cornée. Ovaire pair, deux oviductes formant par leur union un vagin. Une poche copulatrice. Une armure génitale, qui est un appareil d'expulsion des œufs (*oviscapte*), ou un organe perforant (*tarière*), ou un appareil défensif (*aiguillon*).

Il existe chez un certain nombre d'Insectes, surtout chez les Hyménoptères, des individus stériles dont les organes sexuels sont rudimentaires. Ce sont les *Neutres*. La parthénogénèse se montre, et même la parthénogénèse larvaire (*pédogénèse*).

Quelques Insectes ne subissent pas de métamorphoses (*Amétaboliens*), mais la plupart en subissent (*Métaboliens*), graduelles ou incomplètes (*Hémimétaboliens*) ou brusques et complètes (*Holométaboliens*). La *larve* (1re forme) n'a pas de ressemblance avec l'adulte et peut présenter diverses formes successives (*hypermétamorphoses*). Mais elle passe toujours par le stade *pupe* ou *nymphe* immobile et pourvue de rudiments d'ailes. La nymphe est nue ou enfermée dans une coque. La vie larvaire est plus longue que la vie de l'Insecte, c'est pendant cette période qu'il s'accroît; la nymphe ne se nourrit pas et ne grandit pas, l'Insecte parfait se nourrit sans grandir.

Appareil locomoteur. — Les ailes sont des appendices dorsaux qui s'insèrent sur le mésothorax et le métathorax. Il y a quatre ailes ou deux, mais dans ce cas les ailes métathoraciques sont remplacées par deux petites tiges terminées par une sorte de bouton (*balancier*). L'examen embryologique fait voir que les ailes sont des trachées modifiées.

La patte est formée de cinq pièces creuses : *hanche* enclavée dans le thorax ; *trochanter* très petit ;

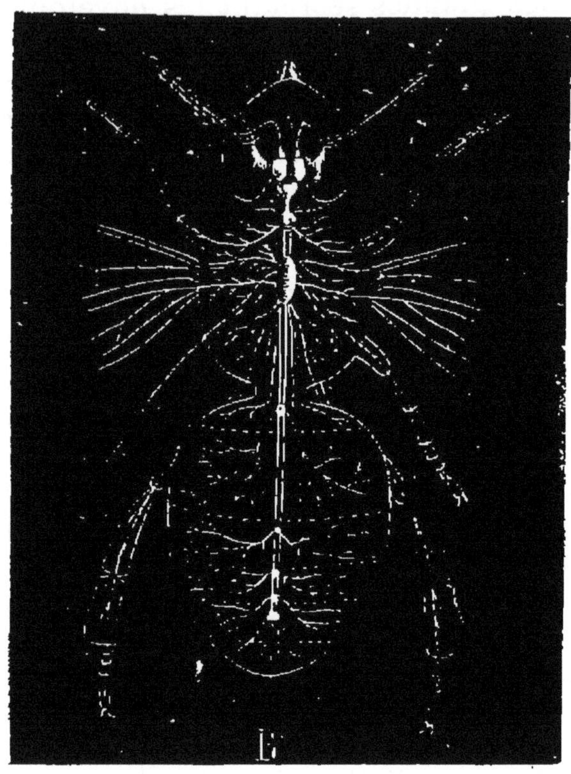

Fig. 48. — Système nerveux d'Abeille.

cuisse épaisse ; *jambe* grêle et longue ; *tarse* offrant de un à cinq articles.

Chez les Insectes aquatiques, les pattes postérieures s'élargissent en rames.

Appareils phonateurs. — Les sons (*stridulations*) sont produits par des chocs, des frottements, ou par la vibration des ailes. Chez la Cigale mâle, il y a un appareil musical compliqué qui se résume en une sorte de tambour à deux peaux sèches, que l'Insecte fait vibrer par contraction de deux gros muscles.

Système nerveux. — Souvent très développé. Le cerveau innerve les yeux, les antennes et le labre ; des ganglions sous-œsophagiens, dépendent les pièces masticatrices. Il y a trois ganglions thoraciques et un nombre variable de ganglions abdominaux. Il existe un système nerveux viscéral (*somato-gastrique*), chez les Insectes les plus élevés en organisation (fig. 48).

Organes des sens. — Les antennes et les pièces buccales exercent le tact; le goût réside dans la bouche; l'odorat, dans les antennes ; le siège de l'ouïe est encore inconnu. Il existe des yeux à facettes sur les côtés de la tête, et des stemmates. Le réseau d'yeux à facettes est hexagonal. Chaque facette est une cornée *c*, derrière laquelle est un *bâtonnet optique*, *kr*, transparent, composé d'un *corps cristallinien* et d'une *rétinule*. Toutes les rétinules sont séparées par des couches pigmentaires P (fig. 49).

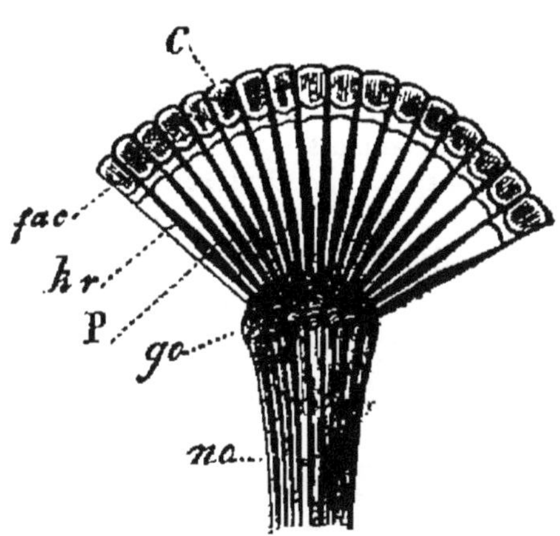

Fig. 49. — Schéma de l'œil d'un Insecte. — *no* et *go*, nerf optique. — *fac*, corps cristallinien.

Classification. — La classe renferme un grand nombre d'espèces, et est représentée dans toutes les régions connues du globe. Les Insectes tropicaux sont les plus grands et les mieux colorés.

INSECTES.	Pas d'ailes. *Aptérygogènes*		Mâchoires non palpigères, quatre antennes	*Podurides.*
			Pièces buccales peu développées. Corps velu ou écailleux, yeux simples..	*Thysanoures.*
	Des ailes. *Ptérygogènes.*	Type broyeur.	Ailes antérieures cornées, les postérieures membraneuses(Holométaboliens)	*Coléoptères.*
			Des pseudoélytres (Hémimétaboliens).	*Orthoptères.*
			Les quatre ailes membraneuses. (Hémimétaboliens)..................	*Orthonévroptères.*
			Bouche parfois suceuse, ailes réticulées (Holométaboliens)..................	*Névroptères.*
		Type lécheur.	Quatre ailes membraneuses (Holométaboliens)	*Hyménoptères.*
		Type suceur.	Quatre ailes écailleuses (Holométaboliens)..........	*Lépidoptères.*
			Ailes nues. Métamorphoses nulles ou incomplètes...	*Rhynchotes.*
			Deux ailes. Deux balanciers (Holométaboliens).......	*Diptères.*

Podurides. — Insectes sauteurs, dont le corps écailleux ou velu se termine par un appendice bifurqué, replié, qui agit comme un ressort et lance l'animal en avant : *Desoria* (fig. 49), Puce des gla-

Fig. 50. — *Desoria.*

ciers, vit dans les hautes régions alpines; *Campodea*, considéré comme Insecte primordial.

Thysanoures. — Êtres de petite taille, dont l'abdomen porte à son extrémité des appendices allongés. Les glandes sexuelles s'ouvrent dans l'intestin.

Des rudiments de pattes sur l'abdomen. Pas de métamorphoses : *Lepisma*, couvert d'écailles brillantes. *L. saccharina* attaque les substances sucrées (fig. 51).

Fig. 51. — Lepisma.

Coléoptères. — *Broyeurs, dont les ailes mésothoraciques sont cornées et transformées en élytres. Prothorax ou corselet très développé, les autres divisions du thorax sont cachées par les élytres. Tarses de trois à cinq articles. Abdomen sessile, présentant souvent son dernier segment à découvert (pygidium). Stigmates sous les élytres, sur les côtés du dos ; de quatre à six tubes de Malpighi. Larves apodes ou hexapodes.*

Coléoptères..	Cinq articles à tous les tarses........	*Pentamères.*
	Cinq articles aux tarses antérieurs et intermédiaires, quatre aux postérieurs...........................	*Hétéromères.*
	Les trois premiers articles des tarses développés et le quatrième rudimentaire...........................	*Tétramères.*
	Quatre articles aux tarses, l'avant-dernier rudimentaire................	*Trimères.*

Pentamères. — Ils renferment les Carabes, les Cicindèles, les *Scarites*, les *Anophtalmus*, cavernicoles et aveugles ; les *Dystiscus*, les Hydrophiles, aquatiques ; les Brachélytres, les Clavicornes, parmi lesquels les Nécrophores, les Silphes, les Dermestes.

Les Pectinicornes sont des Pentamères dont les mandibules, chez le mâle, prennent un grand développement. Le type en est le Lucane ou Cerf-Volant.

Les Lamellicornes, aux antennes lamelleuses, en

éventail, renferment les Hannetons, Cétoines, Coprophages, Géotrupes. Les Buprestides, les Élatérides, dont quelques-uns portent des glandes lumineuses dont les cellules en fonctionnant subissent une dégénérescence graisseuse (R. Dubois). Les Malacodermes, etc., sont des Pentamères.

Hétéromères. — A ce groupe appartiennent les Ténébrions, dont la larve est le Ver de farine; les Vésicants : Méloé, Cantharides, Mylabre, etc.

Tétramères. — Ils renferment les Curculionides ou Rhyncophores et les Xylophages, qui s'attaquent aux bois des arbres ; les Longicornes, aux antennes très longues et fines; les Chrysomélides, etc.

Trimères. — On y range les Coccinellides.

Orthoptères. — *Broyeurs à pseudo-élytres, dont les métamorphoses sont incomplètes ou nulles. Le tube digestif offre un jabot et un gésier. Un nombre considérable de tubes de Malpighi. Des yeux à facettes. Tarses de trois à cinq articles. Tous terrestres.*

ORTHOPTÈRES.	Hémimétaboliens. Pas de pince anale..	*Ulognathes.*
	Hémimétaboliens. Une pince anale.....	*Labidoures.*

Ulognathes. — Ils peuvent à leur tour se diviser en deux familles :

Ulognathes..	Pattes postérieures à cuisses longues propres au saut. Des organes de stridulation	*Sauteurs.*
	Pattes ambulatoires. Pas d'organes de stridulation. Pentamères	*Coureurs.*

Les *Sauteurs* renferment les Grillons, les Courtilières, etc, puis les Sauterelles ou Locustides, caractérisés par leur oviscapte en forme de sabre ; et les Criquets ou Acridiens dépourvus d'oviscapte. A ces derniers appartient le *Pachytylus migratorius*, qui cause de grands ravages dans les contrées chaudes.

Aux *Coureurs* appartiennent les Mantes, les Blattes (Cafards), etc.

Labidoures. — Ils sont représentés par les Forficules ou Perce-oreilles.

Orthonévroptères. — *Suceurs ou broyeurs à quatre ailes membraneuses et réticulées. Hémimétaboliens. Tarse de deux à cinq articles, prothorax libre. Dix anneaux à l'abdomen.*

ORTHONÉVROPTÈRES.	Ailes nues, larves terrestres...	*Corrodants.*
	Ailes nues, larves aquatiques..	*Amphibiotiques.*
	Ailes ciliées.................	*Thysanoptères.*

Corrodants. — A ce groupe appartiennent les Termites, Tétramères qui se rapprochent des Orthoptères, ils vivent en troupes innombrables.

Amphibiotiques. — Il faut distinguer les Agrions, les Caloptéryx, etc., aux ailes relevées pour le repos (*Isoptères*), des Æschnes, et Libellules ou Demoiselles aux ailes horizontales pendant le repos (*Anisoptères*). Les Éphémères appartiennent aussi aux Amphibiotiques; leurs larves, aquatiques, vivent trois ans. Au sortir de la nymphe, l'animal n'est point parfait (*subimago*), il subit une mue avant d'arriver à l'état adulte (*imago*) et alors ne prend pas de nourriture; sa vie est très courte.

Thysanoptères. — Petits Insectes suceurs; les *Thrips*, qui vivent sur les céréales, sont les plus répandus.

Névroptères. — *Broyeurs ou suceurs à ailes réticulées, membraneuses. Holométaboliens. Prothorax libre. Aux tarses, cinq articles. Ailes nues, poilues ou écailleuses. Abdomen de huit à neuf anneaux.*

NÉVROPTÈRES.	Ailes nues ne pouvant se ployer, fortes mandibules, larves terrestres	*Planipennes.*
	Ailes poilues ou écailleuses, pas de mandibules, une trompe, larves aquatiques	*Plicipennes.*

Planipennes. — Le type des Planipennes est le Fourmilion (*Myrmeleo*), ressemblant aux Libellules. Sa larve se nourrit de Fourmis, auxquelles elle tend un piège en forme d'entonnoir au fond duquel elle se tient, elle lance avec sa tête du sable pour faire tomber sa proie.

Plicipennes. — Aux Plicipennes appartiennent les Phryganes, dont les larves se construisent un fourreau avec des matières végétales ou des grains de sable agglutinés.

Hyménoptères. — *Lécheurs à quatre ailes membraneuses peu réticulées, Holométaboliens. Prothorax soudé. Tarses à cinq articles. Ailes inférieures plus petites que les supérieures. Abdomen pédiculé terminé par un aiguillon venimeux ou des stylets souvent dentés en scie.* Parthénogénétiques, quelquefois sociaux, et en ce cas ils présentent des neutres.

HYMÉNOPTÈRES.	Aiguillon venimeux.............	*Porte-aiguillon.*
	Une tarière.....................	*Porte-tarière.*
	Tarière à stylets dentés en scie....	*Porte-scie.*

Porte-aiguillon. — Les trochanters sont simples. Les antennes ont douze articles chez la femelle, et treize chez le mâle. Ils ont des glandes venimeuses. Ce sont les Fourmis vivant en colonie. Un grand nombre d'observations ont mis en évidence leur intelligence (Huber, Lubbock, Forel). Les Abeilles (Apidés), Insectes solitaires ou sociaux. Parmi ceux-ci, l'Abeille noire (*Apis mellifica*) fournit le miel et la cire. Les Bourdons (*Bombus*) vivent aussi en colonies.

Parmi les solitaires, les uns sont nidifiants, les autres parasites. Enfin les Guêpes ou Vespidés sont sociaux (Frelons), solitaires ou fouisseurs.

Porte-tarière. — Les trochanters sont biarticulés et les larves apodes. Ce sont les Ichneumons, à abdomen pédiculé comme celui des Abeilles et dont les femelles déposent les œufs dans le corps d'autres Insectes ; et les Cynips, qui déposent leurs œufs dans les végétaux et déterminent sur les feuilles des *galles*.

Porte-scie. — Ils ont également l'abdomen sessile, et des trochanters biarticulés. On les réunit parfois aux Porte-tarière, pour former le groupe unique des *Térébrants*.

Lépidoptères. — *Suceurs à ailes couvertes d'écailles. Holométaboliens. Tube digestif à jabot. 6 tubes de Malpighi. Anneaux thoraciques soudés. Pattes grêles. Abdomen sessile, jamais d'aiguillon.* Oviscaptes rares. Quelques cas de parthénogénèse.

Les larves (Chenilles) ont la bouche broyeuse, des glandes à soie dont la sécrétion est expulsée par un pore du labium. La nymphe (chrysalide) est suspendue, la tête en bas; entourée d'un fil qui la soutient horizontalement; maintenue entre des feuilles par des fils de soie, ou enfermée dans un cocon.

Les ailes des Lépidoptères sont reliées soit par un *frein*, crin raide qui part du bord antérieur de l'aile inférieure et s'engage dans un anneau placé sous l'aile supérieure ; soit par un rebord de l'aile supérieure, où vient s'emboiter le bord de l'aile inférieure.

LÉPIDOPTÈRES.	Pas de frein. Ailes relevées verticalement et accolées pendant le repos. Antennes terminées en massue....................	*Rhopalocères.*
	Un frein. Ailes horizontales au repos. Antennes terminées par un crochet....................	*Sphingides.*
	Pas de frein. Ailes en toit au repos. Antennes sétiformes pectinées....................	*Bombycides.*
	Un frein. Ailes en toit au repos. Antennes sétiformes pectinées.	*Noctuides.*
	Un frein. Ailes en toit au repos. Antennes sétiformes pectinées, corps très grêle..............	*Phalénides.*
	Un frein. Antennes longues. Ailes horizontales au repos. Insectes très petits..................	*Microlépidoptères.*

Rhopalocères. — Ils sont diurnes. On les divise, suivant la manière dont se fixe la chrysalide :

Rhopalocères.	Chrysalide soutenue horizontalement par une soie	*Ceinturés.*
	Chrysalide suspendue, ornée de taches..	*Suspendus.*
	Chrysalide enroulée..................	*Enroulés.*

Nous citerons comme exemples de *Ceinturés :* le Machaon (*Papilio Machaon*) et les *Pieris;* comme *Suspendus :* la Vanesse, le Paon de jour (*Vanessa Io*), et comme *Enroulés :* les Hespéridés.

Sphingides. — Ils sont crépusculaires et volent rapidement ; le corps robuste est velu et l'abdomen se termine en pointe. Les chenilles sont souvent parées de belles couleurs.

Sphingides.	Ailes opaques........................	*Sphingidés.*
	Ailes transparentes..................	*Sésiadés.*

Parmi les *Sphingidés*, l'*Acherontia Atropos* habite les ruches, sa chenille vit sur la pomme de terre; le Sphinx du liseron; le Moro-Sphinx est diurne.

Les *Sésiadés* sont diurnes.

Bombycides. — Ils sont nocturnes, le type est le *Sericaria mori*, dont la chenille est le Ver à soie ; les Saturnidés (Paon de nuit).

Noctuides. — Ils sont aussi nocturnes, leur corps est trapu, leur trompe cornée.

Phalénides. — Ils sont crépusculaires.

Microlépidoptères. — Diurnes ou nocturnes.

Ces cinq dernières familles sont parfois réunies sous le nom d'*Hétérocères.*

Rhynchotes. — *Suceurs amétaboliens ou hémimétaboliens. La lèvre inférieure forme un rostre et les machoires des soies. Antennes variables, glandes salivaires volumineuses, deux ou quatre tubes de Malpighi. Tarses de un à trois articles, ailes antérieures coriaces à la base (hémelytres).*

RHYNCHOTES.	Quatre ailes horizontales, rostre naissant du front	*Hétéroptères.*
	Quatre ailes membraneuses en toit pendant le repos, rostre naissant de la partie inférieure de la tête, un oviscapte chez la femelle	*Homoptères.*
	Quatre ailes membraneuses, rostre semblant naître du sternum	*Phytophtires.*
	Aptères et amétaboliens	*Parasites.*

Hétéroptères. — Les antennes ont de quatre à cinq articles. On les divise ainsi :

Hétéroptères.	Antennes découvertes plus longues que la tête	*Géocorises.*
	Antennes cachées dans une fossette, plus courtes que la tête	*Hydrocorises.*

Les *Géocorises* renferment les Pentatomes ou Punaises des bois et les Cimex, parmi lesquels la Punaise des lits, parasite de l'Homme (*Cimex lecticularius*), les Hydromètres, vulgairement nommés Araignées d'eau.

Les *Hydrocorises* ou Punaises d'eau sont les Nèpes, les Ranatres, les Notonectes.

Homoptères. — Ils sont représentés par les Cigales (*Cicada*) et le Fulgore de la Guyane ou Porte-lanterne.

Phytophtires. — Ce sont de petits animaux, se nourrissant de la sève des plantes :

Phytophtires.	Tétraptères sauteurs	*Psyllides.*
	Mâles diptères, femelles aptères	*Coccides.*
	Marcheurs aptères ou tétraptères	*Aphides.*

Les *Psyllides* ou Faux-Pucerons sont caractérisés par les dix articles des antennes terminées par deux soies.

Les *Coccides* sont représentés par les Cochenilles (*Coccus*), dont il existe plusieurs espèces. Celle du nopal (*Coccus cacti*) était employée autrefois pour donner la couleur rouge.

Les *Aphides* sont de deux sortes : les uns, à générations parthénogénésiques ovipares, renferment les Phylloxeras, qui ravagent les vignobles, et les autres à générations parthénogénésiques vivipares sont les Pucerons proprement dits : *Aphis laniger*, *Aphis Rosæ*, etc.

Le *Phylloxera vastatrix* produit des générations parthénogénésiques aptères, vivant sur les racines de la vigne ; après un certain nombre de mues, ces générations donnent des femelles ailées qui pondent à l'envers des feuilles des œufs de deux sortes. Les uns, petits, donnent des mâles ; les autres, gros, des femelles aptes à être fécondées ; mâles et femelles aptères sont dépourvus de tube digestif. La femelle fécondée donne un œuf d'hiver unique qu'elle dépose sous l'écorce, et qui donne au printemps un individu parthénogénésique renouvelant la souche.

Parasites. — Ils renferment les Pédiculides, parasites des animaux à sang chaud ; ce sont le *Phthirius* qu'on détruit au moyen de frictions mercurielles ou de solutions faibles de sublimé, le *Pediculus capitis*, Pou de tête, et le *P. vestimenti* ou Pou de corps ; pour détruire celui-ci, il faut employer les bains sulfureux.

Diptères. — *Suceurs holométaboliens. Deux ailes ou pas d'ailes. Tête articulée au thorax par un pédicule mince. Yeux très gros. Glandes salivaires à produit irritant. Jabot pédiculé. Quatre tubes de Malpighi. Antennes variables. Deux ailes membraneuses et deux balanciers. De cinq à neuf anneaux à l'abdomen sessile ou pédiculé, terminé chez les femelles par une tarière. Larves apodes.*

DIPTÈRES...	Antennes longues pluriarticulées, filiformes. Thorax inarticulé	*Némocères.*
	Antennes courtes triarticulées. Thorax inarticulé........................	*Brachycères.*
	Antennes très courtes. Trois anneaux au thorax. Corps comprimé, pas d'ailes.	*Aphaniptères.*

Némocères. — Ils se divisent ainsi :

Némocères..	Corps grêle, trompe longue pourvue de longs palpes	*Culicides.*
	Corps grêle, trompe courte, épaisse, palpes courts	*Tipulides.*
	Corps ramassé, antennes assez courtes.	*Simulides.*

Les *Culicides* renferment les Cousins ou Moustiques (*Culex*) à larves aquatiques.

Les *Tipulides* renferment les Tipules (*Tipula*), qui ressemblent à des Cousins à longues pattes, et les Cecidomyes, qui déposent leurs œufs entre les glumes des épillets de céréales.

Les *Simulides* jouent parfois le rôle de porte-virus ; elles constituent les Mouches charbonneuses (*Simulium*).

Brachycères.—Ils renferment : les Taons (*Tabanus*), les Œstres (*Gastrophilus*), qui pondent sur le poitrail des Chevaux, lesquels, en se léchant, les introduisent dans le tube digestif où les larves se développent ; l'Œstre du Bœuf (*Hypoderma Bovis*), dont la larve pénètre dans le tissu conjonctif du bœuf et produit des tumeurs ; l'Œstre du Mouton, de l'Homme (Amérique) ; les Mouches, *Musca*, *Stomoxis*, qui peuvent propager les maladies infectieuses.

Aphaniptères. — Ils se divisent en deux groupes :

Aphaniptères.	Un pygidium. Quatre articles aux palpes labiaux	*Pulicides.*
	Pas de pygidium. Quatre articles aux palpes labiaux	*Sarcopsyllides.*

Les *Pulicides*, parmi lesquels *Pulex irritans*, Puce de l'Homme, sont parasites des Mammifères et des Oiseaux. Chaque animal possède une espèce de Pulex qui ne vit guère que sur lui.

Les *Sarcopsyllides* renferment la Chique, *Sarcopsylla penetrans*, plus petite que la Puce, originaire d'Amérique, elle s'introduit surtout sous la peau des pieds; ses larves donnent lieu à un ulcère; l'œuf se développe à terre; la larve et la nymphe rappellent celles de la Puce.

CHAPITRE XI

LES PROVERTÉBRÉS OU CHORDÉS.

Animaux qui présentent une grande diversité de caractères, mais qui ont les caractères communs suivants : *Fentes branchiales, mettant en rapport le pharynx avec l'extérieur; une corde dorsale ou notochorde, persistante ou non, placée entre le tube digestif et le système nerveux.* Les uns se rapprochent des Vers et des Échinodermes, les autres des Poissons, d'autres enfin (*Tuniciers*) ont une organisation spéciale. On divise, d'après la présence de la corde dorsale, les Provertébrés ou *Chordés* en trois sous-ordres :

Provertébrés..	Notochorde très réduite et creusée d'une cavité...........	*Entéropneustes.*
	Notochorde localisée dans la queue ou absente chez l'adulte.	*Tuniciers.*
	Notochorde bien développée, surtout dans la tête.........	*Leptocardiens.*

Entéropneustes. — Ce groupe ne contient que le *Balanoglossus*, qui longtemps fut décrit avec les Vers.

On distingue trois régions dans son corps :

Une *trompe* reliée au corps par un pédoncule mince; un collier, large bourrelet portant la bouche; un tronc à l'extrémité duquel est l'anus. La partie antérieure du tronc est branchiale et montre latéralement à la ligne médio-dorsale une rangée de fentes branchiales, le reste présente une annulation extérieure.

Le cœlome est comblé dans le collier par du tissu conjonctif, qui laisse de larges lacunes ; la portion gauche du cœlome pénètre dans la trompe plus avant que la droite et communique par un conduit cilié avec l'extérieur.

La bouche donne accès dans un pharynx, divisé par des bourrelets longitudinaux en deux régions superposées, l'une continuant le pharynx, et l'autre la cavité branchiale.

La portion antérieure du pharynx envoie dans la trompe un diverticule très comparable à la notochorde des Poissons inférieurs, c'est lui qu'on décrit sous le nom de corde dorsale du Balanoglosse.

Le cœur, contractile, est suivi d'un vaisseau dorsal unique.

La respiration s'effectue par les fentes qui mettent en rapport la cavité branchiale et l'extérieur.

Une glande volumineuse, placée dans la trompe, joue le rôle d'organe urinaire.

Le système nerveux est peu net, il se présente sous forme de deux cordons, l'un ventral, l'autre dorsal, médians tous deux ; une commissure les unit dans le collier ; le cordon dorsal se prolonge dans la trompe.

Pas d'organes des sens.

La larve du *Balanoglossus*, *Tornaria*, rappelle celle des Échinodermes, mais son mode de développement la rapproche incontestablement de celle des Tuniciers.

Tuniciers. — Les Tuniciers ou Urochordés sont tous marins, ils sont revêtus d'une *cuticule* spéciale (*tunique*). Le corps a la forme d'un sac à deux orifices (*siphons*), l'un pour l'entrée, l'autre pour la sortie de l'eau, l'expulsion des produits digestifs et sexuels.

Appareil digestif. — Bouche inerme, *o*, conduisant dans un sac pharyngien présentant une gouttière épibranchiale et une autre hypobranchiale ou *endostyle*, *e*. L'œsophage, *oe*, est cilié ainsi que le tube digestif, sauf l'estomac, *st* (fig. 52); il y a ou non un cloaque.

Appareil circulatoire. — Un cœur, en relation avec deux sinus situés sous la peau ; il fait quelquefois défaut (Kowalewsky) et bat alternativement dans un sens, puis dans l'autre.

Appareil respiratoire. — La branchie est un sac treillissé, occupant la longueur du corps ; ce sac est suspendu dans une cavité péribranchiale, aux parois de laquelle il est relié par des brides de tissu conjonctif, creuses et contenant de l'hémolymphe. Les cils qui recouvrent ces mailles déterminent l'entrée de l'eau. Chaque orifice pour l'entrée et la sortie de l'eau est munie d'un siphon expirateur.

Appareil urinaire. — Est représenté par des cellules ou des concrétions du cœlome.

Appareil reproducteur. — Les Tuniciers sont hermaphrodites, et se reproduisent par gemmiparité ou sexuellement ; les individus bourgeonnants produisent des individus sexués. Ovaires et testicules s'ouvrant dans le cloaque par des canaux excréteurs (*t* et *rd*, fig. 52).

Squelette. — Le cordon axial, qui occupe la queue des larves, est une notochorde, qui ne va jamais jusqu'au tronc.

Système nerveux. — Un ganglion volumineux au-dessus de l'entrée du tube digestif, et une moelle tubulaire qui donne des nerfs dans la queue. Cette moelle disparait chez certains animaux. Au-dessus du ganglion, une glande analogue au corps *pituitaire* des Vertébrés (Julin).

Organes des sens. — Une fossette olfactive et un

otocyste ; la larve, parfois, présente un œil impair, que ne conserve pas toujours l'adulte.

La larve a la forme d'un têtard de Grenouille, elle est mieux organisée que l'adulte et subit, après fixation, une métamorphose régressive.

CLASSIFICATION. — Deux groupes :

TUNICIERS.	Notochorde persistante...............	*Pérennichordés.*
	Notochorde caduque..................	*Caducichordés.*

Pérennichordés. — Ils sont munis d'un appendice caudal persistant, transparents, conservant la notochorde et la moelle; ce sont des animaux de haute mer : *Appendiculaires*

Caducichordés. — Deux sous-groupes :

Caducichordés.	Fixés, deux orifices voisins............	*Ascidies.*
	Nageurs, deux orifices opposés.........	*Thaliacés.*

Les *Ascidies*, solitaires ou associées, ont un muscle fixateur (*m*, fig. 52) et un large sac branchial ; les unes sont simples: *Phallusia*, *Molgula*, *Cynthia ;* les autres agrégées (*Synascidies*) dans une enveloppe commune: *Botryllus*, *Didemnum*, *Pseudodidemnum* (fig. 52).

Les *Thaliacés* ont une tunique gélatineuse et nagent par contraction du corps. Les viscères forment à la partie postérieure du corps un *nucléus* coloré : les *Salpes*, individus accolés simplement; *Doliolum*, Biphores (*Salpa*); les *Pyrosomiens* réunis en une enveloppe commune : Pyrosomes de la Méditerranée, animaux phosphorescents.

Leptocardiens. — Ils sont représentés par le seul genre *Amphioxus*, longtemps considéré comme le plus inférieur des Poissons. L'animal présente une parenté étroite avec les Vertébrés, mais ses affinités avec les autres Chordés sont trop claires pour qu'on puisse l'exclure de l'embranchement.

APPAREIL DIGESTIF. — La bouche (*a*, fig. 53) est dépourvue de dents et de mâchoires, c'est une fente en demi-cercle, soutenue par un anneau cartilagineux portant des tentacules. Le sac pharyngien, *c*, est muni intérieurement de cils et précède un tube gastro-intestinal, *c*, qui présente à sa partie inféro-antérieure un cæcum *f*; le rectum *g* est terminé par l'anus, *b*, situé un peu à gauche. Il n'y a ni foie ni pancréas.

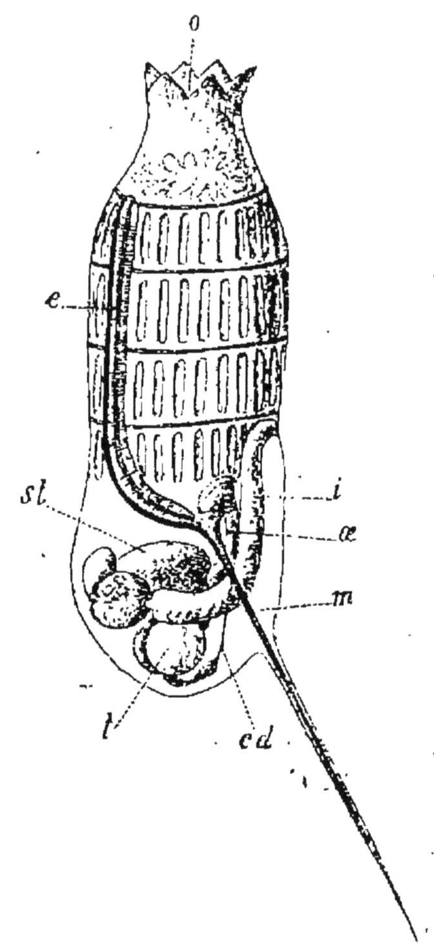

Fig. 52. — Individu isolé d'une Ascidie coloniale.

o, orifice branchial. — *e*, endostyle. — *œ*, œsophage. — *st*, estomac. — *t*, glande mâle avec le canal déférent *c'd*, — *i*, intestin terminal.

Appareil circulatoire. — Pas de cœur ; un vaisseau médian longitudinal, *l*, envoie une branche contractile, *mm*, à chaque fente branchiale, il est situé sous le sac branchial, au-dessus duquel une aorte longe la notochorde, *h*; une veine, *n*, suit le cæcum. Il y a des lymphatiques qui débouchent dans le système artériel.

Appareil respiratoire. — C'est le sac pharyngien, *c*, sorte de corbeille à charpente cartilagineuse entourée d'une cavité péribranchiale, qui débouche au dehors par un pore médian, *d*, situé en avant de l'anus. Le sac présente deux gouttières ciliées, l'une dorsale (*épibranchiale*), l'autre ventrale (*hypobranchiale*), le sillon supérieur est la route que suivent les aliments.

Appareil urinaire. — Un peu en avant du cæcum, des replis de la cavité péribranchiale sont considérés comme des reins: ils laissent échapper leurs produits par le pore abdominal, *d*.

Appareil reproducteur. — Sexes séparés, glandes

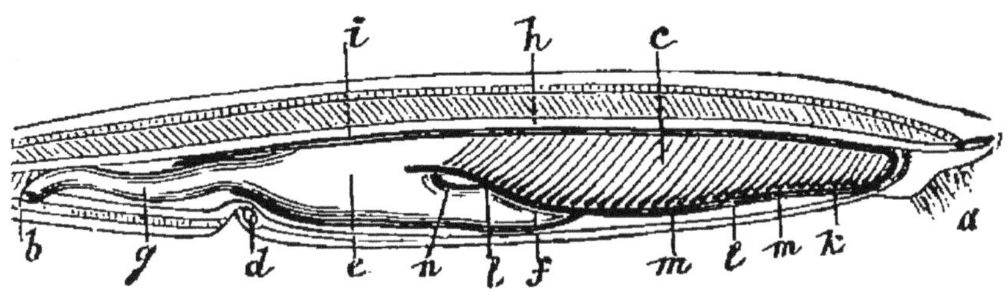

Fig. 53. — Amphioxus.

situées dans la partie inférieure de la cavité péribranchiale.

Squelette. — La corde dorsale s'étend d'un bout à l'autre du corps; elle est entourée d'un *tube neural* qui ne s'élargit pas pour former une cavité crânienne. Une nageoire anale et une dorsale.

Système nerveux. — Une moelle dans le canal neural, pas de cerveau différencié; quelques nerfs de la région céphalique sont comparables aux nerfs crâniens des vertébrés.

Les nerfs qui s'échappent de la moelle sont sensitifs dans la région dorsale, moteurs dans la portion ventrale.

Organes des sens. — Peau nue, transparente, des cellules tactiles disséminées sur la région céphalique, des cellules gustatives dans la cavité buccale, une fossette olfactive. Pas d'oreilles, pas d'yeux.

Développement avec métamorphoses.

CHAPITRE XII

ORGANISATION GÉNÉRALE DES VERTÉBRÉS.

Animaux à symétrie bilatérale ayant un axe squelettique, au dessus duquel se trouvent le système nerveux central, au-dessous duquel se trouvent les organes de la nutrition.

CARACTÈRES DE L'EMBRANCHEMENT. — On définit les Vertébrés par des caractères que nous énumérons suivant leur ordre d'importance :

1° *Système nerveux.* — Il est dorsal par rapport au tube digestif et n'offre aucune commissure embrassant l'œsophage. Il est constitué par un axe cylindrique, la moelle épinière, renflé antérieurement en une masse volumineuse, le cerveau.

2° *Squelette interne.* — Il est formé d'os et de cartilages, son axe est issu de la gaine d'une formation embryonnaire, la corde dorsale ou notochorde. Cette gaine entoure la moelle, donne la colonne vertébrale ou rachis, prolongé par le crâne et qui enveloppe les appareils sensitifs et le cerveau.

3° *Appareil respiratoire.* — Il est formé par la partie antérieure du tube digestif, mise en relation avec l'extérieur par les *fentes branchiales*, celles-ci sont séparées entre elles par des cloisons soutenues par des arcs *branchiaux* ou *viscéraux* solides.

Chez certains Vertébrés, la partie antérieure de l'appareil digestif produit un double sac pulmonaire remplaçant l'appareil branchial, celui-ci ne persiste, d'ailleurs, que chez les Poissons.

4° *Appareil circulatoire*, complètement clos ; le sang est coloré par des hématies.

5° *Développement.* — L'embryologie des Vertébrés montre la tendance du corps à se diviser en segments placé longitudinalement. Cette segmentation se manifeste incomplètement chez l'adulte par les vertèbres et les nerfs issus de la moelle ; un rapprochement s'établit en outre entre l'organe excréteur et les organes segmentaires des Vers.

Appareil digestif et annexes. — Le tube digestif est ouvert à ses deux extrémités. Sa paroi comprend deux tuniques, l'une externe, musculaire, contient des fibres longitudinales et des fibres circulaires; l'autre interne, muqueuse, est remplie de glandes. Les deux tuniques renferment des nerfs et des vaisseaux. Entre elles, se trouvent des organes de nature lymphatique (*organes adénoïdes*).

Le cœlome est tapissé par une séreuse (*péritoine*), dont le feuillet viscéral enveloppe les viscères, tandis que le feuillet pariétal tapisse la paroi du corps.

Le tube digestif est recouvert d'épithélium cylindrique parfois vibratile.

La bouche peut être isolée du pharynx par le *voile du palais ;* son plancher est formé par la *langue*, organe charnu, musculaire et sensitif.

Tous les Vertébrés (quelques Poissons font exception) sont pourvus de deux mâchoires, l'une fixe, supérieure, l'autre mobile, inférieure.

L'orifice buccal est entouré de parties molles, (*lèvres*), ou cornées (*bec*). La muqueuse donne naissance à des annexes, qui sont des glandes, et des productions saillantes, calcaires, comme les *dents*, ou cornées, comme les *fanons* et *odontoïdes*.

Chez les Vertébrés aquatiques seulement, la bouche présente des fentes branchiales, elle peut alors servir comme canal respiratoire et alimentaire. Chez tous les autres, une paroi osseuse, la *voûte palatine*, sépare les deux conduits dans leur partie antérieure. Ils se réunissent au pharynx, ou arrière-bouche, puis se séparent de nouveau; un orifice antérieur, la *glotte*, donne accès dans la trachée : tandis que l'orifice de l'œsophage est postérieur.

La langue est molle ou cornée, quelquefois protractile. Elle est fixée, en arrière, à un système cartilagino-osseux, l'appareil ou système *hyoïdien*.

Chez les Vertébrés à branchies, le pharynx et l'œsophage sont confondus; chez les autres, ils se séparent comme il vient d'être dit, et chez les Oiseaux l'œsophage offre une dilatation, le *jabot*, dans laquelle sont emmagasinés les aliments.

L'estomac est de forme et de capacité très variables (fig. 54 à 56). L'orifice de l'œsophage, *oe*, est le *cardia*, l'orifice de l'intestin, le pylore, *p*. Il peut être rectiligne et longitudinal (fig. 54), mais sa forme typique est celle d'une cornemuse (fig. 55) dont la grande courbure est dans la région cardiale, *sc*, ou dans la région pylorique, *sp*. L'estomac des Poissons et des Batraciens est fusiforme et longitudinal; chez les Oiseaux et les Reptiles, il est sacciforme et transversal (fig. 56).

Dans l'intestin, on peut distinguer une portion grêle, contournée, dont la surface intérieure est augmentée par une *valvule spirale* ou des replis transversaux, les *valvules conniventes;* souvent sa muqueuse porte des prolongements filamenteux, les *villosités*.

Cette première portion de l'intestin est séparée de la suivante par un épaississement de la paroi, la *valvule iléocæcale*; au début du gros intestin, on observe un diverticule, *cæcum*, qui se termine en cul-de-sac; enfin le *rectum*, portion terminale de l'appareil digestif, reçoit souvent les conduits urinaires et génitaux (*cloaque*).

Les glandes annexes du tube digestif sont :

Les *glandes salivaires* (parotides, sub-maxillaires

et sub-linguales), transformées parfois en organe sécrétant du venin.

Les *glandes muqueuses*, répandues dans toute la longueur du tube digestif; les *glandes gastriques*, limitées à l'estomac; les *glandes de Lieberkühn*, limitées à l'intestin.

Le *foie* est une grosse glande communiquant

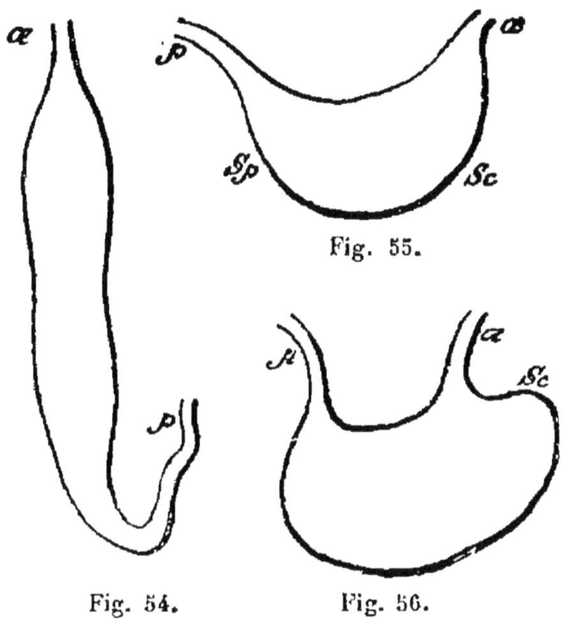

Fig. 55.

Fig. 54. Fig. 56.

Fig. 54 à 56. — Diverses formes d'estomac de Vertébrés.

avec l'intestin par le canal *cholédoque*, auquel est annexée une poche (*vésicule biliaire*), où s'accumule le produit de sécrétion (*bile*).

Le *pancréas* joue un rôle physiologique important dans la digestion intestinale ; il déverse, par le *canal de Wirsung*, ses produits dans l'intestin.

Le *corps thyroïde* est une glande placée sous la trachée, et qui, dans l'embryon, communique avec la bouche.

Le *thymus* est un organe glandulaire situé au-dessous du corps thyroïde et comme lui sans relation directe apparente avec le tube digestif.

Les *dents* sont des organes calcaires, en rapport avec les os de la cavité buccales (*maxillaires*). Ces os présentent de petites cavités, les alvéoles, dans lesquelles s'enfoncent les dents. Une dent présente : 1° une partie superficielle, la *couronne*; 2° une partie profonde, la *racine*, creusée d'une cavité contenant une substance nutritive, la *pulpe* dentaire. La couronne est revêtue d'une couche d'émail.

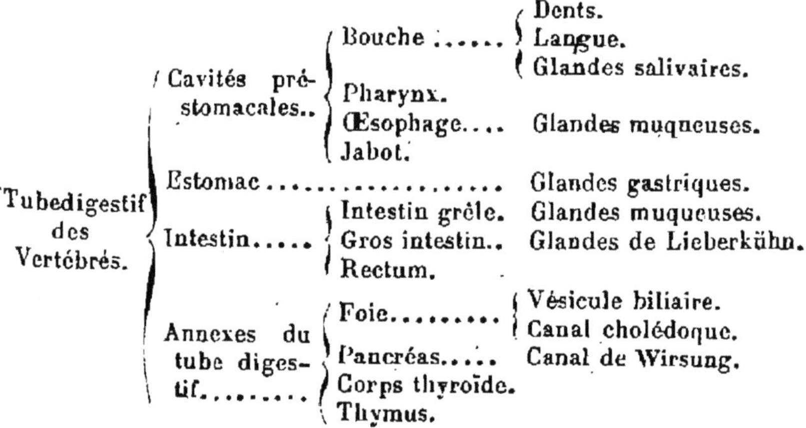

Tube digestif des Vertébrés.	Cavités pré-stomacales..	Bouche	Dents. Langue. Glandes salivaires.
		Pharynx.	
		Œsophage....	Glandes muqueuses.
		Jabot.	
	Estomac		Glandes gastriques.
	Intestin.....	Intestin grêle.	Glandes muqueuses.
		Gros intestin..	Glandes de Lieberkühn.
		Rectum.	
	Annexes du tube digestif........	Foie..........	Vésicule biliaire. Canal cholédoque.
		Pancréas.....	Canal de Wirsung.
		Corps thyroïde.	
		Thymus.	

Appareil circulatoire. — L'appareil sanguin comprend : 1° un organe musculeux, le *cœur*, CR (fig. 57) creux et muni de replis, les *valvules du cœur*, *ss*, qui dirigent le cours du sang; 2° des vaisseaux centrifuges, les *artères*, *a*, et des vaisseaux centripètes, les *veines*, *v*. Le cœur, entouré d'une membrane sacciforme, le *péricarde*, est situé en avant ou au-dessous de l'œsophage.

Chez les Vertébrés à respiration branchiale (Poissons, quelques Batraciens, et des larves de Batraciens), le cœur ne comprend que deux cavités, l'une antérieure est le ventricule, l'autre postérieure est l'oreillette (*o* fig. 57).

Chez tous les autres, il se compose de deux oreillettes : l'une dans laquelle débouche le tronc commun des vaisseaux centripètes, dans l'autre est versé du sang qui a subi l'hématose. Au-dessous des oreillettes, ou en arrière, existe alors un ventricule qui est simple chez les Vertébrés aériens inférieurs,

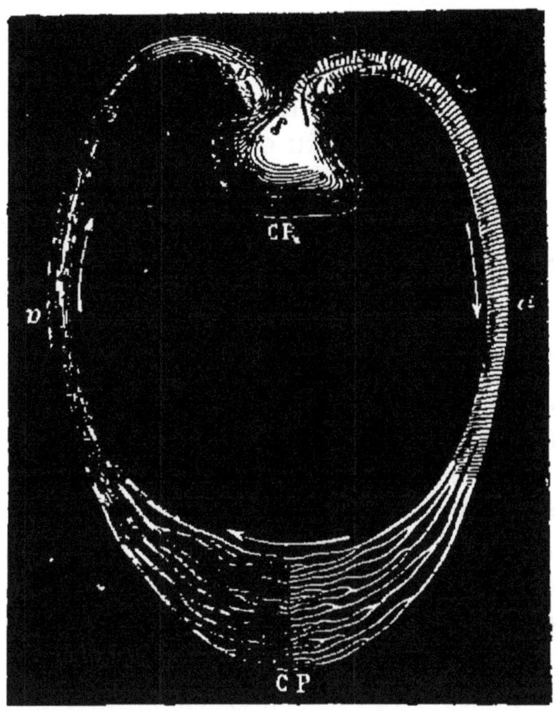

Fig. 57. — Schéma de l'appareil circulatoire d'un vertébré.

double chez les autres. En ce cas, l'une des moitiés du cœur est remplie de sang oxycarboné, l'autre de sang hématosé (fig. 57).

Les vaisseaux sanguins se divisent en artères, veines et capillaires, CP.

Les Poissons n'ont qu'un système d'artères, qui part du ventricule, et un système de veines, qui amène des organes le liquide sanguin dans l'oreillette unique.

Les autres Vertébrés ont un premier système artériel allant aux organes respiratoires et un deuxième allant aux diverses parties du corps.

De même pour le système veineux : l'un amène du sang qui a subi l'hématose, l'autre ramène le liquide des organes.

On peut encore dire qu'il y a une *petite circulation* qui, partant du cœur, y revient après avoir traversé le poumon (circulation pulmonaire); et une *grande circulation*, qui partant du cœur y revient après avoir traversé tous les organes, sauf ceux de la respiration.

Le tissu conjonctif forme partout une gaine aux vaisseaux; des nerfs spéciaux leur sont affectés et quelquefois pour les plus importants, des vaisseaux spéciaux. On observe, dans les veines, des valvules qui empêchent le retour du sang, ce qu'on n'observe pas dans les artères.

Les vaisseaux qui vont à l'organe respiratoire sont l'artère *branchiale* chez les Vertébrés à branchies, et l'artère *pulmonaire* pour les Vertébrés à poumons. L'*aorte* se distribue aux autres organes. Elle donne pour la tête les *carotides*, pour les membres postérieurs les *iliaques externes* et pour les membres antérieurs les *sous-clavières*.

Chez les Poissons, les veines *cardinales antérieures* et les veines *cardinales postérieures* ramènent le sang des parties antérieures et postérieures du corps. Elles débouchent dans des canaux transversaux, *canaux de Cuvier*, qui arrivent dans l'oreillette.

Les cardinales antérieures (venant de la tête) sont nommées particulièrement *veines jugulaires*.

Chez les Mammifères, le sang de la tête et des membres antérieurs se rassemble dans la *veine cave supérieure*, il n'y a pas de cardinales postérieures, mais un gros tronc (*veine cave inférieure*), qui ramène le sang de membres postérieurs.

Les vaisseaux capillaires forment un réseau microscopique que l'on rencontre dans l'organe respiratoire, et dans les autres organes; ils forment le passage des veines aux artères.

Parfois entre deux réseaux capillaires se rencontre un gros tronc, et l'ensemble est un *système porte*. Un seul système porte est constant, c'est le système hépatique. Il se compose de capillaires ramifiés sur

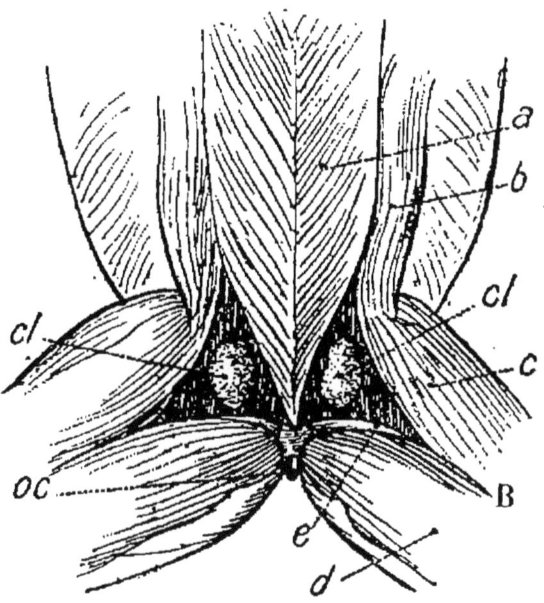

Fig. 58. — Centres lymphatiques d'un Batracien. — *a*, *c*, *d*, *e*, muscles. — *b*, ligament. — *oc*, orifice cloacal. — *cl*, cœurs lymphatiques.

l'intestin, d'un gros canal et d'un système capillaire ramifié sur le foie. Chez les Poissons et Batraciens, un second système porte semblable se trouve dans le rein.

Le système lymphatique des Vertébrés inférieurs comprend des sinus entourant les vaisseaux sanguins, des lacunes sous-cutanées et des réservoirs contractiles, les cœurs (fig. 58).

Chez tous les autres, se rencontrent des vaisseaux

lymphatiques, qui naissent dans la profondeur des organes et aboutissent à deux troncs qui s'ouvrent non loin du cœur dans le système centripète. Chez les Mammifères, surtout, ils traversent sur leur trajet des renflements glandulaires, les *ganglions lymphatiques*. Le système est encore en rapport avec un organe particulier, la *rate*, dont le rôle, comme celui des ganglions lymphatiques, est obscur.

Comme les veines, les vaisseaux lymphatiques sont munis intérieurement de valvules qui ont pour but de régler le cours de la lymphe et de s'opposer à son retour en arrière.

Les cœurs lymphatiques ne sont pas, comme le cœur sanguin, formés d'éléments striés, leur structure rappelle celle du cœur des Invertébrés.

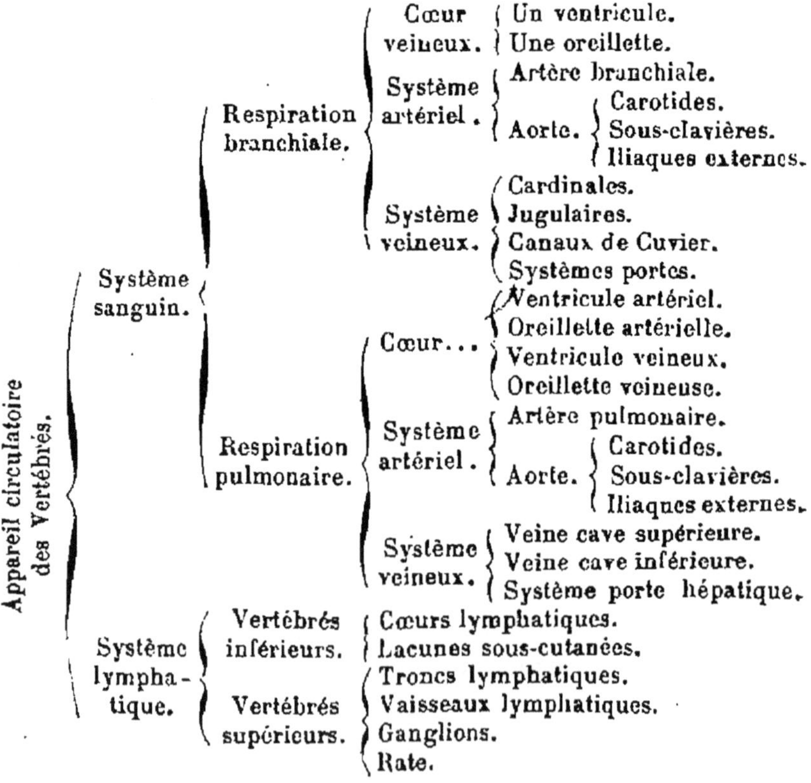

- Appareil circulatoire des Vertébrés.
  - Système sanguin.
    - Respiration branchiale.
      - Cœur veineux.
        - Un ventricule.
        - Une oreillette.
      - Système artériel.
        - Artère branchiale.
        - Aorte.
          - Carotides.
          - Sous-clavières.
          - Iliaques externes.
      - Système veineux.
        - Cardinales.
        - Jugulaires.
        - Canaux de Cuvier.
        - Systèmes portes.
    - Respiration pulmonaire.
      - Cœur...
        - Ventricule artériel.
        - Oreillette artérielle.
        - Ventricule veineux.
        - Oreillette veineuse.
      - Système artériel.
        - Artère pulmonaire.
        - Aorte.
          - Carotides.
          - Sous-clavières.
          - Iliaques externes.
      - Système veineux.
        - Veine cave supérieure.
        - Veine cave inférieure.
        - Système porte hépatique.
  - Système lymphatique.
    - Vertébrés inférieurs.
      - Cœurs lymphatiques.
      - Lacunes sous-cutanées.
    - Vertébrés supérieurs.
      - Troncs lymphatiques.
      - Vaisseaux lymphatiques.
      - Ganglions.
      - Rate.

Appareil respiratoire. — La respiration cutanée, commune à tous les Vertébrés, atteint son plus haut degré de développement chez les Batraciens.

Les Poissons respirent à l'aide de branchies; chez les *Dipnoïques*, on observe simultanément des poumons et des branchies. Les branchies sont situées à la suite les unes des autres sur des *arcs branchiaux*, entre lesquels se trouvent des fentes qui mettent en rapport le pharynx et le milieu extérieur. Tantôt elles sont disposées dans des poches distinctes, s'ouvrant au dehors, tantôt dans une cavité commune recouverte par un *opercule* et séparée du corps par une fente externe, l'ouïe. L'eau, qui pénètre par la bouche, baigne les branchies et sort par les orifices des poches ou par les ouïes.

La grande majorité des Poissons possède une *vessie natatoire*, organe aérien qui offre le même développement qu'un poumon, mais reçoit du sang artériel, alors que le poumon ne reçoit que du sang veineux.

Les poumons sont au nombre de deux, ils apparaissent chez l'embryon comme un diverticule aveugle du pharynx. A mesure qu'il s'accroît, ce cæcum se bifurque et reste en communication avec le pharynx par un conduit, la trachée, bifurqué en deux *bronches* allant chacune à un poumon.

Chez les *Dipnoïques*, les poumons sont en grande partie fusionnés; chez les Batraciens, ils se séparent; chez certains Reptiles, ils présentent des appendices vésiculeux. Ces appendices prennent beaucoup d'importance chez les Oiseaux, où ils deviennent les *sacs aériens*. Les poumons des Mammifères se divisent en *lobes*, de plus ils sont protégés par une séreuse, *la plèvre*, qui circonscrit une cavité *pleurale*.

Appareil respiratoire des Vertébrés	Des branchies portées par des arcs branchiaux.	Poches branchiales.	Orifices distincts.
		Chambre branchiale.	Opercule. Orifice unique (ouïe).
	Des poumons	Trachée ... Bronche ...	(Tous les pulmonés).
		Prolongements vésiculeux (Reptiles).	
		Sacs aériens (Oiseaux).	
		Cavité pleurale (Mammifères).	

Appareil excréteur. — Chez les Vertébrés, cet appareil est toujours pair. Il présente, chez les Batraciens et les Poissons deux formes successives et trois, chez les Oiseaux, Reptiles et Mammifères.

Le premier organe urinaire qui apparaît chez un Mammifère est le *pronéphros*, *rein céphalique* ou *précurseur*.

Le pronéphros dérive de l'épithélium du cœlome, il est formé d'un certain nombre de canalicules s'ouvrant dans le cœlome par des *néphrostomes* ou pavillons vibratiles, d'une part, et par un canal qui arrive au cloaque, d'autre part. Ainsi s'établit la première communication avec l'extérieur, mais le pronéphros est éphémère, son canal excréteur seul persiste.

Il disparaît devant le *corps de Wolff*, *mésonéphros* ou *rein primitif*. Il est composé d'un grand nombre de canalicules, comprenant, outre le pavillon vibratile, un cæcum (*capsule de Bowmann*) renfermant une artériole pelotonnée (*glomérule de Malpighi*). Le conduit excréteur est divisé en deux conduits parallèles, dont l'un, *canal de Wolff*, transporte l'urine et les éléments mâles, tandis que l'autre, *canal de Müller*, développé seulement chez les femelles, ne transporte que les ovules. Le corps de Wolff persiste chez les Poissons et les Batraciens.

Chez les Mammifères, les Oiseaux et les Reptiles, se produit un amas cellulaire dans lequel vient plonger un diverticule du canal de Wolff, c'est l'*uretère*. Ce canal, à son extrémité supérieure, forme des bourgeons creux, qui, se comportant comme les canalicules du rein primitif, deviennent les canalicules urinifères, tandis que l'uretère devient le conduit vecteur de l'organe (*métanéphros, rein définitif*). Quelquefois l'uretère s'ouvre dans le rectum, mais le plus souvent il aboutit à une poche spéciale, la *vessie*. Les canaux de Wolff deviennent les conduits vecteurs de la glande mâle (*canaux déférents*), les canaux de Müller se soudent ou restent séparés. Dans l'un et l'autre cas, ils forment le conduit de la glande femelle.

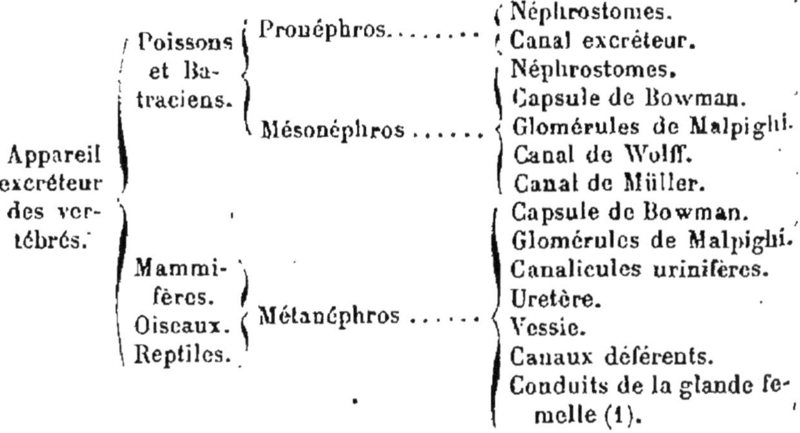

Appareil excréteur des vertébrés.	Poissons et Batraciens.	Pronéphros........	Néphrostomes. Canal excréteur.
		Mésonéphros	Néphrostomes. Capsule de Bowman. Glomérules de Malpighi. Canal de Wolff. Canal de Müller.
	Mammifères. Oiseaux. Reptiles.	Métanéphros	Capsule de Bowman. Glomérules de Malpighi. Canalicules urinifères. Uretère. Vessie. Canaux déférents. Conduits de la glande femelle (1).

Appareil reproducteur. — Les sexes, chez les Vertébrés, sont séparés. Les glandes, logées dans la cavité viscérale, se développent aux dépens de l'épithélium de la cavité péritonéale, elles sont paires et pourvues de canaux vecteurs.

La glande mâle est formée d'un grand nombre de

(1) Ce tableau montre la succession de l'appareil excréteur chez les Vertébrés. — Les Poissons et les Batraciens n'ont que le *pronéphros*, et le *mésonéphros* ; les autres, outre le *pronéphros* et le *mésonéphros*, ont encore le *métanéphros*.

canaux séminifères, dans lesquels se produisent les cellules mâles; les canaux de Wolff deviennent les conduits de cette glande.

Les ovaires sont des masses cellulaires, au sein desquelles se développent les ovules. Les oviductes proviennent des canaux de Müller, qui, se fusionnant souvent à leur extrémité terminale, constituent une chambre copulatrice, au-dessous de laquelle se développent, par soudure des canaux, l'utérus simple ou double et les trompes de Fallope.

Appareil locomoteur. — Le squelette des Vertébrés peut se diviser en deux parties : 1° une interne, constituée par du tissu osseux et cartilagineux; 2° une extérieure, formée de productions de la peau (écailles des Poissons, carapace du Tatou, une partie de l'écaille des Tortues, les plumes, les poils).

Tous les Vertébrés possèdent un *rachis* ou *colonne vertébrale*, formée d'organes développés autour de la corde dorsale, les *vertèbres*.

Une vertèbre forme un anneau dorsal qui entoure la moelle. Un certain nombre d'entre elles portent des *côtes*, arcs qui se dirigent ventralement et s'unissent parfois à une pièce osseuse, médiane, le *sternum*. Les côtes et la colonne vertébrale forment le *tronc*, auquel sont reliés les *os de la tête* et *des membres*.

La colonne vertébrale se montre, chez l'embryon, comme une série de cylindres cartilagineux, destinés à devenir la partie centrale ou *corps* de la vertèbre; entre les corps de deux vertèbres apparaît, plus tard, un disque de fibro-cartilage, le *disque intervertébral*. Dans le corps des vertèbres des Poissons, des Batraciens et de quelques Reptiles, la corde dorsale persiste, elle disparaît dans les vertèbres des Oiseaux, des Mammifères et de la plupart des Reptiles. Dans les espaces intervertébraux, au contraire, la corde dorsale forme une masse molle, le disque gélatineux, qui occupe le centre du disque intervertébral.

Le corps d'une vertèbre peut être concave sur ses deux faces (vertèbres *amphicœliques*), ou bien la face antérieure est concave et la face postérieure convexe (vertèbres *procœliques*), ou bien l'antérieure convexe et la postérieure concave (vertèbres *opisthocœliques*). Rarement elles sont toutes deux planes ou toutes deux convexes.

Le centre d'une vertèbre est muni d'un arc supérieur, arc *neural*, formant avec le corps un trou dit trou *vertébral;* et un arc inférieur ou arc *hémal* (ventral) formant avec le corps le trou *hémal*, opposé au trou vertébral.

L'arc neural (dorsal) entoure la moelle épinière, il se compose de deux parties latérales, les *neurapophyses*, et d'une pointe médiane, la *neurépine*.

L'arc hémal embrasse les viscères; il comprend les *parapophyses* naissant du corps et au bout desquelles sont placées les côtes vertébrales ou *pleurapophyses*, et les *hémapophyses* ou côtes sternales; enfin une pièce médiane complète l'arc, c'est l'*hémépine* ou arc sternal.

Aux neurapophyses se trouvent rattachées les apophyses transverses ou *diapophyses*, très longues, et les *zygapophyses*, très courtes. Chaque neurapophyse présente, formant avec la vertèbre suivante et la précédente, deux orifices intervertébraux, deux échancrures (*trous de conjugaison*). A l'intérieur, l'ensemble des trous vertébraux forme un canal dit *rachidien*, communiquant avec l'extérieur par les trous de conjugaison.

La composition d'une vertèbre typique pourra donc se résumer comme il suit :

Vertèbre type....
- Arc neural..
  - Neurapophyses..
    - Diapophyses.
    - Zygapophyses.
  - Neurépine.
- Trou vertébral.
- Corps.
- Trou hémal.
- Arc hémal...
  - Parapophyses.
  - Pleurapophyses.
  - Hémapophyses.
  - Hémépine.

Chez les Vertébrés munis de membres postérieurs, les vertèbres de la partie postérieure du tronc se modifient pour former le *sacrum :* ce sont des vertèbres dites *sacrées*. En avant du sacrum, sont les vertèbres *lombaires*, en avant de celles-ci les *dorsales*, puis, en avant encore, les *cervicales*, qui forment le cou.

Toutes les dorsales portent des côtes unies ou non au sternum; les cervicales peuvent ou non porter des côtes ; les lombaires n'en portent jamais. Postérieurement au sacrum existent les vertèbres qui forment la queue; on les nomme *caudales* ou *coccygiennes*.

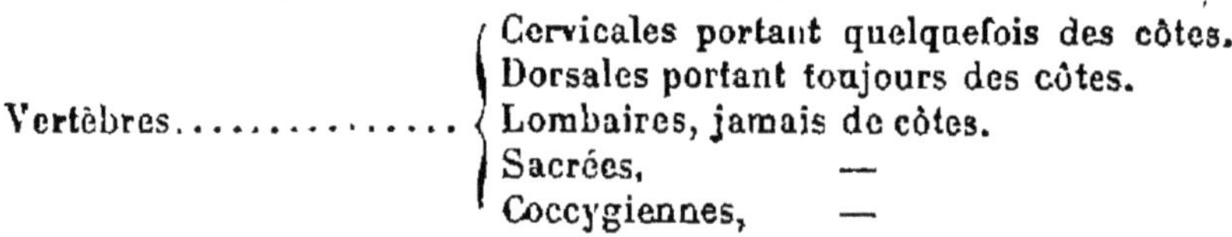

Vertèbres..............
- Cervicales portant quelquefois des côtes.
- Dorsales portant toujours des côtes.
- Lombaires, jamais de côtes.
- Sacrées, —
- Coccygiennes, —

Les côtes sont des arcs osseux fixés au rachis et dirigés vers la face ventrale, elles peuvent s'unir à un sternum. La région du squelette, limitée par le rachis, les côtes et le sternum, est la *cage thoracique*.

La tête loge l'encéphale, la partie buccale du tube digestif et les organes de l'odorat, de la vue et de l'ouïe.

Chez les Poissons les plus inférieurs, la tête se réduit à une capsule cartilagineuse sans mâchoires. Chez tous les autres Vertébrés, existent des mâchoires formant une deuxième portion, la *face*, qui limite la bouche.

Le crâne des Vertébrés inférieurs est immobile; il se compose d'une plaque basilaire postérieure, de plaques trabéculaires pour les parties antérieure et moyenne, et de capsules pour les organes des sens.

Chez les Vertébrés supérieurs, l'articulation du rachis et du crâne se fait par un condyle (Oiseaux et Reptiles) ou par deux (Batraciens et Mammifères).

On distingue, dans le crâne, la base, formée d'os d'origine cartilagineuse et une voûte formée par des os de membrane. Ce sont pour la base : l'*occipital*, le *sphénoïde* et le *temporal;* pour la voûte : les *pariétaux* et le *frontal*.

La face se divise en deux régions : l'une nasale, forme la charpente du nez et la paroi des fosses nasales; elle comprend les os *ethmoïde*, *lacrymal*, *vomer* et *nasal;* l'autre, buccale, constitue le squelette de la bouche et la sépare des fosses nasales; elle comprend les os suivants, d'origine membraneuse et cartilagineuse : *maxillaires supérieur* et *inférieur*, *palatin*, *jugal* et l'*hyoïde* porteur de la langue.

Ajoutons encore les importants caractères que voici :

Les *Mammifères* ont le crâne articulé à la colonne vertébrale par *deux condyles*, le cœlome divisé en cavités *thoracique* et *abdominale* par un *diaphragme*.

Les *Oiseaux* et les *Reptiles* n'ont *pas de diaphragme* et leur crâne s'articule au rachis *par un seul condyle*.

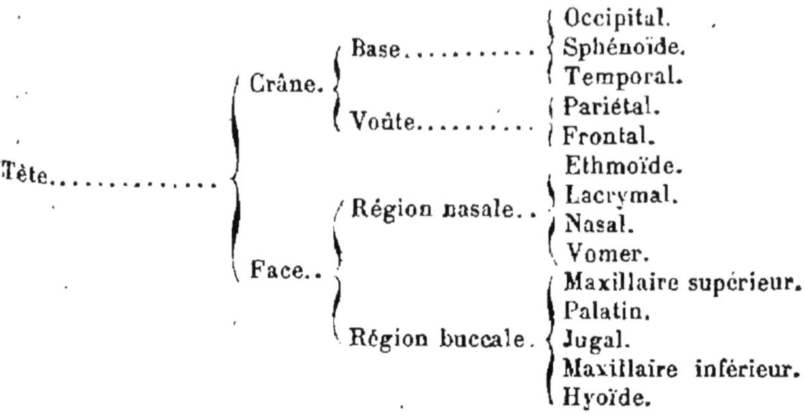

Chez les Poissons, les côtés du cou portent une série d'*arcs branchiaux* ou *viscéraux*, séparés par les fentes branchiales ou viscérales. Ces fentes, qui se montrent chez les embryons de tous les Vertébrés, ne persistent que chez les Poissons. La première seule persiste chez les Mammifères, les Oiseaux et les Reptiles, elle contribue à la constitution de la partie moyenne de l'oreille.

Le premier arc (*maxillaire*) se divise en deux segments : le segment supérieur constitue chez les Poissons l'os *palato-carré* et chez les Oiseaux et Reptiles l'*os carré*. Le segment inférieur de l'arc se soude avec son congénère du côté opposé pour former le maxillaire inférieur, *mandibule*, qui se forme autour d'un cartilage préexistant, le *cartilage de Meckel*.

Le deuxième arc (*hyoïdien*) se divise en deux aussi. Le segment supérieur (*hyomandibulaire*) s'unit à l'os carré et soutient la mandibule (chez les Mammifères, l'hyomandibulaire et l'os carré perdent leur importance et, très réduits, pénètrent dans la région moyenne de l'oreille où ils forment de petits os, *osselets de l'oreille*). Le segment inférieur s'unit à son congénère et donne trois pièces, le *stylohyal*, supérieur, en rapport avec le crâne; l'*épihyal*, moyen, et le *cératohyal*, inférieur, qui forme la corne antérieure de l'os hyoïde.

Chez les Poissons, les autres arcs viscéraux portent les branchies ; ils disparaissent en grande partie, chez les autres Vertébrés. Cependant, le troisième donne le tyrohyal, corne postérieure de l'hyoïde ; le quatrième forme un cartilage du larynx (*cartilage thyroïde*).

Les membres sont au nombre de deux paires : 1° membres antérieurs ou supérieurs ; 2° membres postérieurs ou inférieurs. Les relations entre les membres et le tronc sont établies au moyen d'une série de pièces formant deux *ceintures :* l'une, la ceinture *scapulaire*, joint au tronc les membres supérieurs : c'est l'*épaule* des Vertébrés élevés en organisation ; l'autre, ceinture *pelvienne*, unit au tronc les membres inférieurs : c'est le *bassin*.

Les quatre membres des Vertébrés se divisent encore en deux groupes : ils sont terminés par des doigts ou par des rayons. Ceux-ci sont formés par un petit nombre de pièces dont les bases (*proptérygium*, *mésoptérygium* et *métaptérygium*) supportent des pièces, la partie métaptérygienne offre seule quelque constance. Les membres digités se composent d'un os basilaire (humérus pour le membre antérieur, fémur pour le postérieur), suivi de deux os placés côte à côte (radius et cubitus ; tibia et péroné) soutenant une première rangée d'os courts (carpe ; tarse) supportant elle-même des os plus ou moins longs (métacarpiens, métatarsiens) et des phalanges, dont le nombre varie de un à cinq (doigts).

La ceinture scapulaire forme, chez les Vertébrés à membres digités, un arc sans connexion avec le crâne ou le rachis, mais en rapport avec le sternum. La cavité articulaire (*glénoïde*), qui reçoit l'extrémité du membre antérieur, la divise en deux parties :

la dorsale, qui est l'*omoplate*, est toujours simple; la ventrale, au contraire, se divise en une pièce antérieure, la *clavicule*, et une postérieure, le *coracoïde*.

La ceinture scapulaire des Poissons est un système osseux complexe en rapport direct avec le crâne.

Chez les Vertébrés supérieurs, trois os forment la ceinture pelvienne, ils correspondent dans l'ordre suivant aux os de la ceinture scapulaire : *ilion*, *pubis*, *ischion*. Réunis autour d'une cavité dite *cotyloïde*, ces trois os se soudent chez les Vertébrés supérieurs.

Dans le groupe des Poissons, la ceinture scapulaire comprend deux os.

Enfin, chez les Poissons et les Batraciens, il faut citer des membres *impairs*, ce sont des nageoires, médianes verticales, qui sont pourvues de rayons chez les premiers et qui en sont dépourvues chez les autres.

Nous résumons dans le tableau suivant la constitution des membres des Vertébrés :

Membres digités...	Membre antérieur......	Humérus. Radius. Cubitus. Carpe. Métacarpe. Phalanges.
	Membre postérieur......	Fémur. Tibia. Péroné. Tarse. Métatarse. Phalanges.
Membres radiés..........................		Proptérygium. Mésoptérygium Métaptérygium.
Articulation des membres digités avec le tronc....	Ceinture scapulaire.....	Omoplate. Clavicule. Coracoïde. Cavité glénoïde.
	Ceinture pelvienne......	Ilion. Pubis. Ischion. Cavité cotyloïde.

Appareil phonateur. — Les Vertébrés pulmonés seuls possèdent un appareil phonateur, qui est la modification de la partie antérieure de la trachée (*larynx*).

Le larynx est constitué par une sorte de cadre cartilagineux, sur lequel sont tendues des membranes pouvant entrer en vibration sous l'action du souffle expirateur, l'étroite fente que limitent les membranes est la *glotte*. Outre cet appareil, les Batraciens présentent des organes résonnateurs, les *poches vocales*. Chez les Oiseaux, il y a deux larynx, l'un supérieur n'est point apte à produire des sons, l'autre inférieur, le *syrinx*, les émet.

Extérieur. — Le corps des Vertébrés est recouvert de téguments comprenant une couche profonde, le *derme*, et une couche superficielle, l'*épiderme*. Ils renferment les glandes et produisent des poils, des plumes, des écailles.

Système nerveux. — Le système nerveux se divise en deux parties : l'une, indépendante de la volonté, est le système viscéral ou du *grand sympathique*; l'autre, soumise à l'influence de la volonté, est le système *cérébro-spinal* ou *céphalo-rachidien*.

Le premier, presque inconnu ailleurs que chez les Mammifères, comprend des centres (*ganglions symphatiques*) et des nerfs (*nerfs viscéraux*, ou *sympathiques*).

Le second se compose d'un renflement (*encéphale*), contenu dans le crâne et d'une tige (*moelle épinière*), située dans le canal rachidien. En dehors de ce système axial ou *névraxe*, on observe des centres latéraux, formés de ganglions cérébraux et spinaux.

La moelle épinière est formée de fibres périphériques et de cellules internes, c'est un cordon blanc percé d'un fin canal axial.

L'encéphale a été divisé en quatre parties :

1° Cerveau postérieur, couvert dorsalement par

le *cervelet cb*, ventralement par la *protubérance* PV, il est réuni à la moelle par le *bulbe rachidien*, MO, (fig. 59 et 60). Le canal médullaire s'y dilate et forme le *quatrième ventricule* 4.

2° Cerveau moyen Mb, formé inférieurement par les *pédoncules cérébraux* CC, et supérieurement par les *tubercules bi* ou *quadrijumeaux* CQ ; cette région est creusée de l'aqueduc de Sylvius (fig. 59 +), ouvert en arrière dans le quatrième ventricule.

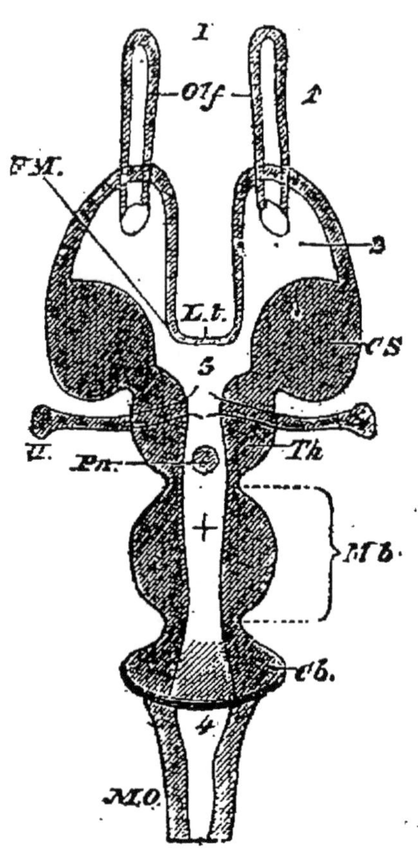

Fig. 59. — Coupe schématique horizontale d'un cerveau de Vertébré supérieur. — I, nerf olfactif. — II, nerf optique.

3° Cerveau intermédiaire ThE, limité par la lamelle terminale fermant le troisième ventricule. Celui-ci est terminé par un entonnoir dont le fond est formé par le *corps pituitaire*, Py. Le toit du troisième ventricule porte la glande pinéale Pn, (fig. 60); la paroi latérale du cerveau moyen est formée par les couches optiques Th, limitant les côtés du troisième ventricule. Celui-ci en arrière est en rapport avec l'aqueduc et en avant, par le *trou de Monro* FM, avec les *ventricules latéraux* 2, creusés dans les *hémisphères*.

4° Cerveau antérieur, divisé par un sillon en deux hémisphères Hmp, dont la partie basilaire fait saillie par les *corps striés* CS, dans les ventricules latéraux. Au cerveau antérieur sont reliés les *lobes ofactifs* Of, creusés chacun d'un ventricule (1 fig. 60). Une commissure transversale, le *corps calleux* ou mésolobe, unit les hémisphères; d'autres unissent les corps striés entre eux et les couches optiques entre elles.

Certains nerfs se détachent de l'encéphale (nerfs crâniens) et sortent du crâne par les trous de sa

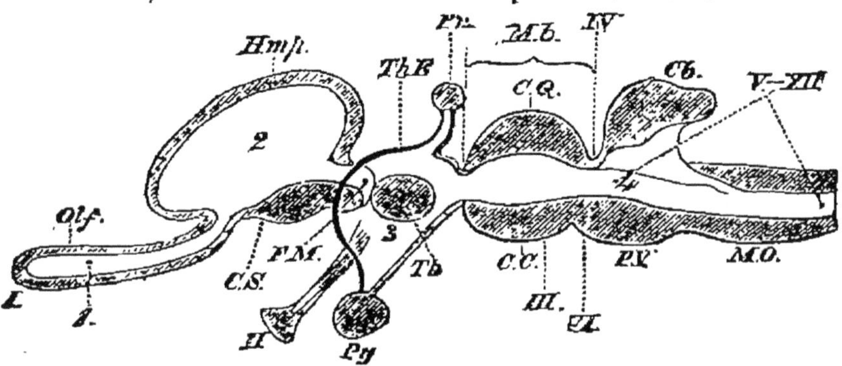

Fig. 60. — Coupe schématique verticale du cerveau d'un Vertébré supérieur. — De V à XII, origines des sept derniers nerfs crâniens. — IV, le quatrième III, VI origine de la sixième et troisième paire.

base; d'autres s'échappent de la moelle épinière, à travers le rachis, par les trous de conjugaison.

L'encéphale est très variable de forme, il est creusé de cavités dites *ventricules*, la moelle est renflée à ses extrémités et présente un canal central en connexion avec les ventricules cérébraux. Les cavités sont remplies par le liquide *céphalo-rachidien*, qui entoure aussi le névraxe.

Les nerfs crâniens sont au nombre de douze paires; chez les animaux à vie aquatique, un rameau de la dixième paire s'étend le long des flancs et a sous sa dépendance des organes spéciaux (*organes de la ligne latérale*).

Les nerfs rachidiens naissent par deux racines: l'une motrice inférieure; l'autre, sensitive supérieure, est munie d'un ganglion. Les fibres sensitives et motrices sont fusionnées sur tout le parcours du nerf et ne se séparent qu'à leur terminaison dans les organes. Enfin trois membranes enveloppent le névraxe, ce sont les *méninges*.

La méninge la plus interne, *pie-mère*, est conjonctive et très vasculaire, elle adhère à la surface du névraxe, et pénètre ses anfractuosités.

La méninge moyenne, qui ne s'observe guère que chez les Mammifères, est l'*arachnoïde* : c'est une séreuse, dont l'un des feuillets est en rapport avec la *pie-mère*, et l'autre avec la méninge externe, *dure-mère ;* le liquide céphalo-rachidien, en bien des points, sépare la pie-mère du feuillet de l'arachnoïde. Un liquide arachnoïdien sépare les deux feuillets de l'arachnoïde, c'est une sérosité différente du liquide céphalo-rachidien.

La méninge externe ou *dure-mère* est une membrane fibreuse, qui tapisse l'intérieur du crâne et du canal rachidien, elle forme d'importants replis entre diverses parties du cerveau (faux du cerveau, tente du cervelet).

Système nerveux.	Système sympathique.......	Ganglions sympathiques.	
		Nerfs viscéraux.	
	Névraxe	Encéphale.	
		Moelle épinière.	
		Ganglions cérébraux.	
		Ganglions spinaux.	
		Nerfs crâniens (12 paires).	
		Nerfs rachidiens.	Racine dorsale sensitive.
			Racine ventrale motrice.

ORGANES DES SENS. — *Toucher*. — Le toucher s'exerce par des corpuscules tactiles de forme variable, superficiels ou profonds.

Goût. — Le goût réside sur la muqueuse linguale où se trouvent des corpuscules du goût avec *cellules gustatives*.

Odorat. — L'odorat a son siège dans deux *fosses nasales* supra-buccales et tapissées par une membrane pourvue de *cellules olfactives.*

Ouïe. — L'ouïe, organe pair, est d'abord représenté par une fossette auditive, qui, pénétrant dans le crâne cartilagineux de l'embryon, devient une cavité close (*vésicule auditive*) pleine d'un liquide (*endolymphe*) et présentant des *cellules auditives.*

La vésicule forme bientôt un ensemble de deux cavités : *labyrinthe membraneux* et *labyrinthe osseux*, séparées par un liquide intermédiaire, la *périlymphe.* Ces cavités forment l'oreille interne ou *labyrinthe.* L'appareil se complique d'une nouvelle cavité, qui constitue l'*oreille moyenne*, en communication 1° avec le pharynx par la *trompe d'Eustache;* 2° avec l'oreille interne par deux ouvertures, *fenêtres ronde* et *ovale*, orifices de canaux dits *semicirculaires*, et séparée de l'extérieur par une membrane (*membrane du tympan*) à fleur de peau, ou située au fond d'un conduit, *canal auditif externe* qui forme avec elle l'oreille externe. Un ou plusieurs *osselets* relient la membrane du tympan à la fenêtre ovale.

Oreille....	Oreille interne.		Labyrinthe osseux.
			Périlymphe.
			Labyrinthe membraneux.
	Oreille moyenne.	Caisse du tympan.	Fenêtre ronde (communication avec l'oreille interne).
			Fenêtre ovale.
			Trompe d'Eustache (communication avec le pharynx).
			Osselets.
	Oreille externe.		Membrane du tympan.
			Conduit auditif externe.

Vue. — L'organe de la vue, l'*œil*, est pair (fig. 61). Les yeux se développent aux dépens de deux expansions du cerveau qui vont s'approchant du tégument (*vésicules optiques*). Au contact de l'épiderme, la vésicule optique, repliant sa paroi antérieure, se creuse en une coupe, dans laquelle se forme un corps transparent lenticulaire, le *cristallin*, 4. Derrière celui-ci, un second tissu transparent apparaît, le *corps vitré*, 5. Plus tard, les deux parois de la vésicule se soudent, l'antérieure devient la *rétine*, 3, avec des éléments sensoriels (cônes et bâtonnets); la postérieure se transforme en *couche pigmentaire*. Tout autour de l'œil, une membrane fibreuse (la *sclérotique*, 1) transparente en

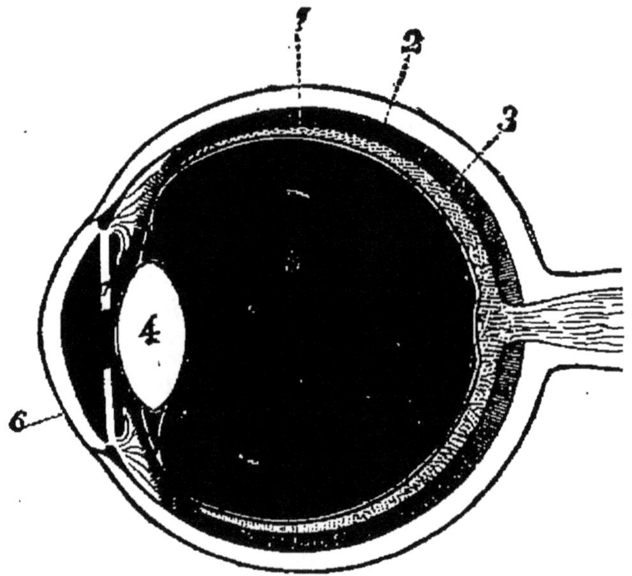

Fig. 61. — Œil de Vertébré supérieur.

avant (*cornée*, 6), se montre plus tard. Une membrane moyenne, la *choroïde*, envoie en avant du cristallin une expansion, l'*iris*, 7, percée d'un trou circulaire et central, la *pupille;* le pédicule qui supportait les vésicules optiques devient le *nerf optique*.

Chez certains Reptiles fossiles, il y avait au sommet de la tête un troisième œil, l'œil *pinéal*, reconnaissable encore chez quelques-uns, aujourd'hui, et réduit chez les autres Vertébrés à un organe rudimentaire, la *glande pinéale*.

Appareil optique.	Œil pair...........	Sclérotique et cornée.
		Choroïde (iris et pupille).
		Cristallin.
		Corps vitré.
		Rétine (cônes et bâtonnets).
		Nerf optique.
	Œil impair..........	Glande pinéale.

Formation de l'embryon. — Sur la partie du blastoderme où doit se former l'embryon se montre tout d'abord un épaississement dû à la prolifération des cellules (*disque embryonnaire*). Cet épaississement prend la forme d'une semelle et l'on y distingue une région céphalique et une caudale. Sur le dos du disque, longitudinalement, se forme un nouvel épaississement, indice de la direction de l'être futur, c'est la *ligne primitive.*

En avant de celle-ci, un sillon, *gouttière médullaire*, se forme aux dépens de l'épiblaste, ses bords se rejoignent et il se forme ainsi un canal céphalo-médullaire.

Du côté céphalique, le canal forme trois renflements, les *vésicules cérébrales.*

La première, *prosencéphale*, se divise en deux bourgeons latéraux, qui vont constituer le cerveau antérieur, *a* (fig. 62), lequel, chez l'adulte, formera les *hémisphères cérébraux* avec les lobes olfactifs. Le reste forme le cerveau intermédiaire, *b*, qui formera le *troisième ventricule* avec les *couches optiques.* Les cavités du cerveau antérieur, communiquent par les *trous de Monro* avec le troisième ventricule.

La deuxième vésicule, *mésencéphale*, reste indivise et forme le cerveau moyen, *c*, qui est représenté chez l'adulte par les tubercules *quadrijumeaux ;* il est creusé en avant d'un canal, l'*aqueduc de Sylvius*, en rapport avec le troisième ventricule.

La troisième vésicule, *postencéphale*, se divise en deux. La partie antérieure est le cerveau postérieur, *d*, qui, chez l'adulte, est formé par le *cervelet* et la *protubérance annulaire ;* la partie postérieure forme l'arrière-cerveau, *f*, ou *bulbe rachidien*. La cavité de cette vésicule ou *quatrième ventricule* se continue en arrière par le canal médullaire et en avant par l'*aqueduc de Sylvius*.

La notochorde ou corde dorsale, première ébauche du système osseux, est constituée par l'épiblaste ; les Vertèbres autour d'elle se développent d'avant en arrière.

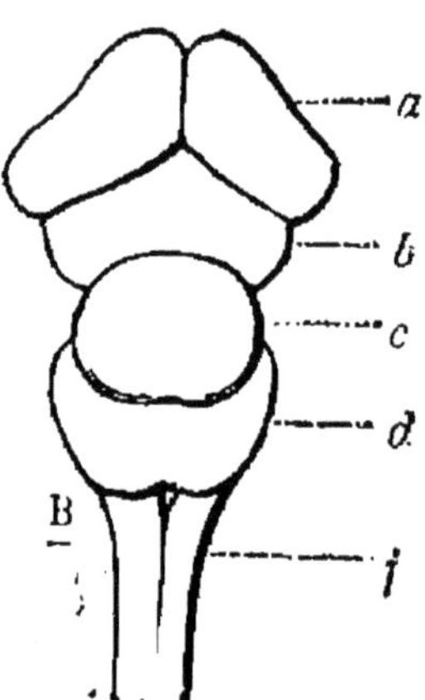

Fig. 62. — Schéma des divisions des vésicules cérébrales.

Latéralement, dans la région cervicale, vont se montrer ensuite les fentes branchiales. Des arcs rappelant les côtes, par leur forme, séparent ces fentes entre elles. Le premier et le deuxième (arcs maxillaire et hyoïdien), doivent être séparés des autres, qui deviennent le support des branchies.

La première fente (*hyo-mandibulaire*) forme le conduit auditif externe, la caisse du tympan et la trompe d'Eustache, les autres disparaissent de bonne heure chez l'embryon des Vertébrés Pulmonés.

Le tube digestif apparaît d'abord comme fermé à ses deux bouts et ouvert au milieu, partie par laquelle il communique avec la cavité blastodermique. Autour de ce tube digestif, une expansion du mésoblaste vient environner une cavité pleuro-péritonéale, qui va se rétrécissant et finit par ne conserver qu'un étroit orifice, l'*ombilic*.

La vésicule blastodermique, à ce stade, est divisée en deux cavités, l'une extra-embryonnaire est la *vésicule ombilicale*, l'autre est la *cavité intestinale* de l'embryon.

Le diverticule aveugle antérieur de cette cavité formera l'œsophage, l'autre le rectum; la partie intermédiaire constituera l'intestin grêle, le gros intestin et une partie du rectum. Les cavités anales et rectales seront le résultat de dépressions épiblastiques mettant en rapport les diverticules antérieur et postérieur de l'intestin.

La partie antérieure du rectum donne aussi la vessie urinaire, qui, toutefois, chez les Poissons, provient d'une expansion des uretères.

Aux dépens du mésoblaste et de l'hypoblaste vont se former les poumons, postérieurement aux fentes branchiales; le larynx se développe ensuite.

Le cœur est, tout d'abord, un tube contractile qui présente toujours, quel que soit son rôle futur, un *bulbe artériel*, d'où partent deux séries correspondantes de vaisseaux (*arcs aortiques*) qui suivent les arcs branchiaux, se recourbent vers la colonne vertébrale et versent le liquide sanguin dans un vaisseau unique dorsal : l'*aorte*. En général il ne reste que deux arcs ou crosses aortiques (exception faite pour les Poissons). Chez les Oiseaux, la crosse *droite seule* persiste; chez les Mammifères, c'est la *gauche*.

Deux ou trois formes de rein se succèdent, mais tous les embryons, au début, possèdent des organes excréteurs rappelant ceux des Vers, ce qui conduit à considérer ceux-ci comme la souche des Vertébrés.

Chez les Pulmonés, l'embryon est enveloppé d'un sac rempli d'un liquide et dépourvu de vaisseaux, c'est l'*amnios*, expansion blastodermique qui forme voûte au-dessus de la partie dorsale de l'embryon, laissant en dehors la vésicule ombilicale. En arrière du point d'attache de celle-ci et de l'intestin, ce dernier forme une boursouflure vasculaire qui sert à la nutrition et à la respiration de l'embryon, c'est l'*allantoïde*, qui, chez les Mammifères les plus élevés, s'enfonce dans la paroi utérine, pour constituer un organe essentiel à la nutrition du fœtus, le *placenta*.

Jamais les Vertébrés à branchies ne présentent d'amnios ni d'allantoïde.

Chez les Oiseaux, il se forme un organe analogue au placenta qui plonge dans l'albumine.

Classification. — On peut diviser ainsi les Vertébrés :

Pas d'amnios ni d'allantoïde, des branchies. Pronéphros ou mésonéphros persistant. *Ichtyopsidés*		Membres radiés.	*Poissons.*
		Membres digités.	*Batraciens.*
Amnios et allantoïde. Poumons. Mésonéphros laissant place à un métanéphros..	Pas de mamelles. *Sauropsidés.*	Pas de plumes..	*Reptiles.*
		Des plumes.....	*Oiseaux.*
	Des mamelles..................		*Mammifères.*

CHAPITRE XIII

LES ICHTYOPSIDÉS.

Vertébrés anamniens caractérisés par la présence au moins transitoire de branchies et par la persistance des corps de Wolff; ce sont en outre des animaux à sang froid.

On les divise en deux embranchements : les *Poissons* et les *Batraciens*, suivant qu'ils possèdent ou non des membres radiés.

Ichtyopsidés.	Membres radiés....................	*Poissons.*
	Membres digités..................	*Batraciens.*

I. — Les Poissons.

Vertébrés anamniens, radiés, couverts d'écailles, à respiration branchiale; ou pulmonaire et branchiale.

Cœur simple, veineux. Membres pairs et impairs. Sang froid. Ovipares et ovovivipares.

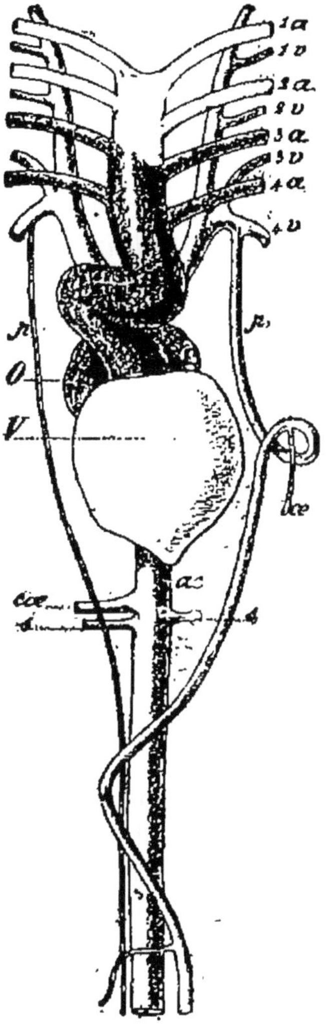

Appareil digestif. — Sauf dans le groupe des Cyclostomes, la bouche est pourvue de mâchoires cartilagineuses ou osseuses. Les dents font parfois défaut, d'autres fois, elles sont remplacées par des pointes cornées (*odontoïdes* des Cyclostomes). Rarement implantées dans des alvéoles, elles sont fixées sur la muqueuse ou soudées aux os de la mâchoire. Œsophage court. Intestin pourvu d'une *valvule en spirale*, terminé par un cloaque. Pas de glandes salivaires. Le foie est variable et des appendices pyloriques placés à la naissance de l'intestin secrétent des sucs digestifs.

Fig. 63. — Circulation d'un *Dipnoïque*. — *pp'*, artères allant aux poumons. — *œ*, artère œsophagienne. — *cœ*, tronc cœliaque. — *ss*, sousclavière.

Appareil circulatoire. — Sang rouge. Système vasculaire complet. Cœur antérieur (fig. 63) recevant du sang non hématosé, que le ventricule, V, unique, pousse dans un bulbe artériel et de là dans des artères qui vont aux branchies (de 1*a* à 4*a*). Oreillette séparée du ventricule par un orifice valvulaire. En arrière de l'oreillette, O, les veines se confondent dans le *sinus de Cuvier*. Il y a autant d'artères branchiales que d'arcs branchiaux, et au sortir de la branchie le sang hématosé passe dans les artères *épibranchiales* (de 1*v* à 4*v*), qui constituent les troncs d'origine de l'aorte dorsale, *ac*. Toujours elles donnent, avant de se réunir, les carotides et une anastomose les réunit, parfois, en un arc céphalique.

Le sang, ramené par les veines *jugulaires* et *cardinales*, est versé dans les canaux de Cuvier qui débouchent dans le sinus. Une veine porte-rénale et une veine porte hépatique.

Appareil respiratoire. — Branchies portées par des arcs cartilagineux. L'eau traverse la bouche, passe par les fentes de la paroi pharyngienne entre les arcs branchiaux et est expulsée par des fentes ou des trous latéraux.

Quelquefois les branchies sont libres dans une chambre fermée vers l'extérieur par un *opercule* dont la face interne porte des *branchies accessoires* non adaptées à la respiration. Le bord postérieur de l'opercule libre, laisse une fente, l'*ouverture des ouïes*.

Chez les Dipnoïques, existent une ou deux poches, conjointement aux branchies ; ces poches s'ouvrent, par un canal médian, dans le pharynx; elles reçoivent du sang veineux: ce sont des poumons. Une poche de forme variable, en relation par un canal (*canal pneumatique*) avec le pharynx et située sous la colonne vertébrale existe chez presque tous les Poissons : c'est la *vessie natatoire*.

Appareil urinaire. — Au-dessus de cette vessie, deux mésonéphros, dont les uretères s'ouvrent dans un cloaque, après avoir formé une vésicule. Le pore urinaire se confond parfois avec le pore sexuel, en arrière de l'anus.

Appareil reproducteur. — Glandes paires, munies de canaux vecteurs, qui se réunissent en un canal commun débouchant séparément de l'uretère ou se confondant avec lui.

Pas de canaux vecteurs, chez les Cyclostomes.

Ovipares et ovovivipares. Peu de métamorphoses.

Squelette. — Osseux ou cartilagineux. Les homolo-

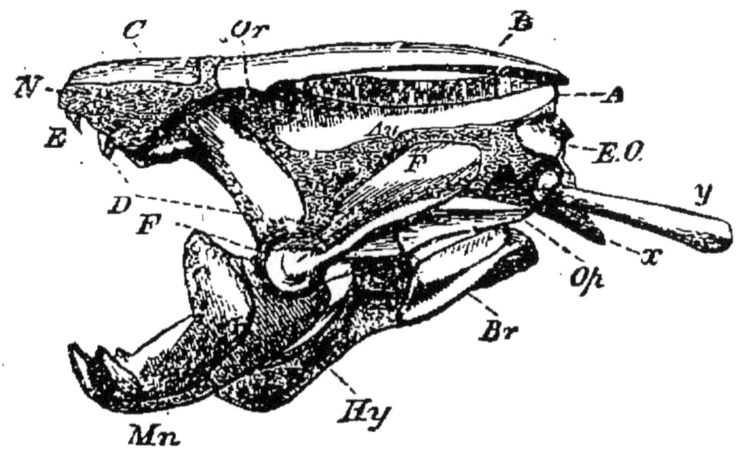

Fig. 64. — Crâne d'un Ostéoganoïde. — *Hy*, os hyoïde. — *Mn*, mandibule. — *Br*, rayons porteurs des branchies et *Op*, l'opercule qui les couvre. — *y*, pièce pharyngienne. — *Ov*, *Au*, N, capsules optique, auditive et nasale. — B, *c*, pièces osseuses orbitaire et nasale. — E, dents du vomer. — EO, occipital. — A, pièce pariéto-frontale. — D, os palatin et pterygoïde. — F, suspenseur de la mâchoire.

gies avec le crâne des autres Vertébrés sont difficiles à saisir. Un parasphénoïde *x* os long au milieu de la base du crâne. Celui-ci n'est pas articulé avec le rachis; sa base se réunit à la première vertèbre comme celle-ci à la suivante (fig. 64). Crâne petit à deux condyles, pourvu de deux mâchoires presque toujours mobiles. Côtes variables. Les *arêtes* sont des faisceaux intermusculaires ossifiés et costiformes. Pas de sternum. Rachis à vertèbres biconcaves, dont les restes de la corde dorsale occupent le centre. Les arcs antérieurs et postérieurs sont tous deux munis d'une longue apophyse épineuse. Pas de cartilages intervertébraux. Une nageoire caudale termine le rachis. Elle est en ligne droite avec lui (*Diphycerques*), ou bien se redresse à l'extrémité. En ce cas, elle se termine par des lobes égaux (*Homocerques*) ou inégaux (*Hétérocerques*). A l'arc scapulaire, une ou plusieurs pièces suspendues au crâne ou au rachis. Ceinture pelvienne peu développée.

Les membres sont des nageoires paires sans bras, ni avant-bras, ni mains. Membres antérieurs (*nageoires pectorales*) composés de trois pièces : une antérieure (*proptérygium*), une moyenne (*mésoptérygium*) et une postérieure (*métaptérygium*). Elles manquent parfois; la dernière est, cependant, la plus constante. Les membres postérieurs (*nageoires ventrales*) sont peu développés. Elles peuvent être *jugulaires*, *thoraciques* ou *abdominales*. Il y en outre des nageoires médianes ou verticales sur le dos (*dorsale*), derrière l'anus (*anale*), ou à l'extrémité de la queue (*caudale*), rattachées au rachis par une membrane ou par des os spéciaux interposés aux apophyses épineuses (*os interépineux*). Les nageoires des Poissons sont formées de stylets épineux ou mous.

Appareil phonateur. — Quelques Poissons émettent des sons. On trouve chez eux la vessie natatoire traversée d'un diaphragme percé au centre d'un trou que l'air traverse, plus ou moins rapidement.

Système nerveux. — Moelle épinière, occupant tout le rachis, offrant parfois un ganglion caudal, origine des nerfs de la nageoire terminale. Les lobes optiques sont plus développés que les hémisphères et ceux-ci plus que les lobes olfactifs, le cervelet est arrondi et présente en dessous deux *lobes pneumo-*

gastriques, origines du nerf de la dixième paire. Les nerfs optiques forment ou non un chiasma, le corps et la tige pituitaire, bien développés, sont entourés de lobes volumineux dits *inférieurs*.

Organes des sens. — D'abord la *ligne latérale*. Un rameau du pneumogastrique innerve une série d'organes renfermant des éléments sensitifs; des orifices percés dans les écailles mettent ceux-ci en rapport avec l'extérieur.

Les lèvres et leurs appendices (*barbillons*) peuvent remplir le rôle du toucher.

Des papilles linguales et des cellules gustatives exercent le sens du goût. L'odorat siège dans des fossettes olfactives.

Pas d'oreille moyenne ni d'oreille externe; un vestibule et des canaux semi-circulaires, parfois en relation avec la vessie natatoire.

Œil aplati en avant, cristallin sphérique. Pas de paupière, pas de glande lacrymale. Un *ligament falciforme* s'avance à travers la chambre postérieure et s'élargit en cloche à son extrémité. Cette cloche est un organe d'adaptation.

On trouve sur les côtés du corps les *lignes latérales*, organes des sens peu connus.

Classification. — Cinq ordres :

Poissons..	Un orifice nasal.	Bouche circulaire............	*Cyclostomes*.
	Deux orifices nasaux.	Bouche transversale, cinq chambres branchiales...........	*Sélaciens*.
		Bouche normale, écailles striées, émaillées..........	*Ganoïdes*.
		Squelette osseux.............	*Téléostéens*.
		Poumons et branchies........	*Dipnoïques*.

Cyclostomes. — *Cartilagineux, sans mâchoires ni vessie natatoire. Bouche circulaire. Un seul orifice na-*

sal. Succion s'effectuant par mouvements de la langue. Sacs branchiaux au nombre de six ou sept. Une valvule spirale à l'intestin. Pas de pancréas. Pas de rate. Squelette formé d'une corde dorsale et d'une capsule crânienne à trois renflements.

Deux groupes :

CYCLOSTOMES..	Nageoire dorsale double, canal nasal en cul-de-sac..........	*Pétromyzontides.*
	Pas de nageoire dorsale, canal nasal ouvert dans le pharynx..	*Myxinides.*

Pétromyzontides. — Les Lamproies (*Petromyzon*) ont sept paires d'orifices branchiaux, la larve (*Ammocète*) est dépourvue d'odontoïdes et a les yeux couverts par la peau. La Lamproie est un des rares Poissons à métamorphoses.

Myxinides. — Ils sont parasites sur d'autres Poissons, dans le cœlome desquels ils pénètrent parfois : *Bdellostome* à six orifices branchiaux d'un côté et sept de l'autre ; *Myxine*, une paire ventrale d'orifices.

Sélaciens. — *Cartilagineux hétérocerques, dépourvus de vessie natatoire, peau rugueuse, chagrinée, munie d'écussons épineux, jamais nue. Bouche généralement transversale, et placée ventralement. Deux évents derrière les yeux. Intestin à valvule spirale. Bulbe artériel musculeux et valvulaire. Nageoires paires horizontales bien développées. Les oviductes présentent des réservoirs incubateurs. Tous marins.*

Deux sous-ordres :

SÉLACIENS.	Branchies libres, une fente branchiale de chaque côté. *Holocéphales.*		
	Branchies adhérentes au nombre de cinq paires. Des évents. *Plagiostomes*.....	Fentes branchiales latérales.......	*Pleurotrèmes.*
		Fentes branchiales ventrales.......	*Hypotrèmes.*

Holocéphales. — Ils sont dépourvus d'évents et sont répandus dans l'Atlantique et la Méditerranée.

Plagiostomes. — a) *Pleurotrèmes.* — Ils ont le corps fusiforme, la bouche bien armée de dents. La ceinture scapulaire est ouverte sur le dos. Les uns ont une nageoire anale, ce sont les Roussettes (*Scyllium*), Lamies (*Lamna*), Pèlerins (*Selache*), Marteaux (*Zygæna*), Requins (*Carcharias*). Les autres n'ont pas de nageoire anale : Aiguillats (*Acanthias*), Ange de mer (*Squatina*).

b) *Hypotrèmes.* — Ils ont le corps déprimé, les dents plates, la ceinture scapulaire fermée, la nageoire anale faisant défaut. Les Scies (*Pristis*), les Torpilles (*Torpedo*), Poissons électriques, les Raies (*Raja*) ont une nageoire dorsale double, tandis que les Céphaloptères, Mourines, etc., ont une nageoire dorsale unique ou nulle.

Ganoïdes. — *Osseux ou cartilagineux, à peau nue, couverte d'écailles émaillées ou d'écussons osseux. Intestin avec valvule spirale. Bulbe artériel contractile. Branchies libres. Nageoires impaires, protégées par des pièces osseuses.*

GANOÏDES.	Squelette osseux. *Ostéoganoïdes.*	Écailles rhomboïdales.	*Rhombifères.*
		Écailles arrondies.....	*Cyclifères.*
	Squelette cartilagineux. *Chondroganoïdes.*		

Ostéoganoïdes. — Les *Rhombifères* sont Américains ou Africains : *Polypterus* (Afrique) et *Lépidosteus* (Amérique).

Les *Cyclifères* sont de l'Amérique du Sud.

Chondroganoïdes. — Ils renferment le genre Esturgeon (*Acipenser*) qui remonte les fleuves au moment du frai. Les œufs de l'Esturgeon (*caviar*) constituent un mets très apprécié en Russie ; sa vessie natatoire sert à fabriquer la colle de Poisson.

Téléostéens. — *Osseux, homocerques; la vessie natatoire communique (Physostomes) ou non (Physoclistes) avec l'œsophage. Pas de valvule spirale à l'intestin. Bulbe artériel non contractile. Branchies libres, protégées par un opercule dépourvu de branchies accessoires. Corps couvert d'écailles cornées.*

Quatre sous-ordres :

Téléostéens.	Peau nue ou écailleuse, rayons épineux à la nageoire dorsale. Vessie natatoire absente parfois. Physoclistes. *Acanthoptérygiens*..	Nageoires ventrales sous la gorge, en avant des pectorales..........	*Jugulaires.*
		Nageoires ventrales sous les pectorales........	*Thoraciques.*
		Nageoires ventrales en arrière des pectorales.	*Abdominaux.*
	Peau nue ou écailleuse, rayons mous. Vessie natatoire quelquefois nulle. *Malacoptérygiens*...............	Nageoires ventrales en arrière des pectorales. Physostomes	*Abdominaux.*
		Nageoires ventrales en avant ou en arrière des pectorales. Physoclistes	*Subbrachiens.*
		Pas de nageoires ventrales.............	*Apodes.*
	Peau cuirassée ou nue. Mâchoire supérieure immobile. Physoclistes. *Plectognathes*...............	Les dents réunies forment un bec à la mâchoire	*Gymnodontes.*
		Dents distinctes et séparées	*Sclérodermes.*
	Peau cuirassée, branchies en forme de houppes. *Lophobranches.*		

Acanthoptérygiens. — 1° *Jugulaires.* — Beaucoup sont marins : Vives (*Trachinus*), portant des organes venimeux operculaires et dorsaux; Uranoscopes (*Uranoscopus*); Rascasses (*U. scaber*) de Provence. Beaudroies (*Lophius*); Multhées.

2° *Thoraciques.* — La plupart sont aussi marins : Rouget (*Mullus*), Grondins (*Trigla*), Dactyloptères, Poissons volants, Scorpions de mer (*Cottus*), dont une espèce, le Chabot (*C. Gobio*), est d'eau douce et dont les autres sont venimeuses; Scorpènes ou Crapauds de mer ; la Perche (*Perca fluviatilis*) estd'eau douce; les Bars (*Labrax*), Daurades (*Chrysophrys*), Maquereaux(*Scomber*), Thons (*Thynnus*),Espadons (*Xiphius*), Remoras (*Echeneis*), Vieilles (*Labrus*) sont marins.

3° *Abdominaux*. — L'Épinoche et l'Épinochette sont fluviatiles; les autres, parmi lesquels l'*Anabas*, séjournant à terre, et le Gouramis, nidifiant, sont marins.

Malacoptérygiens. — 1° *Abdominaux*. — Il faut distinguer : 1° Une seule nageoire dorsale non opposée à l'anale : Carpe (*Cyprinus*), Carassins, Poisson rouge (*C. auratus*), Tanches (*Tinca*), Goujons (*Gobio*), Vairons (*Phoxinus*), Brêmes (*Abramis*), Ablettes (*Abranus*), Loches (*Cobitis*), Silures (*Silurus*), Mélaptérure (*Melapterurus*), Poisson électrique Africain, sont d'eau douce. Le Hareng (*Clupea*), l'Alose (*Alosa vulgaris*), la Sardine (*A. Sardina*), et l'Anchois (*Engraulis*), sont marins; 2° une nageoire dorsale opposée à l'anale : Brochet, d'eau douce (*Esox*), Exocets ou Poissons volants, marins; 3° une nageoire dorsale double, Saumon et Truite, Ombre chevalier, Éperlan, Ombre, Fera (lac de Genève), Lavaret (lac du Bourget).

2° *Subbrachiens*. — Poissons plats, marins, sans vessie natatoire : Limandes (*Limanda*), Plies (*Plutessa*), Soles (*Solea*), Turbot (*Rhombus*); Morues (*Gadus*), Merlans, Lotte.

3° *Apodes*. — Ils renferment les Équilles (*Ammodytes*), les Anguilles (*Anguilla*), les Congres (*Conger*), Murènes (*Muræna*), Gymnotes (*Gymnotus*), Poisson électrique des fleuves de l'Amérique du Sud.

Plectognathes. — Maxillaire et intermaxillaire, fortement unis. Squelette peu ossifié, souvent pas de nageoires ventrales :

1° *Gymnodontes*, se divisant en *Molidés*, dépourvus de vessie natatoire, et *Sphéridés*, pourvus d'une vessie natatoire ;

2° *Sclérodermes*, comprenant les Coffres, Balistes.

Lophobranches. — Pas de nageoire ventrale, bouche en museau pointu : Hippocampes (Chevaux marins), Aiguilles de mer (*Syngnathus*).

Dipnoïques. — *Bouche armée de dents. Intestin à valvule spirale. Bulbe artériel à valvules. Branchies protégées par un opercule. Vessie natatoire transformée en poumon. Squelette ostéo-cartilagineux. Corde dorsale persistante. Diphycerques.*

Poissons des contrées chaudes vivant dans les rivières, mais pouvant s'enfoncer dans la vase et y vivre pendant la sécheresse.

Deux sous-ordres :

DIPNOÏQUES.	Deux poumons, membres filiformes..	*Dipneumones.*
	Un poumon, membres aplatis.......	*Monopneumones.*

Dipneumones. — *Protopterus*, portant des branchies externes sur l'arc scapulaire (fleuves d'Afrique); *Lepidosiren*, pas de branchies externes (Brésil).

Monopneumones. — *Ceratodus* (rivières d'Australie).

II. — LES BATRACIENS.

Anamniens aux membres digités, à la peau nue et mince jouant un grand rôle dans la respiration. Celle-ci est ou pulmonaire, ou branchiale et pulmonaire, ou branchiale, toujours cutanée; circulation double, cœur à trois cavités, température variable. Ils sont ovipares ou ovovivipares.

Les Batraciens subissent des métamorphoses. Leurs larves, appelées *Têtards*, sont munies d'une queue et vivent dans l'eau douce.

APPAREIL DIGESTIF. — Bouche large, armée de dents implantées dans les maxillaires; la partie antérieure de la langue adhère souvent au plancher buccal, parfois elle est protractile. La pointe de la langue est dirigée en arrière. Œsophage court, cilié, estomac simple, intestin plissé se terminant dans un cloaque, dont un diverticule joue le rôle de vessie urinaire. Le foie et le pancréas ne font que rarement défaut; pas de glandes salivaires, mais des glandes *palatines*.

Appareil circulatoire. — Cœur placé dans la région antérieure du cœlome, offre deux oreillettes et un ventricule, les cavités auriculaires sont ou non distinctes, le ventricule est suivi d'un *bulbe artériel* qui conduit le sang dans une aorte commune. Ce bulbe artériel est séparé du ventricule par un orifice valvulaire. Il existe une veine porte rénale et quatre cœurs lymphatiques; le thymus et la rate ne sont jamais absents.

Appareil respiratoire. — Tous les Batraciens possèdent dans le jeune âge des branchies externes implantées sur des arcs dépendant de l'os hyoïde, un *repli operculaire* le recouvre parfois et délimite une *chambre branchiale*. Tôt ou tard se développent des poumons simples ou alvéolés, rattachés au pharynx par une trachée rudimentaire. La respiration cutanée subsiste toujours chez l'adulte.

Appareil urinaire. — C'est un *mésonéphros*, qui, dans sa partie antérieure, est en relation avec la glande reproductrice. Les canaux efférents de la glande mâle s'unissent dans cette région aux canalicules urinifères. Tous se jettent dans le canal de Wolff, ouvert par un pore dorsal dans un cloaque.

Appareil reproducteur. — Glande mâle simple ou lobée, mâles pourvus de rugosités aux pouces, d'une glande au bras, ou d'un ovaire rudimentaire, dont les ovules non fécondables n'arrivent pas à maturité.

Les ovaires creux laissent tomber les œufs dans la cavité abdominale, d'où les cils vibratiles les poussent dans des oviductes longs, qui se dilatent à leur extrémité et débouchent dorsalement dans le cloaque.

Squelette. — Crâne cartilagineux en partie, présentant deux condyles occipitaux. A la voûte buccale, un os de recouvrement, le *parasphénoïde*, peut porter des dents, il est caractéristique des Anamniens. La région ethmoïdale porte souvent un anneau osseux (*os en ceinture*) ; la mâchoire inférieure est suspendue au crâne par un cartilage qui s'ossifie en trois points : un externe (*os carré*), un supérieur (*squamosal*), un interne (*ptérygoïde*).

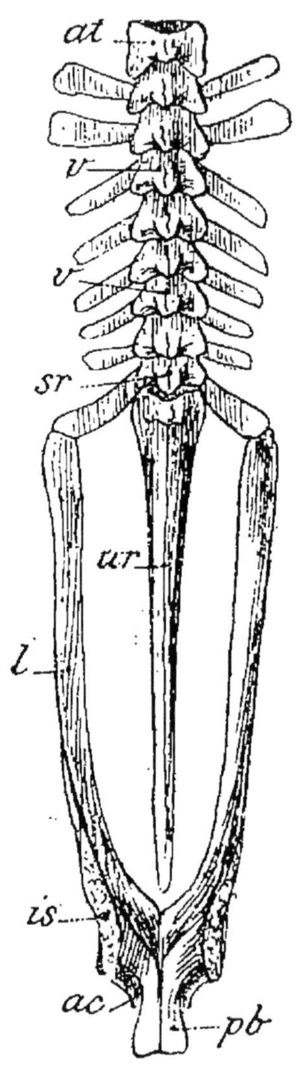

Fig. 65. — Rachis et arc pelvien de Batracien.

Vertèbres, *v*, peu abondantes : procœliques, amphicœliques, ou opisthocœliques : une seule cervicale, *at* (fig. 65), une seule sacrée, *sr*. Rachis terminé par un *urostyle* grêle et allongé, *ur*. Côtes peu développées, en général, ne s'unissant pas au sternum. Arc scapulaire faisant défaut, ou bien comprenant les trois os : coracoïde, omoplate et clavicule, ouvert en bas, et réuni au sternum, sans connexion avec l'axe squelettique. Arc pelvien composé aussi des trois os typiques *l*, *pb*, *is*, nul quelquefois. Le radius et le cubitus du bras sont fondus en une seule pièce, il existe un carpe, un métacarpe et des phalanges. Le membre postérieur peut manquer, le tibia et le péroné se soudent aussi parfois; tarse, métartarse et orteils toujours présents. Une cavité acétabulaire, *ac*, du bassin reçoit la tête du fémur.

Extérieur. — Peau nue, pourvue de glandes à mucus sécrétant un suc venimeux.

Appareil phonateur. — Le larynx ne présente pas toujours de cordes vocales, quelquefois la bouche offre des diverticules résonnateurs.

Système nerveux. — Hémisphères et cervelet peu développés. Deux gros tubercules bijumeaux. Le nerf de la dixième paire envoie un rameau qui innerve des organes sensoriels latéraux, qui disparaissent souvent chez l'adulte.

Organes des sens. — Le tact semble assez obtus; Le goût est représenté par des papilles linguales; L'odorat par deux fosses nasales offrant des replis muqueux et s'ouvrant dans la bouche.

Pas d'oreille externe, une oreille moyenne comprenant une membrane du *tympan* à fleur de peau, une caisse, avec trompe d'Eustache, et une columelle remplaçant les osselets typiques. Un vestibule, des canaux semi-circulaires et un limaçon simple constituent l'oreille interne.

Les yeux possèdent des paupières et une membrane nictitante; la sclérotique est cartilagineuse; il existe un *peigne* rudimentaire, organe énigmatique.

Classification. — Trois ordres :

Batraciens..	Pas de membres	....	*Gymnophiones*.
	Des membres.	Une queue........	*Urodèles*.
		Pas de queue......	*Anoures*.

Gymnophiones. — *Pas de membres ni de queue. Animaux vermiformes, armés de dents aux deux mâchoires. Vertèbres amphicœliques très nombreuses. Les yeux sont rudimentaires et recouverts par la* *peau, pas de membrane ni de caisse du tympan. Le poumon gauche est atrophié.*

Habitent les lieux humides et sombres des régions tropicales : *Siphonops* (Brésil), *Cœcilia* (Guyane).

Urodèles. — *Des dents aux deux mâchoires, langue soudée au plancher buccal ; deux paires de pattes courtes, éloignées l'une de l'autre ; pas de caisse du tympan. Peau nue, lisse ou verruqueuse. Orifice cloacal longitudinal. Corps allongé. Les adultes mènent une vie aquatique.*

Trois sous-ordres :

URODÈLES.	Pas de branchies chez l'adulte. Des paupières........................	*Salamandrines.*
	Pas de branchies, mais un orifice branchial. Pas de paupières...........	*Dérotrèmes.*
	Branchies externes persistantes.......	*Pérennibranches.*

Salamandrines. — Membres antérieurs tétradactyles, membres postérieurs pentadactyles. Ce sont les Salamandres (*Salamandra*) à vie terrestre. Les Tritons aquatiques, à queue comprimée : *Trito palmatus; T. cristatus. Amblystoma,* dont la larve (Axolotl) se reproduit. La Salamandre du Japon peut atteindre un mètre de long.

Dérotrèmes. — *Menopoma,* à l'aspect d'un Triton, et *Amphiuma,* à l'aspect d'une Anguille ; tous deux américains.

Pérennibranches. — *Protée,* à quatre membres, des eaux souterraines (grottes de Carniole), et les *Sirènes,* deux membres antérieurs seulement ; pas de paupières aux yeux.

Anoures. — *Corps ramassé, déprimé, pourvu de quatre membres : rarement la mâchoire inférieure est armée de dents. Membres antérieurs tétradactyles, postérieurs pentadactyles. Orifice cloacal arrondi. Peau lisse ou verruqueuse.*

Se divisent en trois sous-ordres :

Anoures.	Une langue. Doigts élargis à l'extrémité. *Discodactyles.*	Doigts libres ou unis à la base..............	*Hylidés.*
		Doigts unis par une large membrane...........	*Racophoridés.*
	Une langue. Doigts pointus. *Oxydactyles.*	Dents maxillaires, peau lisse. Membres postérieurs longs..........	*Ranidés.*
		Dents maxillaires, peau verruqueuse. Membres postérieurs moyens....	*Pélobatidés.*
		Pas de dents..........	*Bufonidés.*
	Pas de langue. *Aglosses.*		

Discodactyles. — Les doigts sont terminés par des pelotes visqueuses permettant à l'animal d'adhérer aux surfaces planes. Outre les dents maxillaires, ils possèdent des dents palatines.

1° *Hylidés.* — Il faut distinguer les Hylidés à doigts libres et les Hylidés à doigts réunis. Les premiers sont des animaux de l'Amérique. Parmi les seconds il faut nommer : la Rainette (*Hyla*), qui passe l'hiver dans l'eau et l'été sur les arbres; la Rainette verte (*H. viridis*) ;

2° *Racophoridés.* — Ce sont des espèces de Rainettes indiennes qui développent la palmure de leurs pattes à la façon d'un parachute.

Oxydactyles. — 1° *Ranidés.* — La langue est protractile, les dents palatines fréquentes, le tympan distinct. Ces animaux sont sauteurs. Ce sont les Grenouilles (*Rana*);

2° *Pélobatidés.*— Animaux d'aspect lourd, terrestres, la langue chez eux adhère en totalité ou en partie au plancher buccal, le tympan est nu et la pupille verticale. Ils ont des dents palatines : Crapaud accoucheur (*Alytes*), Sonneur (*Bombinator*);

3° *Bufonidés.* — Langue non protractile, corps épais, animaux nocturnes, terrestres. Ce sont les Crapauds (*Bufo*).

Aglosses. — Semblables aux Crapauds, mais dépourvus de langue, pattes antérieures grêles, doigts terminés par quatre pointes divergentes : *Pipa*, Batraciens inconnus en Europe.

CHAPITRE XIV

LES SAUROPSIDÉS.

Le caractère commun des Sauropsidés est la présence d'*un seul condyle occipital et d'un diaphragme incomplet*. On peut les diviser en deux classes bien tranchées, les Oiseaux et les Reptiles :

Vertébrés dépourvus de mamelles, munis d'un condyle occipital unique et d'un diaphragme incomplet. *Sauropsidés*.	Corps non couvert de plumes.....	*Reptiles*.
	Corps couvert de plumes........	*Oiseaux*.

I. — Les Reptiles.

Vertébrés amniens à respiration pulmonaire, à sang froid, cœur à quatre ou trois cavités. Température variable. Pas de mamelles, ni poils ni plumes, mais couverts d'écailles ou de plaques osseuses. Condyle occipital unique. Membres disposés pour la reptation. Ovipares ou ovovivipares.

Deux groupes et, dans chacun de ceux-ci, deux ordres :

Reptiles.	Fente cloacale transversale. *Plagiotrèmes*....	Pas de paupières.	*Ophidiens*.
		Des paupières. Cœur à trois cavités.........	*Sauriens*.
	Fente cloacale longitudinale. *Dolichotrèmes*...	Pas de carapace. Cœur à quatre cavités.......	*Crocodiliens*.
		Carapace. Cœur à trois cavités...	*Chéloniens*.

Appareil digestif. — Tous les Reptiles possèdent des dents, sauf les Chéloniens qui ont un bec corné. Ces dents, chez les Crocodiliens seulement, sont comparables à celles des Mammifères, implantées dans des alvéoles. Chez ces animaux, d'ailleurs, on ne les rencontre que sur le bord des mâchoires. Chez les Plagiotrèmes, les os palatins sont souvent dentifères.

Chez les Sauriens, les dents sont creuses ou pleines (de là une distinction en *Cœlodontes* et *Pléodontes*). En outre elles sont implantées sur le bord libre ou sur la face interne des mâchoires (de là une nouvelle distinction en *Acrodontes* et *Pleurodontes*).

Chez les Ophidiens, les deux branches de la mâchoire inférieure sont réunies par un ligament élastique et la gueule est rendue ainsi dilatable. Les *Serpents* non venimeux sont Pléodontes et à dents lisses. Au contraire, ceux qui possèdent des glandes venimeuses ont, outre des dents, des crochets s'en distinguant par leur longueur et portés par les maxillaires supérieurs. Ces crochets peuvent être pleins (*aglyphodontes*), porter un ou plusieurs sillons soit en avant, soit en arrière (*protéroglyphes*, *opistoglyphes*), ou être percés d'un canal central (*solénoglyphes*).

La langue est épaisse chez les Chéloniens, adhérente au plancher buccal chez les Crocodiliens, variable chez les Sauriens ; protractile, longue et bifide chez les Ophidiens ; où elle n'est jamais une arme. Voile du palais absent, sauf chez les Crocodiliens, où il est rudimentaire. Œsophage large et extensible. Estomac vaste, intestin terminé par un cloaque. Le cœlome s'y ouvre par deux canaux péritonéaux (Crocodiliens), remplacés quelquefois par deux cæcums (Chéloniens).

Le foie et le pancréas ne manquent jamais.

Deux glandes salivaires sublinguales.

Chez les Ophidiens, il s'en ajoute deux, labiale inférieure et labiale supérieure, celle-ci devenant venimeuse chez certains d'entre eux. Chez un seul Saurien (*Heloderma horridum*), les sublinguales deviennent venimeuses.

Appareil circulatoire. — Le cœur des Plagiotrèmes et des Chéloniens présente deux oreillettes

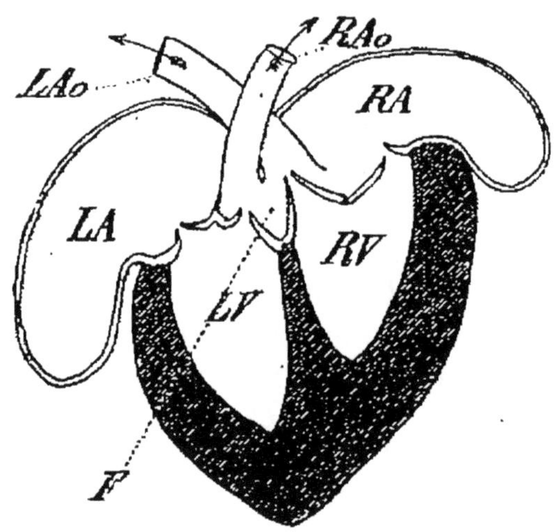

Fig. 66. — Coupe longitudinale d'un cœur de Crocodile.

et un ventricule, avec valvules auriculo-ventriculaires et sigmoïdes. Chez les Crocodiliens, le ventricule est divisé en deux par une cloison ; il y a *deux ventricules* RV et LV (fig. 66). Le droit est l'origine de l'artère pulmonaire et de la crosse aortique droite RA *o*, le gauche donne issue à la crosse aortique gauche LA *o*. Ces deux crosses à leur naissance sont en communication par le *foramen de Panizza* F, leur réunion forme plus loin l'aorte. Mais auparavant, la crosse gauche a envoyé des artères à la tête et aux membres antérieurs. Ces régions reçoivent donc du sang hématosé, mélangé d'une petite quantité de sang non hématosé, et le reste du corps, un mélange de sang veineux et artériel.

Chez tous les autres Reptiles, la cloison qui sépare les ventricules est incomplète et il y a mélange des deux sangs. La loge gauche ne donne aucun vaisseau; de la loge droite sortent l'artère pulmonaire et deux crosses aortiques. La loge gauche se remplit de sang hématosé et la droite de sang non hématosé. La disposition des valvules est telle qu'au moment de la contraction ventriculaire, le sang non hématosé remplit l'artère pulmonaire, tandis que le contenu de la loge gauche passe dans la loge droite et dans les crosses aortiques, qui reçoivent ainsi du sang presque exclusivement hématosé (Sabatier).

Il existe un système porte rénal et des cœurs lymphatiques.

Appareil respiratoire. — Des poumons, invariablement. Trachée à anneaux incomplets. Bronches courtes.

Chez les Dolichotrèmes, les poumons sont divisés. Ils forment un sac unique chez les Plagiotrèmes. Chez les Ophidiens, le poumon droit, très allongé, ne sert à la respiration que dans sa partie antérieure. Le gauche est très rudimentaire et disparaît parfois. Le Caméléon possède des ébauches de sacs aériens.

Appareil urinaire. — Reins lobés. Uretères s'ouvrant séparément dans le cloaque. Urine épaisse. Les Chéloniens et Sauriens ont une vessie.

Appareil reproducteur. — Glandes mâles, munies d'un épididyme et d'un canal déférent qui s'ouvre dans le cloaque. Il y a toujours des organes copulateurs.

Deux ovaires, deux oviductes, un organe érectile

simple ou double. Fécondation interne. Œufs pourvus d'une coque parfois calcaire (Chéloniens), parfois parcheminée (Plagiotrèmes).

Quelques Serpents couvent leurs œufs.

Les œufs, chez la Vipère et l'Orvet, éclosent dans la partie terminale des oviductes.

Squelette. — Crâne osseux, soudé (fig. 67). Un seul condyle occipital. Pariétal impair percé chez les Lézards d'un trou médian où est engagée la glande pinéale, qui apparaît comme un œil médian recouvert d'une plaque dite intra-pariétale et plus ou moins transparente.

La mâchoire supérieure est presque toujours mobile.

Chez les Plagiotrèmes, les ptérygoïdiens, palatins et vomers sont unis sur la ligne médiane. Chaque moitié de la mâchoire inférieure peut compter jusqu'à six os soudés en avant ou unis par un ligament (Serpents).

Fig. 67. — Moitié gauche d'un crâne de Serpent. — *Pmx*, prémaxillaire. — *Pl*, palatin. — *Bo*, occipital basilaire. — BS, sphénoïde basilaire.

L'os carré, *Qu*, relie le maxillaire inférieur et le ptérygoïdien, *Pt*, à la région temporale du crâne, ou à un os *squamosal*, *Sq*, séparé de cette région.

Du ptérygoïde au maxillaire supérieur, *Mx*, s'étend

un long os (*transverse*, Tr) et du pariétal au ptérygoïde s'étend une *columelle* (fig. 67).

Les vertèbres sont généralement procœliques, quelquefois opisthocœliques ou amphicœliques, rarement biconcaves (les quatre sortes existent dans le cou des Tortues).

La région la moins variable du rachis est la cervicale. Le rachis présente en général cinq régions (deux chez les Ophidiens : caudale et précaudale). Les vertèbres cervicales des Tortues sont dépourvues d'apophyses transverses et les apophyses épineuses des dorsales s'unissent à des ossifications dermiques pour constituer les pièces médianes du dos (*neurales*), de la carapace (*bouclier*). Les vertèbres cervicales des Crocodiles portent des côtes, sauf les deux premières. On observe aussi chez ces animaux et les Plagiotrèmes des apophyses épineuses inférieures dans le rachis antérieur et des os en V, fixés à la partie inférieure du corps des vertèbres caudales.

Le sternum est rudimentaire ou nul. Il porte, chez les Lézards, un os en T, l'*épisternum*. Chez les Crocodiles, les régions tendineuses postérieures au sternum s'ossifient (*sternum abdominal*). La partie ventrale de la carapace des Tortues est formée par des os dermiques (fig. 68). Chez ces Reptiles, les côtes forment les parties latérales du bouclier, en se soudant à des plaques dermiques, costales ou marginales. Parmi celles-ci, deux sont médianes, la *pygale* en arrière et la *nucale* en avant. Chez les Lézards et les Crocodiles, les côtes thoraciques s'unissent aux côtes sternales, comme chez les Oiseaux.

Dans la ceinture scapulaire, le coracoïde et l'omoplate sont bien développés; il n'y a pas de clavicule chez les Crocodiles, et l'arc est logé dans le thorax chez les Tortues. L'arc pelvien est nul, chez les Ophidiens; bien développé en ses trois os typiques, chez les autres. Fémur et humérus horizontaux.

Deux membres chez quelques Sauriens; il n'y en a pas du tout chez les Ophidiens. Partout ailleurs, quatre pattes bien développées. Le membre postérieur rappelle d'une manière frappante celui de l'Oiseau.

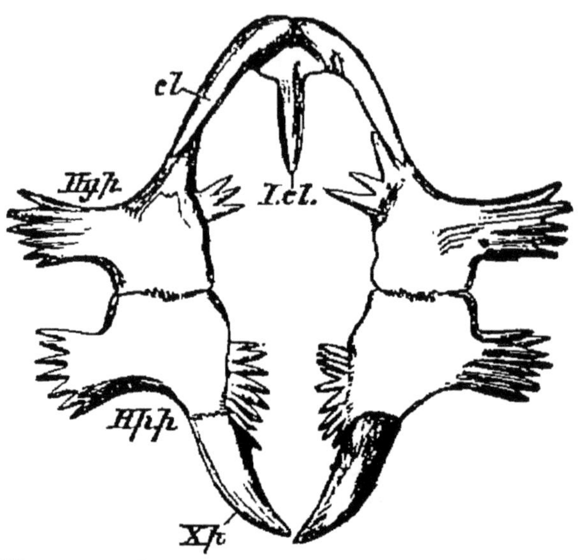

Fig. 68. — Carapace centrale de Tortue. — *cl*, *Icl*, la clavicule. — Les autres lettres indiquent des ossifications dermiques.

Extérieur. — La peau est recouverte d'écailles, supportées par des pièces dermiques osseuses.

Appareil phonateur. — Assez rare dans ce groupe ; on ne le trouve que chez les Crocodiles, Geckos et Iguanes. Chez les Serpents, le son est produit par la sortie de l'air par la glotte (sifflement).

Des pièces dermiques solides forment parfois un grelot (Serpent à sonnettes).

Système nerveux. — Moelle épinière longue; hémisphères (fig. 69) H*mp* développés. Cervelet, C*b*, avec un grand lobe médian et deux latéraux petits. Tubercules bijumeaux.

Organes des sens. — Tégument peu sensible, renfermant parfois des pigments de diverses couleurs.

Sens du goût rudimentaire. Olfaction peu développée, sauf chez les Chéloniens, dont les narines sont garnies de valvules empêchant l'entrée de l'eau.

Pas d'oreille externe, membrane du tympan à fleur de peau. Chez les Ophidiens, membrane, caisse du tympan et trompe d'Eustache font défaut. Limaçon non spiralé. Columelle (étrier), en relation avec la fenêtre ovale.

Œil pourvu d'un cercle osseux et d'un peigne. Pupille circulaire ou fendue. Chez les Dolichotrèmes, une membrane nictitante, une glande lacrymale et une glande de Harder, qui accompagne la membrane nictitante ou troisième paupière. Deux paupières, dont l'inférieure est la plus développée chez les autres. Une seule chez le Caméléon, où les yeux peuvent se mouvoir indépendamment l'un de l'autre; chez les Ophidiens, les paupières sont soudées et forment une membrane transparente qui entoure l'œil complètement.

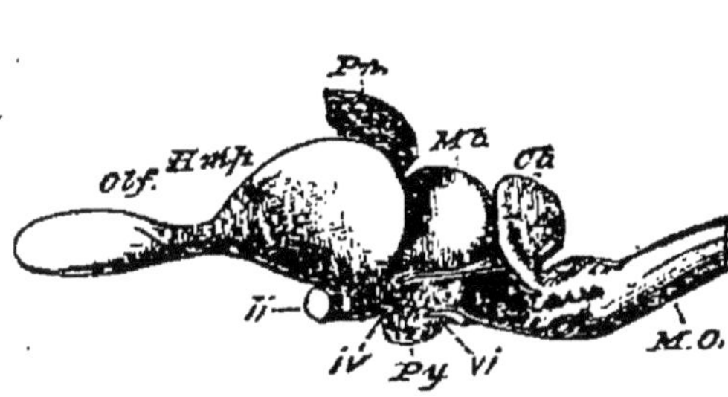

Fig. 69. — Cerveau de Lézard. — *Olf*, lobe olfactif. — *Py*, corps pituitaire. — *Pn*, glande pinéale. — *Mo*, bulbe. — *Mb*, lobes optiques. — *ii*, *iv*, *vi*, nerfs crâniens.

Ophidiens. — *Corps apode, bouche dilatable. Acrodontes. Dents recourbées en arrière retenant la proie, mais impropres à la mastication. Prémaxillaire rudimentaire, maxillaire supérieur bien endenté et long; ou court et ne portant que les crochets venimeux. Langue bifide, protractile. Vertèbres procœliques, pas de sternum, côtes nombreuses. Ni tympan, ni paupières, téguments couverts d'écailles variables. Pas de vessie urinaire.*

Tous carnivores; se déplacent par ondulations latérales du corps; en grande majorité terrestres.

Ophidiens.	Maxillaires supérieurs courts, un seul crochet long et tubuleux. *Solénoglyphes*	Maxillaire supérieur présentant une fossette lacrymale..........	*Crotaliens.*			
		Pas de fossette lacrymale..............	*Vipériens.*	Deux rangées d'urostèges................	*Diurostégides.*	
				Une rangée d'urostègès................	*Monurostégides.*	
	Maxillaire supérieur court, muni de dents et d'un crochet sillonné. *Protéroglyphes*..	Queue arrondie........	*Conocerques.*			
		Queue aplatie.........	*Platycerques.*			
	Des dents aux deux mâchoires, pas de crochets. *Colubriformes.*	Maxillaire supérieur portant des dents lisses en avant, cannelées en arrière.............	*Opistoglyphes.*			
		Pas de dents sillonnées.	*Aglyphodontes.*	Bouche dilatable, pas de vestige de membre....	*Colubridés.*	
				Bouche dilatable, des rudiments de membres..	*Péropodés.*	
				Bouche non dilatable...	*Tortricides.*	
	Des dents à une seule mâchoire à la fois. *Opotérodontes*......	Dents à la mâchoire supérieure	*Épanodontes.*			
		Dents à la mâchoire inférieure............	*Catodontes.*			

Solénoglyphes. — Serpents à tête triangulaire, à queue courte, le maxillaire supérieur est très mobile ; couché horizontalement dans un repli de la muqueuse buccale, quand l'animal est au repos, il devient vertical, quand la gueule s'ouvre. Derrière le crochet, se trouvent de petits crochets de remplacement. Sur les maxillaires et les palatins, les dents sont pleines.

1° *Crotaliens.* Le maxillaire supérieur est creusé d'une fossette lacrymale que tapisse la peau. Serpents exclusivement américains : Crotales, ou Serpents à sonnettes (*Crotalus*), Vipère fer-de-lance (*Bothrops lanceolatus*), Trigonocéphales, Surucu (*Lachesis mutus*), tous très dangereux.

2° *Vipériens.* Pas de fossette lacrymale, tête large (Serpents de l'ancien continent).

a) Les uns (*Diurostégides*) ont deux rangées de plaques sous-caudales, dites *urostèges :* ce sont les Échidnés ou Serpents cracheurs (*Echidne arietans, E. elegans*) ; les Cérastes (*C. ægyptiacus*) avec une corne au-dessus de chaque œil ; les Vipères (*Vipera aspis*), assez répandues dans le Midi de la France ; les Pélias (*P. ceras*), communs dans le Nord de la France.

b) Les autres n'ont qu'une rangée d'urostèges comme l'Efa, Vipère d'Égypte (*Echis carinata*), ce sont les *Monurostégides.*

Protéroglyphes. — Tête non élargie ; maxillaire porteur du crochet, immobile, crochets de remplacement, dents lisses aux palatins et aux maxillaires inférieurs. Serpents de grande taille des régions chaudes, inconnus en Europe.

1° *Conocerques.* — Ils sont terrestres et ressemblent à des Couleuvres, ils ont des couleurs brillantes : *Acanthophis cerastinus* d'Australie ; Serpents à chaperon (*Naja*), ayant la région cervicale dilatable par l'écartement des premieres côtes; Cobra (*Naja tripudians*), Serpent à lunettes; Serpentivore (*N. claps*); Serpent de Cléopâtre (*N. Haze*); Serpent corail (*Elaps corallinus*), d'un rouge éclatant, cerclé de noir et blanc.

2° *Platycerques.* — Serpents marins, à queue aplatie en rame, ressemblent à des Anguilles, habitent l'océan Indien et l'océan Pacifique, ne vont jamais à terre : Platures, Hydrophides, à morsure très dangereuse.

Colubriformes. — Des dents aux deux mâchoires, mais pas de crochets.

1° *Opistoglyphes*, munis d'une glande venimeuse et de crochets postérieurs cannelés, pas dangereux pour les grands animaux, mais tuent les petits qui peuvent être atteints par les crochets : *Sytales* du Brésil, *Dendrophis* des Indes, *Cœlopeltis*, Couleuvre de Montpellier, Opistoglyphe européen, qui atteint une grande taille.

2° *Aglyphodontes.* — a) *Colubridés.* — Ce sont les Couleuvres, les unes sont terrestres : *Ramenis* (Couleuvre verte et jaune), Coronelle (*Coronella levis*) ou Couleuvre lisse, Couleuvre d'Esculape (*Elaphis*); les autres aquatiques, toutes d'eau douce, vont à terre très souvent, mais recherchent les lieux humides : *Tropidonotus natrix*, Couleuvre à collier; Couleuvre vipérine (*T. viperinus*).

COMPARAISON DE LA COULEUVRE ET DE LA VIPÈRE (Lacaze-Duthiers).	Couleuvre.	Claire. Queue longue en pointe. Tête rectangulaire, écussons sur la tête. Crochets pleins.
	Vipère....	Brun rouge. Queue courte mousse. Tête triangulaire, écailles en Λ. Crochets à canal.

b) *Péropodés.* — Ils ont des rudiments de membres sous forme d'éperons cornés, ils habitent les régions chaudes : Pythons, Boas, Eunectes (ceux-ci aquatiques), Javelots, etc. Non venimeux.

Tortricidés. — Ils sont cylindriques, ont des mouvements lents : Tortrix, d'Amérique, et *Uropeltis*, d'Asie.

Opotérodontes. — Non venimeux, vermiformes, de petite taille, queue terminée par une pointe cornée.

1° Épanodontes : Typhlops, de Grèce, d'Afrique;

2° Catodontes : Sténostomes, d'Amérique et d'Afrique.

Sauriens. — *Bouche non dilatable. Corps écailleux, quatre membres pentadactyles et onguiculés. Mâchoire supérieure à os fixes, branches de la mandibule soudées en avant. Des paupières, une vessie urinaire, un tympan visible de l'extérieur.*

Quatre groupes, que l'on peut subdiviser ainsi :

Sauriens.	Langue épaisse, non protractile. *Crassilingues*	Sternum abdominal	*Rhyncocéphalidés.*	
		Des dilatations adhésives aux doigts	*Geckotidés.*	
		Abdomen sans plaques rectangulaires. Une crête dorsale	*Iguanidés*	*Pleurodontes.* *Acrodontes.*
		Des tubercules coniques sur le corps, plus petites que les plaques ventrales. Pas de crête dorsale	*Hélodermidés.*	
	Langue mince, protractile. *Fissilingues*	Tête dépourvue de plaques polygonales. Corps à écailles égales.	*Varanidés.*	
		Tête couverte de plaques polygonales. Ventre couvert de plaques rectangulaires	*Lacertidés*	*Pléodontes.* *Cœlodontes.*
	Langue longue, vermiforme, protractile. *Vermilingues.*			
	Langue courte, peu ou pas protractile. *Brévilingues*	Corps couvert de pièces dermiques. Pas de sillons latéraux	*Scincoïdés.*	
		Corps écailleux avec deux sillons latéraux	*Ptychopleuridés.*	
		Corps nu et serpentiforme	*Amphisbénidés.*	

Crassilingues. — Toujours quatre membres, vertèbres amphicœliques ou procœliques. Animaux des régions tropicales.

1° *Rhyncocéphalidés.* — Sauriens acrodontes et ont un os carré immobile, prémaxillaires saillants, porteurs d'une grosse incisive; ce groupe renferme l'*Hatteria*, considéré comme la souche des Reptiles actuels. Les vertèbres sont amphicœliques.

2° *Geckotidés.* — Crassilingues pleurodontes, analogues aux Salamandres européennes, ont aussi des vertèbres amphicœliques. Les lames dont sont munis les doigts en dessous permettent à l'animal de grimper aux murs lisses. L'espèce méditerranéenne a les doigts aplatis, c'est le *Platydactylus muralis* ou Tarente; une autre espèce, méditerranéenne aussi les a aplatis seulement à la base (*Hemidactylus*).

3° *Iguanidés.* — Les *Pleurodontes* sont de grands Lézards américains, recherchés pour la délicatesse de leur chair; les *Acrodontes* sont au contraire de l'ancien continent, ce sont les Dragons (*Draco*), les Stellions (*Stellio*).

4° *Hélodermidés.* — Sauriens pleurodontes caractérisés par les tubercules de leur tête, ils ont des glandes sublinguales venimeuses et jettent une bave blanchâtre redoutée.

Fissilingues. — Une longue queue, quatre membres, vertèbres procœliques. Tous pleurodontes.

1° *Varanidés.* — Ont la forme de grands Lézards, la queue est arrondie ou déprimée; ils se distinguent des Lacertidés par l'absence de pores fémoraux : Varans (*Varanus*) d'Afrique (*V. arenarius*), du Nil (*V. Niloticus*).

2° *Lacertidés.* — Ont de grandes plaques rectangulaires ventrales et polygonales sur la tête. Les Lacertidés américains sont *Pléodontes*, ceux de l'ancien monde sont *Cestœlodontes*. En France, on trouve le

Lézard ocellé (*Lacerta ocellata*), le Lézard vert (*L. viridis*), et le Lézard des murailles (*L. muralis*), commun partout.

Vermilingues. — Sauriens acrodontes, représentés par le Caméléon, à queue prenante, qui aide l'animal à grimper; le corps est comprimé, la peau rugueuse; la langue, très longue, peut être dardée sur les Insectes. La coloration de la peau est variable et change rapidement.

Brévilingues. — Les membres peuvent faire défaut ou être réduits à deux. Ce sont des animaux Pleurodontes ou Acrodontes, à vertèbres procœliques, dépourvus de pores fémoraux.

a) *Scincoïdés.* — Il faut nommer les Seps, à quatre pattes rudimentaires, les Orvets, dépourvus de membres, ovovivipares.

b) *Ptychopleuridés.* — Le *Pseudopus* n'a que les membres postérieurs, et l'*Ophisaurus* est apode.

c) *Amphisbénidés.* — Ils sont apodes (*Amphisbæna*) ou munis de deux pattes seulement (*Chirotes*), ce sont des Sauriens de l'Amérique méridionale.

Crocodiliens. — *Dents maxillaires implantées dans des alvéoles. Langue immobile. Cœur à deux ventricules. Vertèbres procœliques. Sternum abdominal, étendu quelquefois jusqu'au pubis. Quatre membres. Les antérieurs pentadactyles; les postérieurs tétradactyles et palmés quelquefois.*

Animaux des fleuves tropicaux, carnivores, à chair comestible, à œufs très appréciés. Trois groupes :

CROCODILIENS.	Museau large, non traversé par les dents, sans échancrure..................	*Alligatoridés.*
	Museau large, échancré, traversé par la première paire de dents inférieures..........................	*Crocodilidés.*
	Museau étroit et très allongé........	*Gavialidés.*

Alligatoridés. — Ce sont les Caïmans (*Alligator*). Ils

portent des plaques osseuses sur le dos et le ventre. Américains.

Crocodilidés. — Pas de plaques osseuses ventrales. Africains, asiatiques et américains.

Gavialidés. — Gavials (*Ramphostoma*), n'attaquent pas l'Homme. Habitent les îles de la Sonde, abondent dans le Gange.

Chéloniens. — *Corps revêtu d'une carapace; un bec corné, pas de dents, tympan apparent. Vertèbres aplaties, côtes soudées entre elles, quatre pattes pentadactyles.*

Quatre groupes :

CHÉLONIENS..	Carapace bombée, pattes terminées par des moignons immobiles..............	*Chersites.*
	Carapace peu bombée, pattes palmées, doigts mobiles	*Élodites.*
	Carapace déprimée, doigts adaptés à la natation, mobiles....................	*Potamites.*
	Carapace déprimée, doigts adaptés à la natation et immobiles................	*Thalassites.*

Chersites. — Tortues terrestres. Pattes et tête rétractiles, les pattes antérieures possèdent cinq ongles, les postérieures quatre. Une espèce française : *Testudo græca,* à plastron immobile. Deux autres espèces européennes : *T. mauritanica* et *T. marginata,* à plastron mobile.

Élodites. — Tortues des marais. On les divise en *Cryptodères*, qui ont la tête rétractile, exemple : *Cistudo europæa* du Midi de la France, et *Pleurodères*, qui ne peuvent qu'incliner la tête de côté.

Potamites. — Tortues fluviatiles. Carapace à pourtour cartilagineux. Tête et pattes non rétractiles. Américaines et africaines, exemple : *Trionyx*, à morsure dangereuse.

Thalassites. — Tortues de mer. Pattes non onguiculées et non rétractiles ainsi que la tête. Atteignent une grande taille : Tortue franche (*Chelonia esculenta*), Caret (*Chelonia imbricata*), fournissant l'écaille la plus estimée.

II. — Les Oiseaux.

Amniens, bipèdes. Cœur double à quatre cavités. A sang chaud. Température constante. Membres antérieurs adaptés au vol. Plumes; respiration pulmonaire. Ovipares.

Appareil digestif. — Mâchoires toujours démunies de dents et recouvertes par un étui corné, le *bec*. Langue mince, coriace, parfois charnue, protractile quelquefois. L'œsophage présente un jabot où s'accumulent les aliments et qui contient après l'incubation une substance rappelant le lait, employée pour l'alimentation des jeunes. A la surface de l'œsophage se trouvent les glandes salivaires.

L'estomac est divisé en un *ventricule succenturié* supérieur, pourvu de glandes pepsiques et où s'accomplissent les phénomènes chimiques de la digestion, et un *gésier* inférieur à parois musculeuses fortes, servant à la trituration des aliments.

Intestin court. Le gros intestin présente des cæcums terminaux qui ne font défaut que rarement; il aboutit à un cloaque, dans la partie postérieure duquel s'ouvre une poche glandulaire, la *bourse de Fabricius*, dont l'utilité est mal connue.

Le foie est volumineux ; il présente deux canaux cholédoques et une vésicule biliaire ; le pancréas est placé dans une anse de l'intestin.

Appareil circulatoire. — Cœur à quatre cavités, aorte recourbée vers la droite, système porte rénal à peine indiqué. Le ventricule droit enveloppe le ventricule gauche. Un canal thoracique, des cœurs lymphatiques (fig. 70). Globules elliptiques, gros.

Appareil respiratoire. — Caractérisé par neuf réservoirs ou *sacs aériens*, communiquant avec le poumon. Pas de plèvre, anneaux de la trachée incomplets. Bronches courtes. Poumons non lobés;

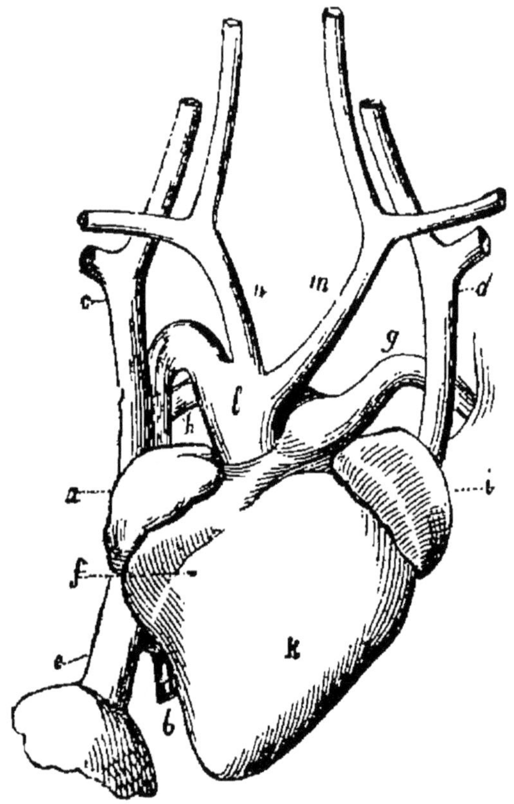

Fig. 70. — Organes de circulation d'un Oiseau. — *f*, *k*, ventricules droit et gauche. — *a*, *i*, oreillettes droite et gauche. — *b*, veine cave inférieure. — *c*, *d*, veines caves supérieures. — *g*, *h*, artères pulmonaires. — *mn*, tronc brachio-céphalique. — *l*, aorte. — *e*, veine porte avec un fragment du foie.

leur face supérieure adhère à la voûte du thorax; la face inférieure, par cinq orifices, communique avec les sacs aériens : 1° les sacs *intra-thoraciques* sont constitués par deux paires de réceptacles (*sacs thoraciques antérieurs* et *postérieurs*); 2° les sacs *extra-thoraciques* comprennent un sac *intra-claviculaire* impair et deux paires de sacs *cervicaux* et *abdominaux*. Les sacs extra-thoraciques se prolongent jusque dans des cavités *pneumatiques* creusées dans les os.

La trachée s'ouvre dans le pharynx par simple boutonnière.

Appareil urinaire. — Reins trilobés, uretères s'ouvrant dans le cloaque. Pas de vessie.

Appareil reproducteur. — Glande mâle paire, située en avant des reins et portant sur le côté interne un épididyme; les canaux déférents s'ouvrent dans le cloaque; la présence d'une vésicule séminale n'est pas constante.

La glande femelle ne présente chez l'adulte que l'ovaire et l'oviducte gauches; l'ovaire et l'oviducte droits s'atrophient.

Squelette. — Os du crâne soudés de bonne heure, formant une boite articulée avec la colonne vertébrale par un condyle unique, en avant du trou occipital. Les os de la face présentent une certaine mobilité. Les deux mâchoires sont mobiles. La mandibule supérieure est constituée uniquement par les intermaxillaires, *Pmx*. La mâchoire inférieure porte à chacune de ses branches une cavité qui s'articule avec un os très mobile, l'*os carré*, *Qu*. Les branches de l'hyoïde sont souvent très longues (fig. 71).

Dans le rachis, la région cervicale est très mobile; elle comprend vingt vertèbres cervicales; la région lombaire n'est pas distincte. Les régions sacrées et dorsales sont fixes et les vertèbres en sont soudées; la région coccygienne est peu mobile et se termine par un *pygostyle*, pièce en forme de soc de charrue.

Le sternum est large, pourvu ou non d'une crête médiane, le *bréchet* (fig. 72), où s'insèrent les muscles des ailes. Les côtes sont munies dans la portion moyenne d'une apophyse *récurrente*, appuyée sur la face externe de la côte suivante. Les deux premières côtes sont libres, les autres s'articulent avec des os

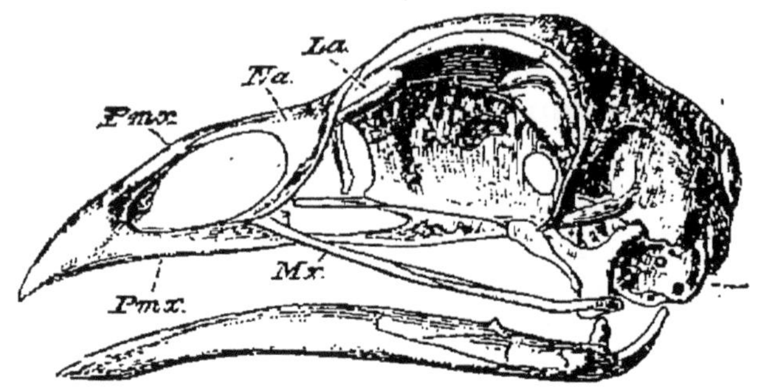

Fig. 71. — Crâne d'Oiseau, vu de profil. — *Mx*, maxillaire. — *Na*, nasal. — *La*, lacrymal.

dits *sternaux*, s'articulant eux-mêmes avec le sternum.

La ceinture scapulaire compte trois os : *omoplate*,

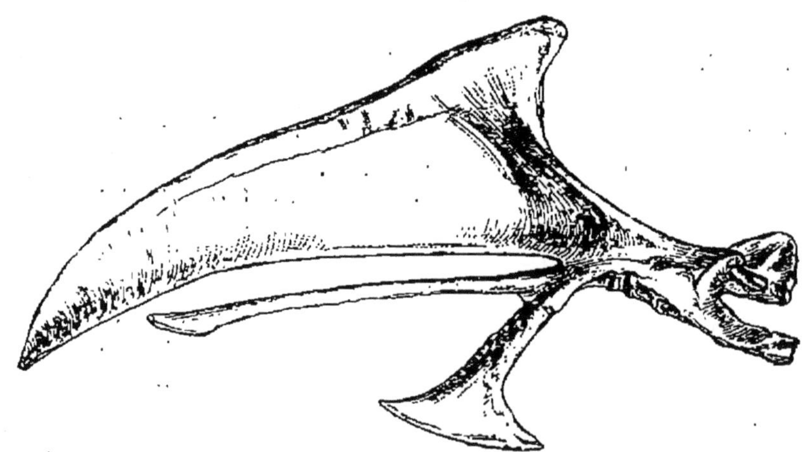

Fig. 72. — Sternum d'Oiseau.

en forme de sabre (*sc*, fig. 73), *clavicule* (*f*), et *os coracoïde* (*co*), fixés au sternum. Les deux clavicules de chaque côté se soudent au-dessus du sternum pour former la fourchette.

La longueur de l'humérus varie beaucoup.

L'avant-bras comprend toujours un radius et un cubitus plus volumineux et portant des tubercules correspondant à l'insertion des plumes. Le carpe comprend deux os (*radial* et *cubital*), ou bien un seul (*radial*). Le métacarpe est composé de deux os, sou-

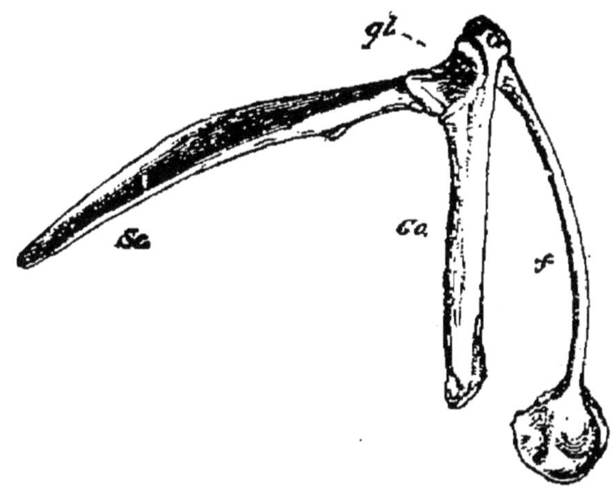

Fig. 73. — Ceinture scapulaire d'un Oiseau. — *gl*, cavité glénoïde.

dés à une extrémité et séparés au milieu. L'aile n'a que trois doigts au maximum.

La ceinture pelvienne comprend un ischion, un ilion et un pubis, formant un arc incomplet.

Le fémur est court, le péroné rudimentaire, le tarse est soudé d'une part au tibia de l'autre au métatarse : il ne constitue pas un os distinct ; le métatarse est formé d'une seule pièce, *os canon*. Jamais plus de quatre doigts au membre postérieur. Le pouce est dirigé en arrière, le quatrième doigt ou *doigt externe* est parfois postérieur, ou peut être ramené en arrière à la volonté de l'Oiseau.

Extérieur. — Les plumes se développent comme des poils. Une plume se compose de la racine, du bulbe, de la hampe, du rachis, de la barbe et des barbules. On leur donne divers noms. Les grosses plumes (*pennes*) se distinguent en *rectrices* (plumes de la queue) et *rémiges* (plumes de l'aile). Les plumes du pouce sont dites *bâtardes*, celles de la main, *pri-*

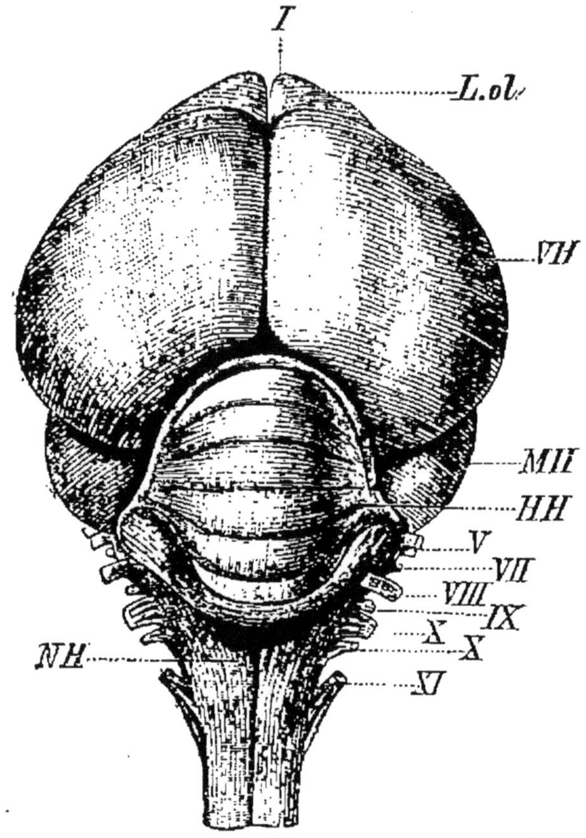

Fig. 74. — Cerveau d'Oiseau vu dorsalement. — Les chiffres romains indiquent les racines des nerfs. — *Lol*, lobe olfactif. — MH, cerveau moyen. — NH, bulbe.

maires, de l'avant-bras, *secondaires*, et de l'humérus, *scapulaires*.

La base des pennes est couverte par les *tectrices*, parfois très développées, surtout celles qui couvrent les rectrices. Chez certains Oiseaux, un éperon corné se substitue aux rémiges du pouce.

Appareil phonateur. — Le larynx est double. Le larynx supérieur n'est pas muni de cordes vocales. Le syrinx ou larynx inférieur peut varier de position : il est à la jonction de la trachée et des bronches, à l'extrémité inférieure de la trachée ou à l'extrémité supérieure des bronches. C'est l'appareil musical des Oiseaux.

Système nerveux. — Hémisphères lisses VH. Pas de mésolobe, tubercules quadrijumeaux réduits à deux, cervelet HH avec un lobe médian considérable et des lobes latéraux petits (fig. 74). Pas de protubérance annulaire. La moelle présente dans la région lombo-sacrée un *sinus* dit *rhomboïdal*, qu'emplit une substance gélatineuse et sans rapport avec le canal médullaire.

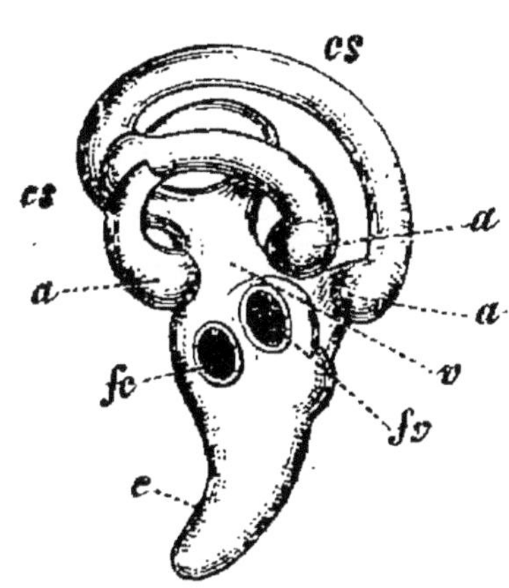

Fig. 75. — Oreille interne d'Oiseau. — *fv*, *fc*, fenêtres ovale et ronde. — *cs*, canaux semi-circulaires avec une ampoule *a*. — *v*, vestibule.

Organes des sens. — Peau couverte de plumes. Derme mince, riche en corpuscules tactiles, qui font hérisser les plumes.

Goût peu développé, odorat obtus.

Pas d'oreille externe, parfois un rudiment de pavillon. Oreille moyenne en rapport avec des cavités (*cellules*) creusées dans les os du crâne ; un os, la *columelle*, correspondant à l'étrier des Mammifères, traverse toute l'oreille moyenne. Les trompes d'Eustache s'unissent en un seul limaçon presque droit, *c*, terminé par un renflement dans sa partie membraneuse (*lagena*, fig. 75).

Œil muni de trois paupières : l'inférieure seule

mobile. Une paupière interne (*membrane nictitante*) peut glisser sur le globe oculaire et revenir sur elle-même par élasticité. Cristallin sphérique. Glande lacrymale petite, une glande particulière (*glande de Harder*) accompagne la membrane nictitante. La sclérotique est cartilagineuse et renferme un anneau osseux. La pupille est circulaire, et derrière le cristallin, C, une membrane plissée, vasculaire, le *peigne*, P, agit d'une manière encore peu connue. On pense qu'elle nourrit le corps vitré (fig. 76).

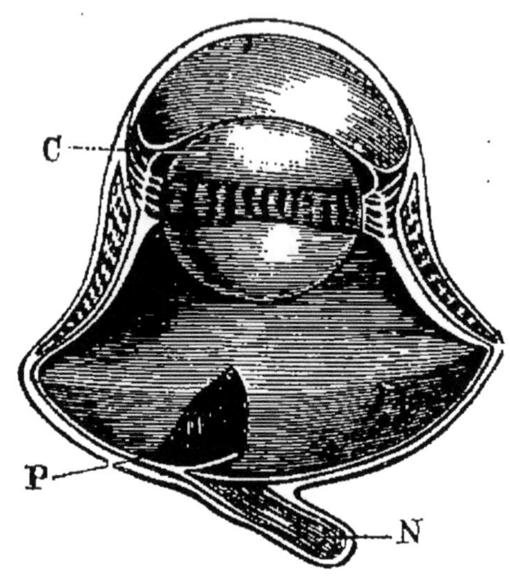

Fig. 76. — Œil d'Oiseau. — N, nerf optique.

Classification. — Deux grandes classes, suivant que le sternum porte ou ne porte pas de bréchet :

Oiseaux.	Sternum dépourvu de bréchet médian. *Acarinates.*		*Coureurs.*
	Sternum pourvu d'un bréchet *Carinates.*	Doigts palmés, pattes courtes......	*Palmipèdes.*
		Doigts libres ou palmés, pattes longues........................	*Échassiers.*
		Bec non crochu, doigts libres ou non, pattes longues.................	*Gallinacés.*
		Bec non crochu à base membraneuse, doigts libres....................	*Colombidés.*
		Bec non crochu, à base cornée	*Passereaux.*
		Bec crochu, un seul doigt postérieur.	*Rapaces.*
		Bec crochu, deux doigts postérieurs.	*Préhenseurs.*

Coureurs. — Ce sont de très grands Oiseaux aux ailes impropres au vol, pas de rémiges ni de rectrices.

Les uns n'ont pas de pouce. Ce sont les Autruches

(*Struthio*), Nandous (*Rhéa*), Casoars (*Casuarius*), d'Afrique, d'Amérique et d'Océanie.

D'autres ont un pouce. Ce sont les *Apteryx* de Tasmanie et de Nouvelle-Zélande.

Palmipèdes. — *Oiseaux nageurs, pattes courtes, doigts palmés. Jambes emplumées. Ailes en général bien conformées pour le vol.*

PALMIPÈDES.	Bec couvert d'une peau, garni de lamelles transversales ou dentelées. *Lamellirostres*........	Bec élargi, lamelleux............	*Anatidés.*
		Bec effilé, dentelé au bord............	*Mergidés.*
	Bec corné. Ailes longues. Pouce libre. *Longipennes*...............	Narines tubuleuses.	*Procellaridés.*
		Narines non tubuleuses	*Laridés.*
	Bec variable. Ailes longues. Pouce réuni aux doigts. *Totipalmes*....	Membrane palmaire très échancrée...	*Tachypétidés.*
		Membrane palmaire entière..........	*Stéganopodidés.*
	Bec aplati. Ailes courtes. *Brachyptères*.........	Ailes emplumées...	*Colymbidés.*
		Ailes écailleuses...	*Apténidés.*

Lamellirostres. — *a*) Les principaux *Anatidés* sont : Cygnes (*Cygnus*), au cou long ; Oies (*Anser*), au cou moyen ; Canards (*Anas*), au cou court ; Eiders (*Somateria*), des régions boréales, fournissant un fin duvet.

b) Les *Mergidés* nagent en ne laissant que la tête hors de l'eau : Harles (*Mergus*).

Longipennes. — Marins, mais ils s'avancent souvent dans les terres.

a) *Procellaridés.* — Pétrels (*Procellaria*), Albatros *Diomedea*)..... . . . .

b) *Laridés.* — Mouettes et Goélands (*Larus*), Hirondelles de mer (*Sterna*).

Totipalmes. — Marins aussi, nageurs et plongeurs.

a) *Tachypétidés.* — Frégates (*Tachypetes*), ailes longues, très bons voiliers.

b) *Stéganopodidés.* — Phaétons, Fous (*Sula*), Pélicans (*Pelicanus*), Cormorans (*Phalacrocorax*).

Brachyptères. — Se tiennent verticalement, habitent la haute mer et viennent à terre pour se reproduire.

a) Les *Colymbidés* sont représentés par les Grèbes (*Podiceps*), Plongeons (*Colymbus*) et Pingouins (*Alca*).

b) Les *Apténidés* ont les plumes des ailes semblables à des écailles, ils nagent à l'aide de celles-ci et ne volent pas. Ils habitent les mers antarctiques : Manchots (*Aptenodytes*) et Sphénisques (*Spheniscus*).

Échassiers. — *Jambes, cou et bec allongés. Doigts, souvent unis par une membrane. Ailes bien conformées pour le vol.*

Oiseaux migrateurs. Ils ont les jambes nues à partir de l'articulation tibio-tarsienne. Se nourrissent d'animaux et de coquilles aquatiques. Nichent à terre ou sur des arbres. En volant, étendent leurs longues pattes en arrière.

Trois groupes principaux :

ÉCHASSIERS.	Doigts porteurs d'une membrane.	Longs. *Macrodactyles.*	Ailes éperonnées..	*Plectroptères.*
			Ailes non éperonnées...........	*Psiloptères.*
		Courts. *Hérodactyles.*	Bec comprimé....	*Pressirostres.*
			Bec pointu, gros et long...........	*Cultrirostres.*
			Bec long, grêle et faible..........	*Longirostres.*
	Pieds palmés. *Palmatodactyles.*			

Macrodactyles. — a) *Plectroptères.* — Les Kamichis sont des Oiseaux américains domestiqués, gardiens des volailles.

b) *Psiloptères.* — Les *Rallidés* ont le bec nu, comme les Râles d'eau ou de genêt. Les *Gallinulidés* ont le bec parfois surmonté d'une plaque frontale, comme la Poule d'eau et les Foulques.

Hérodactyles. — *a*) Les *Pressirostres* volent mal,

mais courent bien : les Outardes (*Otis*), les Pluviers (*Charadrius*), les Vanneaux (*Vanellus*).

b) Les *Cultrirostres* ont des pattes longues, tétradactyles : l'Agami (*Psophia*), domestiqué dans l'Amérique du Sud, les Grues (*Grus*), les Hérons (*Ardea*), les Cigognes (*Ciconia*), les Spatules (*Spatula*).

c) Les *Longirostres* comprennent lès Ibis (*Ibis*), les Courlis (*Numenius*); les Bécasses (*Scolopax*) et les Bécassines (*Gallinago*).

Palmatodactyles. — Le type est le Flamant aux ailes roses (*Phœnicopterus*).

Gallinacés. — *Bec fort, muni d'une membrane basilaire. Doigts antérieurs portant à l'origine une membrane. Ailes mal conformées pour le vol.* Ce sont les Oiseaux de basse-cour.

On les divise en deux groupes :

GALLINACÉS.	Doigts antérieurs bordés. *Passéripèdes.*			
	Doigts unis par une membrane. *Grallipèdes* ...	Tarse emplumé, pas d'éperon.		*Tétraonidés.*
		Tarse nu, un éperon.	Œufs bicolores. .	*Perdicidés.*
			Œufs unicolores.	*Gallidés.*

Passéripèdes. — Ils n'habitent pas l'Europe. Il faut nommer parmi eux la Lyre (*Menura lyra*), qui a la taille d'une Poule et dont les rectrices extérieures de la queue figurent, chez le mâle, une lyre ; le *Tallégale*, d'Australie, amasse des feuilles sèches, au milieu desquelles il dépose ses œufs, que la chaleur de la décomposition végétale fait éclore.

Grallipèdes. — *a*) Les *Tétraonidés* habitent les régions boréales : ce sont les Gélinottes et les Coqs de bruyère (*Tetrao*), les Lagopèdes (*Lagopus*) aux doigts emplumés.

b) Les *Perdicidés* renferment les Perdrix (*Perdix*) et les Cailles (*Coturnix*).

c) Les *Gallidés* se divisent en deux groupes : l'un

contient des Oiseaux, *dont la queue est tectiforme*, ce sont les Coqs, les Poules et les Faisans; l'autre renferme ceux qui ont la *queue convexe :* les Paons (*Pavo*), les Dindons (*Meleagris*) et les Pintades (*Numida.*)

Colombidés. — *Bec droit, faible, portant une membrane à la base; doigts libres.*

Les uns ont la tête surmontée d'une touffe de plumes en éventail, ce sont les *Gouras* de la Nouvelle-Guinée.

Les autres sont dépourvus d'éventail ; ce sont : les *Columbus :* Colombes, Ramiers (*Columbus palumbus*), le Biset) (*C. Livia*), souche des Pigeons domestiques, les Ectopistes, ou Pigeons voyageurs (*Ectopistes migratorius*).

Passereaux. — *Bec corné à la base, pattes courtes, doigt externe pouvant être versatile, dirigé en avant ou en arrière, ongles grêles, incurvés.*

Ces Oiseaux présentent de grandes variations dans leurs formes et leurs mœurs ; ils ne sont aptes ni à fouiller le sol, ni à nager, ni à saisir une proie ; ce sont des Oiseaux chanteurs et percheurs :

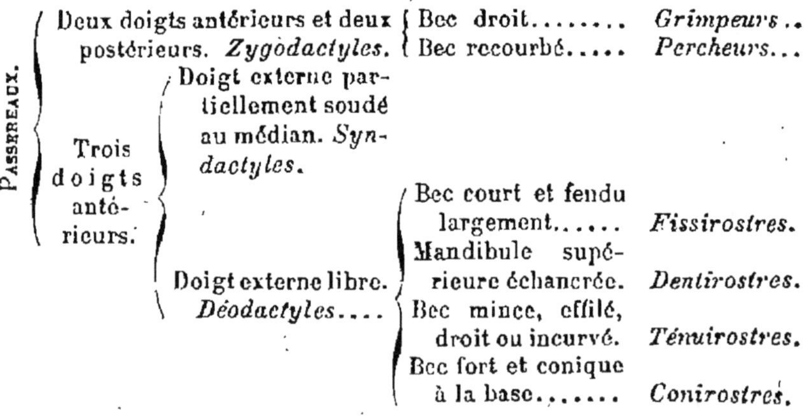

Passereaux.	Deux doigts antérieurs et deux postérieurs. *Zygodactyles.*		Bec droit........	*Grimpeurs..*
			Bec recourbé.....	*Percheurs...*
	Trois doigts antérieurs.	Doigt externe partiellement soudé au médian. *Syndactyles.*		
		Doigt externe libre. *Déodactyles....*	Bec court et fendu largement......	*Fissirostres.*
			Mandibule supérieure échancrée.	*Dentirostres.*
			Bec mince, effilé, droit ou incurvé.	*Ténuirostres.*
			Bec fort et conique à la base.......	*Conirostres.*

Zygodactyles. — *a*) Les *Grimpeurs* sont des Oiseaux insectivores à bec droit, à langue protractile : Pics (*Picus*), Torcols (*Yunx*).

b) Les *Percheurs* ont le bec courbé et sont de dimensions ordinaires : Coucous (*Cuculus*), Toucans (*Ramphastos*).

Syndactyles. — Oiseaux à bec long et faible, insectivores ou baccivores : Huppes (*Upupa*), Martins-Pêcheurs (*Alcedo*), Échelettes (*Trichodroma*), dont une espèce, habitant les Alpes, vole comme un Papillon ; Grimpereaux (*Certhia*), Calaos (*Buceros*).

Déodactyles. — *a*) Les *Fissirostres* sont insectivores, la base du bec est souvent poilue, l'ongle médian est dentelé : Engoulevents (*Caprimulgus*), Martinets, (*Cypselus*), tarse et becs courts; Hirondelles (*Hirundo*), tarse et bec longs ; Salanganes (*Collocalia*), Martinets à glandes salivaires très développées : l'une d'elles, *C. Linchi*, de Java, construit avec une épaisse salive, un nid qui se dessèche rapidement et qui est recherché comme comestible.

b) Chez les *Dentirostres*, insectivores et baccivores, la mandibule supérieure est échancrée près de la pointe. Les uns ont le bec comprimé, Pies-Grièches (*Lanius*), Loriots (*Oriolus*), Paradisiers (*Paridisæa*), d'autres le bec déprimé : Gobe-Mouches (*Muscicapa*). Parmi les autres Dentirostres, citons : les Merles (*Turdus*), les Cincles (*Cinclus*), qui volent sous l'eau, les Alouettes (*Alauda*), les Bergeronnettes (*Motacilla*).

c) Les *Ténuirostres* sont *Percheurs* ou *Marcheurs*.

Parmi les Percheurs, les Oiseaux-Mouches (*Trochilus*), sont les plus petits des Oiseaux ; les uns ont le bec droit, Oiseaux-Mouches, les autres le bec arqué, Colibris, ils sont américains, et représentés dans l'ancien monde par les Nectarinidés ; le Rossignol (*Philomela*); les Roitelets (*Regulus*); les Fauvettes (*Sylvia*).

Les Marcheurs sont les Rouges-Gorges (*Rubecula*).

d. Les *Conirostres* ont très rarement le bec échancré.

ils sont granivores ou insectivores. Ce sont les Corbeaux (*Corvus*), les Geais (*Garrulus*), les Étourneaux (*Sturnus*), les Chocards (*Pyrrhocorax*) et les Pies (*Pica*) ; les Tisserins (*Ploceus*), les Moineaux (*Passer*), les Verdiers (*Fringilla*), à la famille desquels appartiennent le Linot, le Chardonneret, le Bouvreuil (*Pyrrhula*), enfin les Mésanges (*Barus*).

Rapaces. — *Bec crochu. Trois doigts antérieurs et un postérieur, armés de serres.*

Oiseaux carnivores, se nourrissent de proies vivantes ou de cadavres; rendent par la bouche les poils et plumes sous forme de pelotes. Femelles plus grandes que les mâles. On les classe ainsi :

RAPACES.	Yeux latéraux, doigt externe dirigé en avant. *Diurnes*......	Pattes courtes.	Tête et cou emplumés.	*Falconidés.*
			Tête et cou nus......	*Vulturidés.*
		Pattes longues.	Tête et cou emplumés.	*Serpentaridés.*
	Yeux antérieurs entourés d'un disque, doigt externe versatile. *Nocturnes*..........	Tête ronde démunie d'aigrette..........		*Ululidés.*
		Tête aplatie munie de deux aigrettes......		*Otidés.*

Rapaces diurnes. — Ils ont le plumage raide, leur vol est bruyant.

a) Parmi les *Falconidés*, les uns ont le bec courbé dès la base, la mandibule supérieure dentelée légèrement, les ailes pointues : Faucons (*Falco*), Gerfauts (*Hierofalco*). D'autres ont le bec dépourvu de dentelures et les ailes tronquées : Aigles (*Aquila*), Pygargues (*Haliœtus*), Orfraies (*H. Nisus*), Balbusards (*Pandion*), Autours (*Astur*), Éperviers (*Accipiter*), Milans (*Milvus*), Buses (*Buteo*), Busards (*Circus*).

Une autre famille a le bec droit à sa base, c'est celle des Gypaètes (*Gypaetus*).

b) Les *Vulturidés* renferment les Vautours (*Vultur*), et les Condors (*Sarcoramphus*).

c) Les *Serpentaridés* renferment le genre Serpentaire (*Gypogeranus*), domestiqué en Afrique et employé à la destruction des Reptiles.

Rapaces nocturnes. — Ils ont les yeux entourés d'une collerette de plumes et le plumage doux.

a) Les *Ululidés* renferment les Chouettes (*Ulula*), les Effraies (*Strix*), les Hulottes (*Syrnium*).

b) Les *Otidés* renferment les Ducs (*Bubo*), les Hiboux (*Otus*) et les *Scops* ou Petits-Ducs.

Préhenseurs. — *Bec fort, à mandibule supérieure crochue; à deux doigts antérieurs et deux postérieurs. Les narines sont percées dans une membrane. Langue charnue propre au langage articulé.*

On les divise en deux groupes :

PRÉHENSEURS.	Préhenseurs à queue courte.........	*Microcerques.*
	Préhenseurs à queue longue........	*Macrocerques.*

Microcerques. — Ce sont les Perroquets proprement dits (*Psittacus*), à queue carrée le plus souvent. Une famille, *Strigops*, est nocturne.

Macrocerques. — Ce sont les Aras (*Ara*), les Perruches (*Conurus*), les Mélopsittes (*Melopsittacus*), parmi lesquels les Inséparables (*M. undulatus*) ou Perruches ondulées.

CHAPITRE XV

LES MAMMIFÈRES.

Le perfectionnement des organes atteint chez les Mammifères son plus haut degré.

Vertébrés à température constante; amniens et allantoïdiens; pourvus de mamelles sécrétant un liquide au moyen duquel le jeune utilise les matériaux nutritifs assimilés par la mère; respiration pulmonaire;

circulation double; cœur à quatre cavités; température constante; possédant un crâne articulé au rachis par deux condyles occipitaux; couverts de poils; membres disposés, en général, pour la marche; vivipares (sauf les Monotrêmes).

Appareil digestif. — La bouche et la cavité pharyngienne antérieure sont logées dans la tête; une partie de l'œsophage et la partie postérieure du pharynx dans le cou; le reste de l'appareil est contenu dans le tronc, qu'une cloison musculaire, le *diaphragme*, divise en thorax et abdomen; l'œsophage le traverse, puis pénètre dans l'estomac; l'intestin grêle est divisé en *duodénum*, *jéjunum* et *iléon*, très sinueux et enveloppé par le péritoine. L'intestin est plus long chez les Herbivores que chez les Carnivores. La valvule *iléo-cæcale* sépare l'iléon du gros intestin. Celui-ci se divise en *cæcum*, *côlon* et *rectum*. Le cæcum est situé au-dessus de la valvule, le côlon se divise en côlon *ascendant*, côlon *descendant* et côlon *transverse*, la partie contournée qui le termine est l'S iliaque; le rectum est droit et se termine par l'anus.

La bouche est limitée par des muqueuses, soutenues ou non par des os. Le plafond en est formé par un os (*palatin*) indépendant de la base du crâne; le plancher et les parois latérales (joues) sont membraneux. En avant, des replis charnus (lèvres) servent à la préhension des aliments. La langue, insérée sur l'os hyoïde, est très musculaire et très sensible.

Les maxillaires sont creusés d'alvéoles pour les dents. Il y a une dentition dite *de lait*, précédant la dentition définitive. On compte à la mâchoire trois sortes de dents : les *incisives*, tranchantes, situées en avant (sur un os *prémaxillaire*); les *canines*, aiguës, insérées sur les maxillaires mêmes; les *molaires*, à large couronne et ayant deux ou trois racines. Les molaires de la première dentition sont dites *prémolaires*. Pour chaque mâchoire et d'un même côté, l'Homme, par exemple, présente deux incisives, une canine et cinq molaires, soit trente-deux dents, car la dentition est identique sur les deux maxillaires. Il n'en est pas toujours ainsi : la mâchoire inférieure peut être armée d'une manière autre que la mâchoire supérieure ; aussi dans une *formule dentaire* représente-t-on toujours la dentition de chacune des mâchoires, d'un même côté. Pour l'Homme, on aura deux termes identiques, qu'on écrira : $\frac{2.\ 1.\ 2.\ 3.}{2.\ 1.\ 2.\ 3.}$, ce qui signifie, à la mâchoire supérieure, 2 incisives, 1 canine, 2 prémolaires, 3 molaires, et de même à la mâchoire inférieure. La formule $\frac{4.\ 1.\ 3.\ 4.}{3.\ 1.\ 3.\ 4.}$ représenterait celle d'un Mammifère ayant au maxillaire supérieur 4 incisives, 1 canine, 3 prémolaires et 4 molaires, et à la mâchoire inférieure 3 incisives, 1 canine, 3 prémolaires et 4 molaires.

On compte trois paires principales de glandes salivaires. Le conduit des parotides est le canal de Sténon, celui des sous-maxillaires est le canal de Wharton, et celui des sublinguales, le canal de Bartholin et celui de Rivinus.

La variété des formes de l'estomac est grande, sa complexité remarquable chez les Herbivores. La région pylorique et la région cardiale sont, chez ces animaux, divisées chacune en deux parties. La portion pylorique, qui joue dans la digestion stomacale le rôle prépondérant, semble n'être qu'un appendice. La communication de l'œsophage à cette région s'établit par la *gouttière œsophagienne*, qui s'entr'ouvre quand les aliments non mâchés y arrivent. Ils peuvent s'entasser dans une vaste poche cardiale, la *panse*. De la panse, les aliments passent dans le *bonnet*, dont la muqueuse est fortement plissée ; de là, ils remontent dans la bouche, où ils subissent une longue mastication, et une salivation qui les rend tellement fluides, qu'à leur arrivée à la gouttière, ils ne peuvent plus ouvrir celle-ci, mais la suivent et pénètrent ainsi dans le *feuillet*, à muqueuse très abondante en papilles. De là, ils passent dans la région terminale, la *caillette*, fermée, comme chez tous les Mammifères, par une valvule pylorique.

La muqueuse de l'intestin grêle est plissée de valvules conniventes, c'est dans cette partie que débouchent le canal cholédoque et le canal de Wirsung. La vésicule biliaire fait parfois défaut; en ce cas, le canal cholédoque s'accole au canal de Wirsung et tous deux se jettent dans une poche commune, l'*ampoule de Water*.

Le cæcum manque ou est très réduit chez les Carnivores, il est au contraire très développé chez les Herbivores; il présente chez les Rongeurs une valvule spirale et parfois porte un appendice mince, dit *appendice vermiculaire*.

Appareil circulatoire. — Le cœur présente deux oreillettes et deux ventricules, l'une de ses moitiés est veineuse, l'autre artérielle. Des arcs aortiques embryonnaires, le premier gauche persiste. Cette aorte emmène hors du ventricule gauche le sang hématosé. A sa sortie du ventricule, elle donne deux *artères coronaires*, qui serpentent sur le cœur même ; elle monte dans le péricarde, se recourbe à gauche (*crosse de l'aorte*) et descend, traverse la cavité thoraco-abdominale sous les noms d'*aorte thoracique* et d'*aorte abdominale*, puis se divise en trois branches, les *iliaques primitives* et une *artère sacrée* qui longe le *sacrum*. De la crosse, partent, vers la tête, les *carotides* primitives et les *sous-clavières*. Chacune des premières se divise en deux branches, l'une externe (*carotide externe*), dont un rameau (*artère temporale*) se ramifie sur la face et dans les organes de mastication, d'olfaction, d'audition (*a. maxillaire interne*). La branche interne (*carotide interne*) irrigue l'œil et la partie antérieure du cerveau. Le reste de l'encéphale et la moelle épinière reçoivent une branche de la sous-clavière, la *vertébrale*. La sous-clavière nourrit le bras, elle donne l'artère *axillaire* qui passe dans le creux de l'aisselle, l'*humérale* qui traverse le bras dans sa longueur et se divise au coude en une *radiale* et une *cubitale*. L'aorte thoracique se distribue à l'œsophage, aux espaces intercostaux, aux bronches, elle nourrit les poumons. De l'aorte abdominale part le tronc *cœliaque*, qui va aux viscères, se divise en artères *stomachique* et *hépatique* allant au foie et à l'estomac, artère *splénique* irriguant la rate, *mésentérique*, *rénale*, *spermatique* ou *ovarienne*.

Les iliaques primitives se divisent en une iliaque interne ramifiée dans le bassin et une iliaque externe qui traverse la cuisse (*a. fémorale*), le creux du jarret (*a. poplitée*) et là se ramifie en une *tibiale* et une *pédieuse* d'une part, une *péronière* et une *tibiale postérieure* de l'autre.

L'*artère pulmonaire* est le principal vaisseau de la petite circulation, elle naît du ventricule droit, se bifurque au-dessous de l'aorte, et ses rameaux se ramifient encore dans chaque organe respiratoire.

Quatre *veines* pulmonaires ramènent le sang hématosé au cœur, elles débouchent dans le ventricule gauche par quatre orifices.

Toutes les veines se réunissent dans deux troncs principaux, la *veine cave inférieure* et la *veine cave supérieure*. La première résulte de la fusion des *veines iliaques primitives*, correspondant aux artères de ce nom. On peut ajouter qu'à chaque artère correspond une veine au moins qui l'accompagne sur tout son trajet. La *veine cave supérieure* résulte de l'union des troncs brachio-céphaliques veineux, ceux-ci résultent de même de la fusion d'une veine *jugulaire* descendant de la tête avec une veine *sous-clavière* venant du bras. La veine *azygos* met en communication les deux veines caves : elle est située le long de la colonne vertébrale.

Nous résumons dans le tableau suivant les principales artères et les principales veines d'un Mammifère supérieur (1) :

Artères.

- Pulmonaire.
- Aorta.
  - Crosse....
    - Tronc brachio-céphalique
      - Carotide primitive droite.
        - Carotide interne.
        - Carotide externe.
      - Sous-clavière droite.
        - Axillaire.
        - Humérale.
        - Radiale.
        - Cubitale.
    - Carotide primitive gauche.
    - Sous-clavière gauche.
    - Coronaires.
  - Thoracique.
    - Œsophagiennes.
    - Intercostales.
      - Dorsales.
      - Spinales.
  - Abdominale.
    - Diaphragmatiques.
    - Tronc cœliaque.
      - Stomachique.
      - Hépatique.
      - Splénique.
    - Mésentériques.
      - Supérieures.
      - Inférieures.
    - Rénales.
    - Spermatiques ou utéro-ovariennes.
    - Lombaires.
    - Sacrée.
    - Iliaques primitives.
      - Iliaque interne (hypogastrique).
      - Iliaque externe..
        - Fémorale.
        - Poplitée.
        - Tibiale antérieure.
        - Tronc tibio-péronier

(1) Pour des détails complets à ce sujet, consulter Paul Lefort, *Aide-mémoire d'anatomie à l'amphithéâtre.*

Veines.

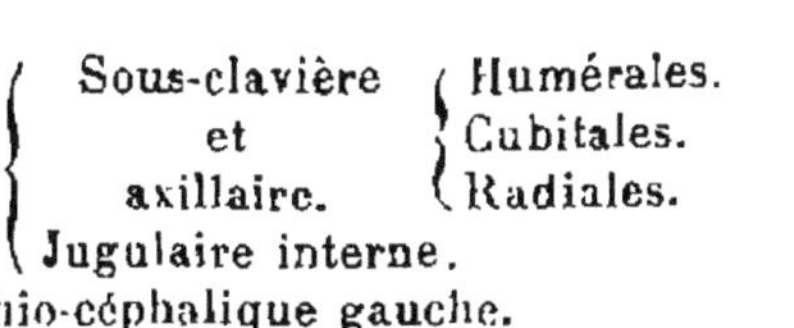

- Veines pulmonaires.
- Veine cave.
  - Supérieure
    - Tronc brachio-céphalique droit.
      - Sous-clavière et axillaire.
        - Humérales.
        - Cubitales.
        - Radiales.
      - Jugulaire interne.
    - Tronc brachio-céphalique gauche.
  - Inférieure.
    - Iliaques primitives.
      - Iliaque interne.. Hypogastrique.
      - Iliaque externe.
        - Fémorale.
        - Poplitée.
        - Tibiale.
    - Sus-hépatiques.
    - Rénales.
    - Diaphragmatiques.
- Veine porte...
  - Grande mésaraïque.
  - Splénique.

Chez les Mammifères, l'appareil lymphatique présente deux canaux principaux : l'un amène dans la veine sous-clavière gauche la lymphe de la moitié gauche du corps, c'est le *grand canal thoracique*; l'autre déverse dans la sous-clavière droite la lymphe de la moitié droite du corps, c'est la *grande veine lymphatique*.

APPAREIL RESPIRATOIRE. — L'appareil respiratoire est composé de deux poumons suspendus dans la cage thoracique et dans lesquels se ramifient indéfiniment les bronches.

L'artère pulmonaire pénètre dans le poumon au-dessous de la bronche primaire, qu'elle suit sur son côté dorsal, tandis que la veine pulmonaire suit le côté ventral. La trachée, rectiligne, est un tube membrano-cartilagineux cylindrique, placé en avant de l'œsophage; le larynx lui fait suite, sa cavité est tapissée d'un épithélium vibratile; le pharynx suit le larynx, il sert aussi au passage des aliments; enfin l'air pénètre dans le larynx par les cavités nasales, qui se composent des narines ou naseaux, à parois dilatables, et des fosses nasales à parois fixes, communiquant avec des cavités creusées dans les os de la tête (sinus frontaux). Les fosses nasales présentent des replis (*cornets*), séparés par des excavations tapissées par une membrane à cils vibratiles (*membrane pituitaire*). Sauf dans un nombre assez limité de cas, la bouche sert avec les narines à l'entrée de l'air.

Appareil excréteur. — Il comprend les *reins*, les *uretères*, la *vessie* et l'*urètre* (fig. 77). Les reins sont au nombre de deux, situés de chaque côté de la colonne vertébrale, en arrière du péritoine. Leur forme est celle d'un haricot (K, K), avec une échancrure, le *hile*, occupée par le *bassinet*, poche en forme d'entonnoir. Le hile livre passage aux vaisseaux venus de l'aorte (*Ao*) et à ceux qui retournent à la veine-cave inférieure (V, C, I).

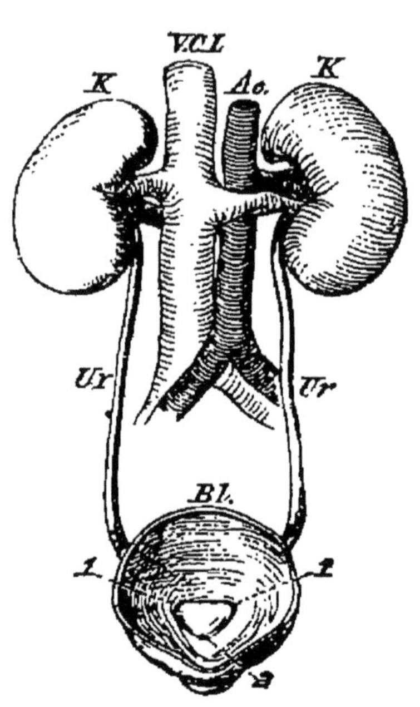

Fig. 77. — Appareil urinaire d'un Mammifère.

Les reins sont enveloppés de deux membranes, l'une adipeuse, l'autre fibreuse, et surmontés des *capsules surrénales*.

Histologiquement, le rein est formé de petits tubes, *canalicules urinifères*, rectilignes à la partie interne, dite *médullaire* (*tubes de Bellini*), courbés aux anses (*anses de Henle*) à leur partie moyenne et entortillés dans la zone externe (*corticale*). Chacun d'eux est terminé par une capsule (*capsule de Bowman*) entourant un petit peloton vasculaire (*glomérule de Malpighi*). Les tubes droits, par leur réunion, constituent les *pyramides de Malpighi*, dont les sommets (papilles) sont entourés de petits cones (*calices*) qui s'ouvrent dans le bassinet.

Les matériaux de l'urine, séparés du sang, s'accumulent dans le bassinet, puis s'en échappent par les uretères (*Ur*), qui s'ouvrent dans la vessie (*Bl*), réservoir musculaire dont la base est formée par un étranglement et dont le sommet est le point de départ d'un cordon qui se rend à l'ombilic; ce cordon est *l'ouraque* et c'est le dernier vestige de l'allantoïde. Les uretères débouchent séparément (1, 1) dans la vessie, mais il n'existe qu'un seul orifice et canal de sortie (2), l'*urètre*.

Appareil reproducteur. — L'appareil reproducteur comprend les organes mâles et les organes femelles, il est situé dans la partie inférieure du bassin et les conduits vecteurs ont des orifices externes distincts.

La *glande mâle*, toujours paire, se compose d'une grande quantité de tubes flexueux, dont l'épithélium produit les cellules mâles.

La glande se développe dans l'abdomen sur le bord interne du corps de Wolff ou mésonéphros, dont les canalicules la pénètrent et deviennent les tubes séminifères.

Il est rare que la glande mâle reste dans l'abdomen, le plus souvent elle descend dans un canal situé au pli de l'aine (*canal inguinal*) et se loge dans une poche musculo-cutanée, le *scrotum*.

La glande elle-même est composée d'une membrane fibreuse extérieure (*albuginée*) et d'un tissu à la fois conjonctif et vasculaire, qui renferme les tubes séminifères. En un point, la membrane albuginée montre un renflement (*corps de Highmore*), d'où rayonnent des prolongements qui divisent la glande en lobules. Les canalicules séminifères forment des pelotons, leur extrémité périphérique est un cæcum, mais vers le centre, ils se réunissent sous forme de tubes droits qui, gagnant le corps de Highmore, y forment le *réseau de Haller* et sortent de l'organe sous le nom de *canaux efférents*.

Les conduits de la glande mâle sont pairs, sauf l'urètre. Ce sont l'*épididyme*, organe oblong résultant de la fusion des canaux efférents du testicule, auquel il adhère par sa partie antérieure. La partie postérieure se continue avec le *canal déférent*. Annexés à l'épididyme, on rencontre l'hydatide de Morgagni et le paradidyme, qui sont les derniers vestiges, l'un du corps de Wolff, l'autre du canal de Muller.

Le *canal déférent* présente près de sa terminaison une *vésicule séminale*, dont le conduit uni à ce dernier forme le *canal éjaculateur*.

Les canaux éjaculateurs débouchent dans l'urètre de chaque côté d'une crête médiane (*verumontanum*), au centre de laquelle existe l'orifice d'un petit cæcum, l'*utricule prostatique*. L'*urètre*, qui s'étend du col de la vessie à l'extrémité du *pénis*, présente à considérer deux parties, l'une intra-pelvienne, membraneuse, l'autre extra-pelvienne, spongieuse, entourée d'un tissu érectile, *corps spongieux*, qui se termine par un ou deux renflements. A l'intérieur de l'urètre, s'ouvrent les orifices d'un certain nombre de glandes, dont la plus importante entoure le col de la vessie; c'est la *prostate*.

L'accolement de l'urètre à une tige érectile simple ou double (*corps caverneux*) constitue l'organe de l'accouplement, le *pénis*.

L'appareil femelle comprend aussi plusieur parties:

L'*ovaire*, producteur des ovules, est toujours interne et souvent pair. Les ovules se forment dans des vésicules closes, *ovisacs* ou *vésicules de de Graaf*. Le développement de l'ovaire est identique à celui de la glande mâle, seulement l'épithélium péritonéal envoie bientôt dans la profondeur de l'ovaire des prolongements aveugles qui forment les vésicules de de Graaf. Les deux membranes, albuginée et conjonctivo-vasculaire, se retrouvent dans la paroi de l'ovaire. La seconde se différencie en couche corticale, où sont disséminés les ovisacs, et couche médullaire, qui jamais n'en renferme.

Les *oviductes* ou *trompes de Fallope* sont les conduits vecteurs des ovules. Ce sont des canaux musculo-membraneux, tapissés intérieurement de cils vibratiles. Leur extrémité externe est évasée en *pavillon* et s'ouvre près de l'ovaire; l'extrémité interne s'ouvre dans l'utérus.

L'*utérus* est un organe creux, dans lequel se développent les ovules. Il présente : 1° une portion large, le *corps;* 2° une portion rétrécie, le *col.* Sa paroi offre trois couches de fibres lisses; il est *simple, bicorne, bifide*, ou *double.*

Du col de l'*utérus* jusqu'à la *vulve* s'étend un conduit musculo-membraneux, le *vagin*, qui est un organe d'accouplement en même temps qu'un conduit excréteur; il est *simple* ou *double;* le col de l'utérus y fait saillie.

La *vulve* est l'ensemble des organes reproducteurs externes. C'est une fente longitudinale, que terminent quatre replis cutanés externes et internes. Dans la commissure le plus éloignée de l'anus est un petit organe érectile, le *clitoris*, recouvert par les replis internes. Quelquefois il est traversé par l'urètre.

Chez tous les Mammifères, la femelle porte des *mamelles*, glandes qui sécrètent un liquide, le *lait*, destiné à la nutrition du jeune.

Les mamelles sont toujours pourvues d'un prolongement que le jeune animal saisit avec ses lèvres;

c'est le *mamelon*, sur lequel s'ouvrent les conduits vecteurs du lait (*canaux galactophores*). Chez certains Mammifères, comme la Vache, les conduits galactophores se déversent dans un réservoir d'où le liquide s'échappe par un ou plusieurs *trayons*. Les glandes mammaires sont généralement superficielles et ventrales, mais peuvent être *pectorales*, *abdominales* ou *inguinales*.

Appareil locomoteur. — Chez les Mammifères, l'appareil locomoteur comprend les différentes parties énumérées à propos des Vertébrés en général.

Squelette. — Le squelette de la tête se divise distinctement en une *face* et un *crâne*.

La base du crâne comprend un occipital, un sphénoïde et deux temporaux. Le premier porte deux condyles s'articulant avec l'atlas.

Le sphénoïde se divise en un *basi-sphénoïde*, creusé d'un *sinus* et présentant une excavation, la *selle turcique;* un *post-sphénoïde* (grandes ailes du sphénoïde et apophyses ptérygoïdes); et un *pré-sphénoïde* portant les petites ailes et séparé des grandes ailes par la *fente sphénoïdale*. Entre le sphénoïde et l'occipital, s'étendent les temporaux, dans chacun desquels on reconnaît quatre régions : *squamosale*, *tympanique*, *pétreuse* et *mastoïdienne*. Le squamosal, qui forme la *tempe*, porte une *apophyse zygomatique*, qui s'unit à un os de la face, le *jugal*, pour former l'*arcade zygomatique*. Au-dessous de cette apophyse, dans une cavité *glénoïdale*, vient s'articuler le maxillaire inférieur. Le tympanique, qui dépend du squamosal, est en rapport avec l'os *pétreux* ou *rocher*, gouttière formant la caisse du tympan et le conduit auditif externe. Le rocher a la forme d'une pyramide : la base complète le conduit auditif et le sommet porte un trou donnant passage à la *carotide interne*. Le *mastoïdien*, situé en arrière du conduit auditif externe, présente une apophyse mastoïde très développée.

La voûte du crâne comprend les *frontaux* et les *pariétaux*.

Dans la face, on distingue une région buccale et une nasale.

La première est formée de : 1° les *maxillaires supérieurs*, comprenant un *pré-maxillaire* ou os *incisif*. Le corps du maxillaire forme le plancher de l'orbite et est percé du trou *sous-orbitaire*, laissant passage à un *nerf maxillaire ;* 2° les *palatins*, en arrière des maxillaires, formés d'une lame verticale et d'une horizontale ; celle-ci constitue la partie postérieure de la voûte palatine ; celle-là, la paroi des fosses nasales ; 3° les *jugaux* ou *malaires*, formant la partie externe de la face ; 4° le *maxillaire inférieur*, seul os mobile du crâne, constitué par deux moitiés qui se soudent ou non.

Dans la région nasale, on distingue : 1° les *nasaux*, os propre du nez ; 2° les *lacrymaux*, petits et situés entre les os auxquels s'articulent les nasaux ; 3° l'*ethmoïde*, placé en avant du sphénoïde ; 4° le *vomer*, qui forme la partie postérieure des fosses nasales.

L'*hyoïde* est impair et séparé du reste du squelette, il se compose d'un corps en forme de quadrilatère (basi-hyal), de deux cornes antérieures (cérato-hyal) et de deux cornes postérieures (thyro-hyal).

Le squelette viscéral est atrophié, il n'en reste que les osselets de l'oreille, vestiges du premier et du deuxième arc viscéral ; le cérato-hyal et une partie du thyro-hyal sont les restes du deuxième arc ; le basi-hyal et l'autre partie du thyro-hyal sont les traces du troisième.

Les corps vertébraux ne sont point articulés entre eux, leurs faces sont planes ou très légèrement concaves, et l'articulation se fait par des zygapophyses, 4 (fig. 78), réunissant les arcs neuraux. On ne retrouve les traces de la corde dorsale que dans les disques intervertébraux.

Le nombre des vertèbres cervicales est de sept. La première, l'*atlas*, supporte le crâne en s'articulant avec les deux condyles occipitaux ; la deuxième (*axis*) est munie d'une apophyse dite *odontoïde*, autour de laquelle tourne l'atlas; la septième présente une longue apophyse épineuse. Le nombre des

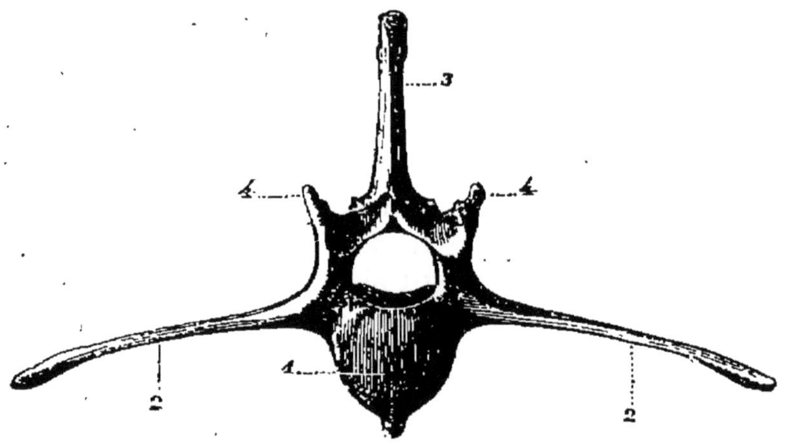

Fig. 78. — Vertèbre de Mammifère. — 1, corps de la vertèbre. — 2, apophyses transverses. — 3, apophyse épineuse. — 4, apophyses articulaires.

dorsales est variable, mais si on les ajoute aux lombaires, le total fait un nombre variant de quatorze à trente. Le sacrum compte de deux à neuf vertèbres souvent soudées en un os unique. Le nombre des caudales est aussi variable. Elles sont soudées chez l'Homme en un seul os, le *coccyx*, tandis que chez certains animaux, on en compte quarante-six.

On compte chez l'Homme douze paires de côtes : sept rejoignent le sternum, ce sont les *vraies côtes;* les cinq autres, *fausses côtes*, n'ont aucun rapport avec lui.

La *ceinture scapulaire* ou *épaule* comprend l'*omoplate*,

os plat appliqué contre les premières côtes, et la *clavicule*, qui réunit l'omoplate au sternum.

Dans la cavité glénoïde de l'omoplate s'articule l'*humérus*, cette cavité est surmontée d'une apophyse *coracoïde*. Le *membre antérieur* comprend trois os, l'*humérus*, le *radius* et le *cubitus*. Les deux os de l'avant-bras peuvent être soudés ou non.

L'extrémité du membre se divise en *carpe*, *métacarpe* et *doigts* (fig. 79).

Le *carpe* comprend sept os, disposés en deux rangées. Ce sont: le *scaphoïde*, *s*, le *semilunaire*, *l*, et le *pyramidal*, *p*; ces trois os forment le *procarpe*. Une deuxième rangée contient le *trapèze*, *tz*, le *trapézoïde*; *t*, le *grand os*, *m*, et le *crochu*, *u*; souvent le carpe présente un huitième os, le *central*, *c*, soudé au scaphoïde. L'ensemble de ces os forme le *mésocarpe*. Le *métacarpe* est formé d'os longs, que l'on trouve au nombre maximum de cinq. Certains de ces os peuvent disparaître, ou se fusionner, il en résulte un seul os long, le *canon*. Les *doigts* (I à V) sont formés de *trois phalanges*, qui, chez certains animaux, comme le Cheval, ont reçu des noms particuliers : la première, le *paturon*; la seconde, l'*os de la couronne*; la troisième, le *pied*.

La *ceinture pelvienne* comprend deux os *iliaques* ou *coxaux*, chacun relié en avant avec son symétrique et en arrière avec le sacrum.

L'*iliaque*, le plus large os du squelette, est formé par la soudure de trois os, *ilion*, *ischion* et *pubis*, soudés au niveau d'une cavité *cotyloïde*, qui reçoit l'articulation du *fémur*. Chez les Mammifères implacentaires, sur le bord antérieur du pubis s'articulent deux os, qui soutiennent une poche abdominale; ce sont les *os marsupiaux*.

Le membre inférieur comprend un *fémur*, un *tibia* et un *péroné*.

L'extrémité du membre inférieur se divise en *tarse*, *métatarse* et *orteils* (fig. 80).

On peut distinguer dans le tarse un *protarse* et un *mésotarse* entre lesquels un os scaphoïde, *n*, joue le rôle du central dans le carpe. Le *protarse* contient le *calcanéum*, *c*, et l'*astragale*, *a*; ils correspondent au pyramidal et au scaphoïde; le calcanéum est l'os du talon. Le *mésotarse* comprend un *cuboïde*, *cb*, et

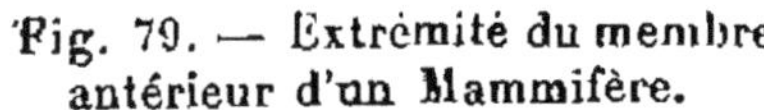

Fig. 79. — Extrémité du membre antérieur d'un Mammifère.

Fig. 80. — Extrémité du membre postérieur d'un Mammifère.

trois *tarsiens*, 1, 2, 3; le *cuboïde* est produit par soudure de deux *tarsiens*. Dans le *métatarse* et les *orteils*, on trouve la même disposition que dans le métacarpe et les doigts.

L'extrémité des membres, pied ou main, peut se modifier en aile, patte ou nageoire.

1° *Aile.* — L'humérus et le radius conservent leur valeur, mais le cubitus se réduit beaucoup, le pouce est court, les métacarpiens et les deux phalanges des doigts s'allongent, deviennent grêles et soutiennent une membrane. Le membre postérieur ne change pas; on trouve en arrière, dans le bord postérieur de l'aile, une pièce osseuse ou cartilagineuse, le *talon*, servant à la tendre.

2° *Patte.* — Les extrémités des membres perdent la faculté préhensile, ils ne servent plus qu'à la marche. Ils s'allongent verticalement et touchent le sol par l'extrémité des dernières phalanges. Le fémur et l'humérus, le tarse et le carpe restent courts et massifs; les phalanges s'entourent d'un *sabot* corné, les doigts médians prennent une grande importance aux dépens des autres, qui disparaissent.

3° *Nageoire.* — Les membres antérieurs se modifient peu, les membres postérieurs s'atrophient. L'omoplate s'élargit, les os du membre antérieur sont raccourcis et aplatis, les doigts multiplient leurs phalanges et s'unissent par des muscles et des lames de tissu conjonctif.

L'articulation des os entre eux se fait par *synarthrose* ou *suture* (articulations *immobiles*); *amphiarthrose* ou *symphyse* (articulations *semi-mobiles*), ou *diarthrose* (articulations *mobiles*).

Les mouvements des membres s'effectuent par l'activité de muscles toujours pairs et présentant à peu près la même disposition chez tous les Mammifères. On compte environ cinq cents muscles; les plus importants sont :

1° Pour la tête : le *frontal*, l'*occipital*, les *sourciliers*, les *muscles de l'oreille externe*, le *releveur de la paupière* et l'*orbiculaire;*

2° Pour la mâchoire : les *maxillaires inférieurs* et *sus-hyoïdiens*. Les premiers sont : le *masséter*, le *temporal*, les *ptérygoïdiens;* les seconds : le *digastrique*, le *stylo-hyoïdien*, le *mylo-hyoïdien* et les *génio-hyoïdiens;*

3° Pour la région du cou : les *sterno-cléido-mastoïdiens*, qui produisent la flexion et l'extension de la tête; les *scalènes*, les mouvements latéraux du cou; le *droit latéral*, l'inclinaison de la tête;

4° Pour la région postérieure du cou : un muscle

du tronc, le *trapèze*, sous lequel sont les muscles chargés de donner à la tête des mouvements d'extension et de rotation.

5° Le thorax est couvert en avant par le *grand pectoral*, qui agit sur les bras. Latéralement, le tronc présente le *grand dentelé* et les *intercostaux;* le *trapèze* agit sur les épaules et le *grand dorsal* sur les bras.

6° Antérieurement et latéralement à l'abdomen, le *grand droit* et le *pyramidal* fléchissent le tronc en avant ; entre les côtes et le bassin, le *grand oblique*, et au-dessous de lui le *petit oblique*, forment la paroi abdominale.

7° Le *diaphragme* sépare intérieurement le cœlome en deux parties ; c'est un muscle en forme de voûte que traversent l'aorte, l'œsophage, la veine cave et le canal thoracique ; il s'attache aux côtes, au sternum et au rachis.

8° Le membre antérieur est mû de différentes manières par le *deltoïde*, le *biceps*, le *brachial*, le *coraco-brachial* et le *triceps*.

9° Le membre postérieur est soumis à l'action des *fessier*, *couturier*, *biceps*, *triceps*, *fémoraux*, *droit interne* et *adducteurs*.

Extérieur. — Animaux couverts de poils, porteurs de mamelles. Il y en a qui portent des cornes tantôt creuses, coniques, croissantes (*bœuf*), tantôt pleines, ramifiées ou non, dues à des ossifications dermiques (*cerf*).

Appareil phonateur. — L'organe essentiel de l'appareil phonateur est le larynx, avec les cavités pharyngienne, buccale et nasale.

Le larynx est suspendu à l'os hyoïde et surmonte la trachée ; il est constitué par quatre cartilages, deux impairs, *thyroïde*, *c'* et *cricoïde*, *a;* et deux pairs, les *aryténoïdes*, *b*, auxquels s'ajoute l'obturateur du larynx, l'épiglotte, *d* (fig. 81).

La cavité laryngienne présente de chaque côté deux saillies horizontales dirigées d'avant en arrière, l'une est supérieure (*corde vocale supérieure*); l'autre inférieure (*lèvre vocale*) est un ligament élastique (*corde vocale inférieure*). Un muscle double en dehors ce ligament. Les lèvres vocales délimitent la *glotte*, partie la plus étroite du larynx et par laquelle se fait la communication du pharynx et de la trachée.

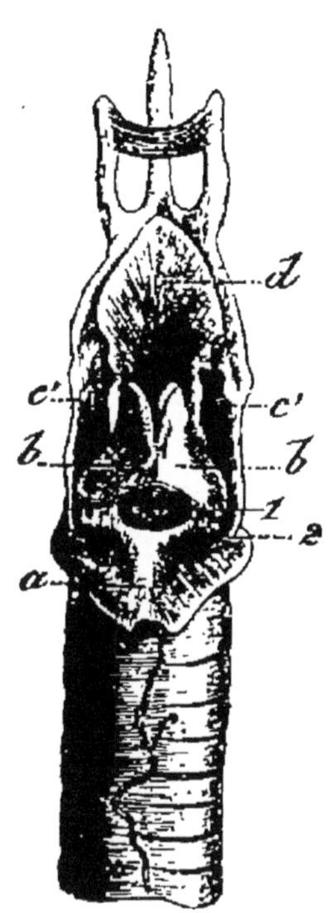

Fig. 81. — Larynx de Mammifère. — 1, 2, articulations du cricoïde.

Les vibrations des lèvres vocales gonflées, tendues et rapprochées par la contraction musculaire, mises en mouvement par le courant d'air expiratoire, produisent les sons, que modifient les cavités sus-laryngiennes. Les animaux possèdent la voix, l'Homme seul la parole (voix articulée).

Système nerveux. — Les enveloppes de l'encéphale et de la moelle sont au nombre de trois: une dure-mère, une arachnoïde et une pie-mère.

I. *Moelle épinière*. — Elle a la forme d'un gros cordon blanc aminci inférieurement et pourvu de deux renflements, l'un cervical, l'autre lombaire, correspondant à l'origine des nerfs des membres. A l'intérieur, la moelle contient une colonne grise, creusée d'un canal central continué avec un filament creux entouré d'un prolongement de la dure-mère.

Extérieurement la moelle est formée de substance blanche; elle présente deux *sillons médians*, *a*, *p* (fig. 82), et deux *collatéraux*, qui la divisent en trois cordons de chaque côté : un antérieur, 1, un latéral, 3, un postérieur, 2.

La substance grise intérieure affecte en coupe transversale la forme d'un croissant de chaque côté. Chaque croissant a une *corne antérieure*, CA, une *corne postérieure*, CP, d'où partent les racines, RA, RP, des nerfs rachidiens. Les deux croissants sont unis par une commissure grise, *x*, qui forme le fond du

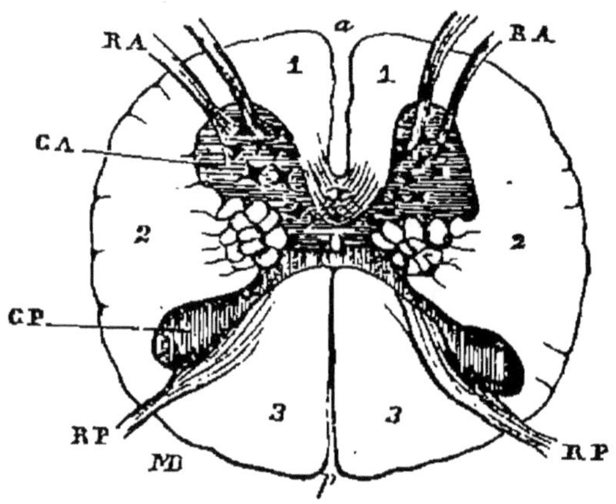

Fig. 82. — Coupe de la moelle.

sillon médian postérieur et au centre de laquelle se voit la section du canal central tapissé par un épithélium cylindrique vibratile.

Les nerfs rachidiens partent de la moelle et sortent du rachis par les trous de conjugaison. On en compte chez l'Homme trente et une paires : six sacrées, cinq lombaires, douze dorsales et huit cervicales. Ils naissent par deux racines, l'une antérieure, l'autre postérieure. Cette dernière présente un ganglion *spinal*, au delà duquel la réunion des racines constitue le nerf. A leur sortie du trou de conjugaison, les nerfs spinaux se divisent en trois branches : l'une dorsale, l'autre ventrale et la troisième viscérale ou ganglionnaire, qui se rend aux ganglions du grand sympathique. Les rameaux dorsaux innervent la tête, la nuque et le tronc ; les branches ventrales restent isolées ou s'anastomosent en quatre grands plexus (cervical, brachial, lombaire et sacré), d'où partent des branches pour le tronc et les membres.

II. *Encéphale* — L'encéphale, partie du système nerveux central renfermée dans le crâne, se divise en trois parties : le *bulbe rachidien* inférieur, le *cervelet* postérieur et le *cerveau* supérieur.

1° *Bulbe rachidien* ou *moelle allongée.* — Portion de l'encéphale intermédiaire entre la moelle et le cerveau. A sa partie inférieure, le bulbe se confond avec la moelle, mais va s'évasant vers le haut, et le canal médullaire s'élargissant aussi, forme le *quatrième ventricule*, cavité bordée latéralement par deux cordons blancs (*corps restiformes*) qui se rapprochent et le limitent inférieurement (*calamus scriptorius*). A sa partie antérieure, le bulbe est formé de substance blanche et présente un sillon médian antérieur, séparant deux saillies longitudinales (*pyramides*) formées par les cordons latéraux de la moelle. Ceux-ci s'entre-croisent au fond du sillon (*décussation des pyramides*). Latéralement, un sillon (*sillon latéral du bulbe*) sépare des corps restiformes une saillie (l'*olive*). Enfin, sur sa face postérieure, il présente un sillon médian postérieur, qui est le prolongement du sillon correspondant de la moelle (fig. 83).

2° *Cervelet.* — Surplombe en arrière le bulbe. Se compose de deux lobes (*hémisphères cérébelleux*, *b*, fig. 84) réunis par un lobe moyen, *w*. Composé de substance grise groupée autour d'une masse blanche. En coupe verticale, l'ensemble offre un aspect arborescent. Une masse grise entoure le noyau blanc, et forme le milieu de chaque hémisphère. Trois sortes de *pédoncules* partent de la substance blanche du cervelet. Ce sont les *pédoncules cérébelleux inférieurs* qui unissent le cervelet au bulbe et forment les corps restiformes, les *pédoncules cérébelleux supérieurs* qui unissent le cervelet au cerveau; et les *pédoncules cérébelleux moyens* qui unissent les hémisphères cérébelleux.

3° *Cerveau.* — Il termine l'axe cérébro-spinal. On peut le regarder comme formé de deux étages : le *mésocéphale*, en bas, et les *hémisphères cérébraux* au-dessus.

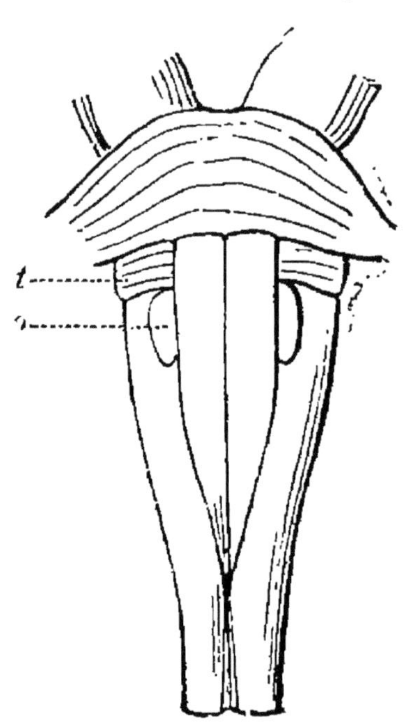

Fig. 83. — Bulbe d'un Mammifère. — *t*, corps trapézoïdes. — *o*, olive.

En avant du bulbe, et au-dessus, se trouve une proéminence blanche, le *pont de Varole*, dont la face supérieure fait partie du plancher du quatrième ventricule. Constitué par les fibres des pédoncules cérébelleux moyens et par le prolongement des faisceaux longitudinaux du bulbe, le pont de Varole n'est développé que chez les Mammifères supérieurs. Au-dessus de lui, les fibres longitudinales du bulbe continuent leur trajet sous forme de faisceaux blancs divergents (*pédoncules cérébraux*), qui présentent deux étages séparés par une masse grise (*locus niger*).

Chaque pédoncule va rejoindre un gros noyau (*corps opto-strié*) que recouvre un hémisphère.

Au-dessus des pédoncules, on observe quatre mamelons de substance grise, les *tubercules quadrijumeaux* ou *lobes optiques*, deux inférieurs et deux supérieurs.

Le corps opto-strié se compose de deux gros ganglions, l'un postérieur (*couche optique*), l'autre antérieur (*corps strié*), séparés par un sillon dans lequel court un ruban gris (*lame cornée*) recouvrant un ruban blanc (*bandelette semi-circulaire*). Entre les couches optiques, se trouve une cavité, le *ventricule moyen* ou troisième ventricule, qui communique avec le quatrième par un canal (*aqueduc de Sylvius*) passant sous les tubercules quadrijumeaux. Le plancher de ce ventricule moyen est creusé en entonnoir (*infundibulum*) et aboutit à un corps particulier, placé dans la selle turcique (*hypophyse* ou *corps pituitaire*), tandis que son plafond est constitué par une voûte, le *trigone cérébral* ou *voûte à trois piliers*. Au-dessus des tubercules quadrijumeaux et en arrière du troisième ventricule, est un organe épithélial, rudiment de l'œil pinéal des Reptiles fossiles, c'est l'*épiphyse* ou *glande pinéale*.

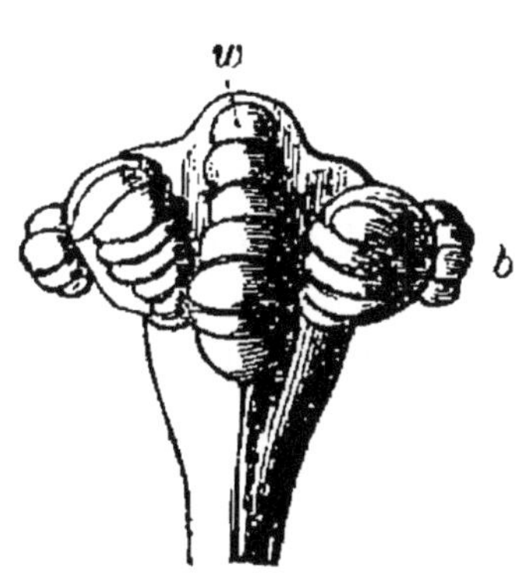

Fig. 84. — Cervelet.

Les hémisphères recouvrent l'encéphale à la façon d'une voûte. Ils constituent deux masses latérales séparées par une *scissure inter-hémisphérique* et réunies en bas par une commissure blanche, le *corps calleux* (*mésolobe*), spécial aux Mammifères. Chaque hémisphère est formé de substance blanche entourée d'une masse grise périphérique. La substance grise est formée par des expansions du pédoncule cérébral, par des fibres unissant l'écorce grise, et d'autres, issues du mésolobe.

Dans les corps opto-striés, le pédoncule cérébral forme une *capsule interne* constituée par des fibres blanches qui sortent en rayonnant vers l'écorce grise (*couronne rayonnante de Reil*). On observe une seconde couronne blanche (*capsule externe*) entre le corps strié et une lame de substance grise (*avant-mur*), séparée de l'écorce grise de l'hémisphère par une bande blanche. Le centre de chacun de ces derniers est occupé par une cavité (*ventricule latéral*) dont le plafond est le corps calleux et le plancher le corps opto-strié. Sur la ligne médiane, chaque ventricule est séparé de l'autre par la *cloison transparente* (*septum lucidum*) allant du corps calleux au trigone. Un trou spécial (*trou de Monro*) fait communiquer les deux hémisphères.

Outre le mésolobe et le trigone, trois commissures : une grise et deux blanches, relient les hémisphères cérébraux.

Chacun des hémisphères peut se décomposer en quatre lobes (frontal, pariétal, temporal, occipital) séparés par le *sillon de Rolando*, la *scissure de Sylvius* et la *scissure perpendiculaire externe*. Chaque lobe présente des replis contournés (*circonvolutions*) très développés chez l'Homme, moins chez les autres Mammifères.

III. *Nerfs crâniens.* — De l'encéphale partent douze paires de nerfs, dits *nerfs crâniens*, ce sont :

1° *Nerf olfactif.* — Développé chez beaucoup de Mammifères en lobe ou bulbe. Nerf de l'odorat.

2° *Nerf optique.* — Provenant des tubercules quadrijumeaux. Ils s'entre-croisent (*chiasma*) et s'épanouissent dans la rétine. C'est le nerf de la vision.

3° *Moteur oculaire commun.* — Agit sur tous les muscles de l'œil. Sa section amène le strabisme externe, la dilatation de la pupille et la suppression de l'accommodation.

4° *Pathétique.* — Agit sur le muscle grand oblique de l'œil. Sa section amène la rotation de l'œil autour de son axe et la vue double (diplopie).

5° *Trijumeau.* — Mixte : nerf moteur pour les muscles masticateurs, et nerf de sensibilité générale pour toute la face. Il innerve la pointe de la langue.

6° *Moteur oculaire externe.* — Moteur du muscle droit externe de l'œil, sa section amène le strabisme interne.

7° *Facial.* — Moteur des muscles de la face.

8° *Auditif.* — Nerf de l'audition. Sa section produit la surdité absolue et la perte de l'équilibre.

9° *Glosso-pharyngien.* — Nerf principal du goût. Innerve la base de la langue.

10° *Pneumogastrique.* — Nerf mixte pour l'appareil respiratoire, le cœur, le pharynx, l'œsophage, l'estomac et le foie. Sa section accélère les mouvements du cœur.

11° *Spinal.* — Moteur pour les muscles du larynx. Sa section amène l'aphonie.

12° *Grand hypoglosse.* — Nerf moteur de la langue. Sa section abolit les mouvements volontaires de cet organe.

IV. *Système du grand sympathique.* — Présente de chaque côté de la ligne médiane une série de ganglions symétriques deux à deux, allant de la base du crâne au coccyx. Les ganglions sont unis de chaque côté par un cordon, qui, réuni à son symétrique, forme le *tronc du sympathique.*

Les ganglions sympathiques reçoivent des branches venant des nerfs crâniens ou rachidiens, et en émettent qui se rendent aux autres ganglions et aux viscères. Ces branches s'anastomosent pour former des *plexus* auxquels s'ajoutent des ramuscules du système cérébro-spinal. Les plexus principaux sont: le *plexus cardiaque*, le *plexus solaire* et le *plexus hypogastrique*. Le plexus cardiaque, voisin de la crosse de l'aorte, présente au centre un ganglion et envoie des filets au cœur. Le plexus solaire, voisin du tronc cœliaque, est parsemé de petits ganglions et fournit des filets nerveux aux rameaux de l'aorte. Le plexus hypogastrique, situé sur les côtés du rectum et de la vessie, innerve les viscères du bassin.

Organes des sens. — Toujours bien représentés chez les Mammifères.

Le tact a son siège dans des corpuscules logés dans les papilles du derme. Ce sont les *corpuscules de Meissner* et ceux *de Pacini*. Le sens du toucher s'exerce souvent aussi par des poils qui agissent comme transmetteurs de la sensation et la communiquent à des corpuscules spéciaux. D'autres fois les corpuscules subissent directement l'excitation.

Les organes du goût abondent sur la langue, ils ont la forme de bourgeons, parfois pédiculés (*papilles caliciformes* et *corps fungiformes*). Dans les organes gustatifs, on distingue des cellules périphériques et des cellules sensorielles, celles-ci en rapport avec le cylindraxe d'une fibre nerveuse.

L'olfaction a son siège dans la *membrane pituitaire*, qui tapisse les fosses nasales et dans laquelle se ramifie le nerf olfactif. L'odorat est moins sensible chez l'Homme que chez les autres animaux.

L'organe de l'ouïe est l'oreille; elle comprend trois parties : l'*oreille externe* A, l'*oreille moyenne* B et l'*oreille interne* C. Les deux premières sont des organes de transmission (fig. 85).

1° *Oreille externe*. Deux subdivisions : *pavillon* 1, et *conduit auditif externe* 2.

Le *pavillon* est une expansion qui fait saillie hors du conduit auditif, il est constitué de pièces cartilagineuses recouvertes par la peau et pourvues de muscles plus ou moins bien développés. Le conduit auditif externe est limité intérieurement par la *membrane du tympan* 4, il est tapissé d'une peau renfermant des glandes sécrétant une substance cireuse jaune, le *cérumen*.

2° L'*oreille moyenne*, creusée dans le rocher, comprend la *caisse du tympan* 3, en rapport par la *trompe*

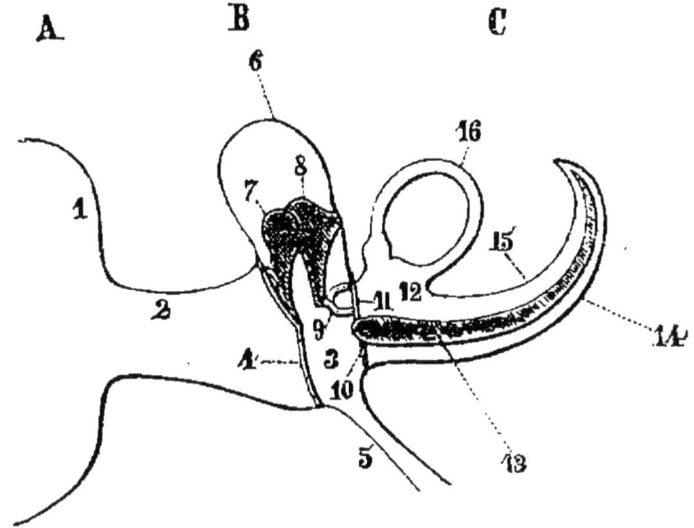

Fig. 85. — Schéma de l'oreille.

d'Eustache 5 avec le pharynx ; sa paroi externe est la membrane du tympan ; l'interne est percée de deux orifices, la *fenêtre ronde* 10 et la *fenêtre ovale* 11, celle-ci supérieure, celle-là inférieure. La caisse est en rapport avec les *cellules mastoïdiennes* 6 du temporal. Du tympan à la fenêtre ovale s'étend la *chaîne des osselets : marteau* 7, *enclume* 8, *os lenticulaire*, *étrier* 9, dont le premier est en rapport avec le tympan et le dernier est appuyé sur la fenêtre ovale.

3° L'*oreille interne* ou *labyrinthe* est totalement close, et formée de deux cavités, l'une osseuse (*laby-*

rinthe osseux), l'autre membraneuse (*labyrinthe membraneux*), emboîtée dans la première et renfermant un liquide albumineux, l'*endolymphe;* un liquide de même nature, *périlymphe*, sépare les deux labyrinthes ; ils ne communiquent pas l'un avec l'autre.

On distingue trois parties dans le labyrinthe osseux : le *limaçon* 13, antérieur ; le *vestibule* 12, moyen ; et les *canaux semi-circulaires* 16, postérieurs. Le vestibule occupe le centre du rocher ; il contient deux vésicules membraneuses, l'*utricule*, contre la fenêtre ovale, et le *saccule*, inférieur, qu'un canal bifurqué relie à l'utricule. Ces deux vésicules présentent des épaississements (*taches auditives*), au-dessous desquels se trouvent des *cellules à poils* dans lesquelles vient se terminer le nerf auditif ; au-dessus de ces cellules flottent des *otolithes*. Parmi les *trois canaux semi-circulaires*, deux sont verticaux, le dernier est horizontal. Chacun offre une ampoule et s'ouvre à ses deux extrémités dans le vestibule. Les ampoules présentent des épaississements (*crêtes auditives*), au-dessous desquelles sont des cellules à poils en rapport à leur base avec des fibres du nerf auditif.

Le *limaçon* est un tube enroulé en hélice, fermé à son sommet et contenant un autre tube membraneux, le *canal cochléaire*. Son axe est percé de trous, par lesquels passent des fibres du nerf auditif ; c'est la *columelle*. Le canal cochléaire communique par le *canal de Reichert* avec le saccule ; et aussi avec l'utricule et les canaux semi-circulaires par le tube bifurqué. Le canal cochléaire ne monte pas jusqu'au sommet du limaçon, dont il divise la cavité en deux rampes communiquant à leur sommet (*hélicotrème*).

Les deux rampes, pleines de périlymphe, comprennent entre elles le canal cochléaire, rempli d'endolymphe. L'une des rampes (*vestibulaire*, 15) s'ouvre dans le vestibule; l'autre (*tympanique*, 14) aboutit à la fenêtre ronde. Le canal cochléaire est fixé à son bord interne sur une lame osseuse (*lame spirale*) et séparé de la rampe vestibulaire par la *membrane de Reissner*, tandis que la *membrane basilaire* le distingue de la rampe tympanique. Cette membrane est formée de fibres parallèles de plus en plus longues vers le sommet du limaçon. Sur ces fibres est disposé l'*organe de Corti*, composé d'*arcs de Corti* formés chacun de deux piliers (*piliers de Corti*), l'un interne, l'autre externe. Au-dessous de ces arcs règne le *tunnel de Corti*, de chaque côté duquel sont des cellules auditives ciliées, externes et internes, en rapport à leur base avec les terminaisons des fibres nerveuses qui pénètrent dans le limaçon. Avant d'arriver à l'organe de Corti, ces fibres traversent le *ganglion de Rosenthal*, placé à la base de la lame spirale.

Le sens de la vue s'exerce par les yeux, auxquels s'ajoutent des organes accessoires.

L'œil, globuleux, est entouré par trois membranes (fig. 61, p. 183, et fig. 86) :

1° L'externe est fibreuse et composée de deux parties : la *sclérotique*, postérieure, opaque, blanchâtre (fig. 86, S), laisse passer le nerf optique *Nop*; la *cornée* antérieure, transparente et bombée; à la réunion des deux est un canal veineux circulaire.

2° La membrane moyenne est musculaire et se divise aussi en deux parties : la postérieure ou *choroïde*, *Ch*, tapisse la sclérotique; l'antérieure, *iris*, est tendue en arrière de la cornée. La choroïde est souvent parsemée de cellules *pigmentaires*, qui peuvent manquer complètement (*albinos*) ou partiellement. En avant, la choroïde s'épaissit, et forme une couronne de plis rayonnés (*procès ciliaires*) entourant le *cristallin*. Entre les procès et la choroïde existe un *muscle ciliaire*, dont les fibres lisses sont, les unes longitudinales et vont de la cornée à la choroïde ; les autres, profondes, circulaires, forment un anneau autour du cristallin. L'iris est un diaphragme, libre sur ses faces, adhérent sur son pourtour, percé en son centre d'un orifice, la *pupille*, pouvant, sous l'action de fibres circulaires et radiées, s'agrandir et se

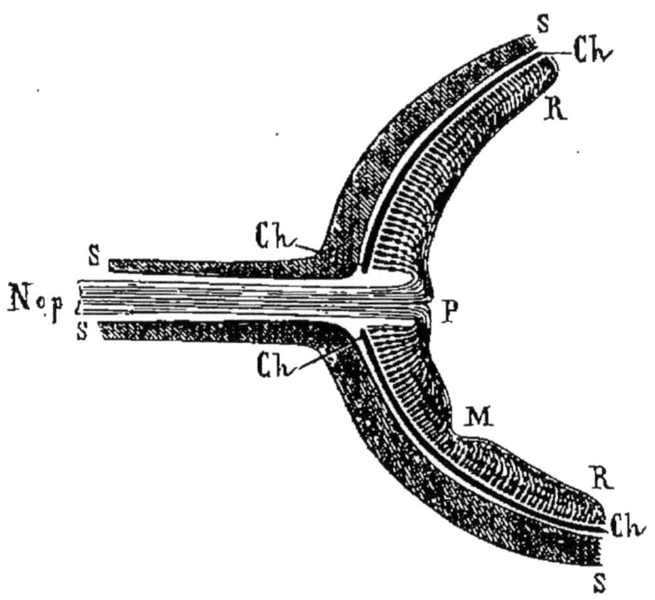

Fig. 86. — Membranes de l'œil.

rétrécir. La pupille est circulaire ou elliptique ; dans ce cas, son grand axe est vertical ou horizontal.

3° La membrane interne de l'œil est la *rétine*, R, formée par l'épanouissement du nerf optique ; elle se termine dans le plan équatorial de l'œil. A l'entrée les fibres du nerf optique forment une *cupule*, P, puis se recourbent en dehors pour se terminer dans deux sortes d'organes : les *bâtonnets* et les *cônes*.

Chez les Mammifères supérieurs existe, en dehors de la pupille, une fossette, M, au milieu d'une tache

15.

jaune ; en ce point les bâtonnets n'existent point, tandis qu'ils prédominent dans les autres régions. Les cônes font défaut aussi sur la rétine des animaux vivant à l'obscurité.

Entre la cornée et l'iris, la chambre antérieure de l'œil est remplie par un liquide incolore, l'*humeur aqueuse :* il remplit aussi l'espace entre l'iris et le cristallin. Celui-ci est une lentille biconvexe, située derrière la pupille, il est enfermé dans une capsule transparente. Sa face antérieure est la plus bombée.

Entre le cristallin et la rétine s'étend un corps transparent, demi-fluide, le *corps vitré,* entouré d'une membrane transparente, *hyaloïde.* Celle-ci, en avant, se dédouble en deux feuillets : l'un se fixe sur la face antérieure du cristallin, l'autre passe derrière cette lentille. L'espace compris entre ces deux feuillets forme un canal circonscrivant le cristallin, c'est le *canal de Petit.*

Comme annexes de l'œil, on observe les *sourcils* et les *paupières*, organes de protection.

La face postérieure des paupières est tapissée par une membrane, la *conjonctive*, dont un repli constitue parfois une seconde paupière, *membrane nictitante*, qui ne recouvre jamais l'œil en entier.

La glande lacrymale, située à la partie externe et supérieure de l'orbite, présente des conduits (*voies lacrymales*), qui se rendent à un *sac lacrymal* placé dans l'angle interne de la fente palpébrale ; un canal, partant de ce sac, s'ouvre dans les fosses nasales.

Les mouvements sont communiqués à l'œil et aux paupières par sept muscles qui sont : quatre *muscles droits*, le *grand oblique*, le *petit oblique* et le *releveur des paupières.*

Classification. — On distingue les Mammifères

pourvus d'un placenta de ceux qui en sont dépourvus. Les premiers sont en grande majorité.

Mammifères.	Implacentaires			Ovipares	*Monotrèmes.*
				Vivipares	*Marsupiaux.*
	Placentaires.	Nageoires.	Nageoire caudale très développée	Nus	*Cétacés.*
				Velus	*Siréniens.*
			Nageoire caudale nulle		*Pinnipèdes.*
		Quatre pattes.	Extrémité enveloppée d'un sabot. Doigts en nombre pair	2 doigts	*Ruminants.*
				4 doigts	*Porcins.*
			Doigts en nombre impair	1 ou 3 doigts	*Jumentés.*
				Cinq doigts	*Proboscidiens.*
			Extrémité munie de griffes. Dentition incomplète	Pas d'incisives	*Édentés.*
				Pas de canines	*Rongeurs.*
			Dentition complète	Canines faibles	*Insectivores.*
				Canines fortes	*Carnivores.*
		Ailes			*Chiroptères.*
		Mains		Molaires à tubercules pointus	*Lémuriens.*
				Molaires à tubercules ronds	*Primates.*

Monotrèmes. — Ce sont des Implacentaires ovipares. Les os du crâne se fusionnent, comme chez les Oiseaux, la face s'allonge en bec corné dépourvu de dents. Mamelles sans mamelons, pas d'utérus ; un des ovaires atrophié et stérile, os coracoïde développé. Deux os marsupiaux. Pas d'oreille externe : Organisation intermédiaire entre celle des Mammifères et celle des Oiseaux. On connaît deux espèces de Monotrèmes, australiennes toutes deux :

Ornithorhynques (*Ornithorhynchus*), pourvus d'un bec aplati, à pieds palmés, au corps revêtu d'une fourrure comme celle de la Loutre, ils vivent au voisinage des rivières.

Échidnés, munis d'un bec mince, d'une langue vermiforme, protractile, au corps couvert de piquants. Vivent exclusivement à terre.

Marsupiaux. — Les Marsupiaux sont des Mammifères implacentaires. Leur dentition présente une grande variété. Le squelette porte deux os marsupiaux, qui soutiennent la poche ventrale *marsupiale* au fond de laquelle sont placées des mamelles au mamelon très allongé ; c'est dans cette poche que le jeune Marsupial achève son évolution.

Le maxillaire inférieur porte un condyle transversal et une apophyse angulaire dirigée en dedans.

Les organes génitaux, urinaires et le rectum s'ouvrent par un orifice commun (*cloaque*). L'utérus est double, le pénis bifide. L'animal naît aveugle, nu, et les membres à peine indiqués par des mamelons.

Le cerveau est lisse et le corps calleux rudimentaire. Ces animaux sont originaires d'Australie et des régions voisines. Un seul groupe habite l'Amérique méridionale.

On les divise comme il suit :

MARSUPIAUX.	Deux incisives inférieures, canines petites. *Diprotodontes*...........	Six incisives supérieures.	Membres antérieurs très courts......	*Poephages.*
			Membres égaux entre eux...	*Carpophages.*
		Deux incisives supérieures, membres égaux		*Rhizophages.*
	Au moins six incisives à la mâchoire inférieure, canines fortes. *Polyprotodontes*...........	Dix incisives supérieures, queue préhensile nue.	Pas de gros orteil.........	*Péramélides.*
			Un gros orteil opposable...	*Didelphydes.*
		Huit incisives supérieures, queue non préhensile.......		*Dasyurides.*

Diprotodontes. — Les *Diprotodontes* sont tous végétariens :

a) Les *Poephages* ont les pattes postérieures très longues, la queue robuste sert avec les pattes postérieures à la station et à la marche par saut : les Kangourous (***Macropus***), qui sont privés de gros orteil.

b) Les *Carpophages* sont des êtres grimpeurs, nocturnes, frugivores, qui rappellent les Lémuriens ; ils possèdent un gros orteil opposable : les Phalangers (*Phalangista*).

c) Les *Rhizophages* n'ont pas de canines; ils se rapprochent des Rongeurs et comme eux creusent des terrier : les Wombats (*Phascolomys*).

Polyprotodontes. — Les *Polyprotodontes* sont carnassiers.

a) Les *Péramélides* correspondent aux Insectivores.

b) Les *Didelphydes* sont les Marsupiaux américains, insectivores aussi; parmi eux, il faut citer la Sarigue et le Chironecte, Marsupial aquatique.

c) Les *Dasyurides* correspondent aux Carnivores; les Dasyures rappellent la Fouine : le Thylacin (*Thylacinus*) est de la taille du Loup et en a les mœurs.

Cétacés. — Ce sont des Mammifères au corps nu et muni d'une nageoire caudale. Ils ont tantôt des dents coniques, tantôt des lames cornées (*fanons*), descendant de la mâchoire supérieure et de la voûte palatine. L'estomac est divisé en trois compartiments. La tête et le tronc se confondent, les narines s'ouvrent par des évents frontaux et donnent passage à un courant d'air, dont la vapeur d'eau se condense en brouillard. Le nerf olfactif est atrophié, le larynx ferme en bas les fosses nasales verticales et fait une saillie à leur intérieur. Cela permet à l'animal de déglutir et de respirer simultanément. Les mamelles sont voisines de l'anus. Deux nageoires pectorales et une caudale horizontale perpendiculaire au plan médian, tandis que la queue des Poissons est dans ce plan. Les Cétacés sont marins ou fluviatiles. On en reconnaît deux groupes principaux caractérisés de la manière suivante :

Cétacés.	Pas de fanons, des dents. *Denticètes.*	Évent unique...............	*Monophysétéridés.*
		Deux évents...............	*Diphysétéridés.*
	Pas de dents, des fanons. *Mysticètes.*	Une nageoire dorsale, fanons courts..................	*Baleinoptéridés.*
		Pas de nageoire dorsale, fanons longs.............	*Baleinidés.*

Denticètes. — *a*) Les *Monophysétéridés* peuvent se subdiviser en trois groupes. Le premier groupe a *des dents aux deux mâchoires*, ce sont les Dauphins, Marsouins, Épaulards. Le second groupe a *des dents à la mâchoire inférieure et deux seulement à la mâchoire supérieure*. Ce sont les *Narvals*. Chez le mâle, l'une des dents de la mâchoire supérieure prend un développement extraordinaire. Le dernier groupe est caractérisé par *l'absence de dents à la mâchoire supérieure et la présence de deux à la mâchoire inférieure*.

b) Les *Diphysétéridés* renferment les Cachalots (*Catodon*) à tête énorme tronquée verticalement. Dans la fosse nasale droite s'accumule une quantité considérable de *blanc de Baleine* ou spermaceti. Aussi cette fosse nasale se développe-t-elle en deux sacs, tandis que la gauche reste normale (Beauregard et G. Pouchet).

Mysticètes. — Chez les *Mysticètes*, l'embryon possède des dents, mais les perd avant la naissance. Les évents sont séparés.

a) Les *Baleinoptéridés* ont une nageoire dorsale, les fanons sont courts, et des plis longitudinaux s'étendent sous la poitrine. Ce sont les Rorquals et les Mégaptères.

b) Les *Baleinidés* sont dépourvus de nageoire dorsale et ont la face ventrale lisse. Ce sont les Baleines, qui atteignent jusqu'à 30 mètres de long. Dans le jeune âge, le *Baleineau* est velu.

Siréniens. — La dentition des Siréniens montre des molaires tuberculeuses et pas de canines. Les mamelles sont pectorales. Ce sont de gros animaux à forme de Poissons, avec des nageoires pectorales au lieu de membres antérieurs, et pourvus d'une nageoire caudale formée par des fibres cornées. Ils sont marins ou fluviatiles : Dugong (*Halicore*), pourvu d'incisives supérieures saillantes, nageoire caudale horizontale, le seul Mammifère qui n'ait que six vertèbres cervicales, la pointe du cœur est double; Lamantins (*Manatus*) privés d'incisives, munis d'ongles et d'une nageoire caudale verticale.

Pinnipèdes. — Ce sont des Mammifères à membres adaptés pour la natation, mais dépourvus de nageoire caudale. Leur dentition rappelle celle des Carnivores, mais ils n'offrent pas de *carnassière*. Les mamelles sont ventrales. Pas de clavicules. Membres à cinq doigts. Cerveau richement circonvolutionné. Corps couvert de poils courts et terminé par une queue courte, conique. Ils sont marins et très agiles dans l'eau, lents et lourds sur terre. Les Lapons utilisent leur chair, leur graisse et leur peau.

On les divise ainsi :

PINNIPÈDES.	Canines non saillantes...............	*Phocides.*
	Canines supérieures saillantes..........	*Trichéchides.*

Les *Phocides* renferment les Otaries, les Phoques, et les *Trichéchides*, les Morses.

Ruminants. — Placentaires ongulés à deux doigts. Pas d'incisives à la mâchoire supérieure, un revêtement dur les remplace (exception : Camélidés). Quatre paires d'incisives à la mâchoire inférieure, canines absentes. Les replis d'émail des molaires ont la forme de croissant à concavité externe pour les supérieures, interne pour les inférieures. Le condyle du maxillaire inférieur est plat et rond, ce qui permet les mouvements de latéralité. La tête est munie de cornes qui peuvent être de trois sortes : 1° creuses et épidermiques, à cheville osseuse permanente (*Bœuf*); 2° pleines (*bois*), ostéodermiques et caduques (*Cerf*); 3° osseuses et permanentes (*Girafe*). Les mamelles sont inguinales, les clavicules absentes, le péroné rudimentaire, le tibia muni, à la face externe inférieure de l'os de la *malléole;* les métacarpiens et métatarsiens fusionnés en un canon ; pieds fourchus, didactyles, terminés par des sabots symétriques. Les doigts touchent le sol par l'extrémité seule, et, moins souvent, par la face inférieure des phalanges. En outre des deux doigts principaux, on trouve souvent les traces de deux doigts latéraux.

Le cerveau est pourvu de circonvolutions.

Ces Mammifères ont la propriété de *ruminer*, c'est-à-dire de ramener dans la bouche des aliments avalés une première fois, et qui sont alors soumis à la mastication.

L'estomac est composé de quatre poches successives : *panse*, *bonnet*, *feuillet*, *caillette*. La panse, volumineuse, occupe le flanc gauche et communique inférieurement avec le bonnet, situé à droite. Tous deux sont suspendus au-dessous de l'œsophage, avec lequel ils communiquent au moyen d'une boutonnière qui transforme sa partie inférieure en canal (*gouttière œsophagienne*). Si la boutonnière est fermée, l'œsophage se continue avec le feuillet, qui est suivi de la caillette où s'accomplit la digestion stomacale. Grossièrement divisés, les aliments écartent les lèvres de la gouttière et passent dans la panse et le bonnet ; ceux qui sont liquides ou très divisés se rendent dans les quatre poches. Au moment de la réjection, la glotte se ferme, le diaphragme se contracte, il se forme ainsi un vide dans le thorax, et une certaine quantité de matières est lancée dans l'œsophage. Les aliments régurgités arrivent dans la cavité buccale par des contractions de l'œsophage ; réduits en bouillie, ils suivent la gouttière et pénètrent dans la caillette (1).

(1) Voyez p. 234 l'appareil digestif des Mammifères.

On divise les Ruminants ainsi qu'il suit :

Ruminants.

- Phalangigrades non cornus. *Camélidés.*
- Onguligrades non cornus.
  - Placenta diffus. *Tragulidés.*
  - Placenta cotylédonaire. *Moschidés.*
- Onguligrades cornus.
  - Cornes frontales, caduques, pleines. Placenta cotylédonaire. *Cervidés.*
  - Cornes fronto-pariétales, pleines, velues, persistantes. Placenta cotylédonaire. *Girafidés.*
  - Cornes frontales, cornées, persistantes, creuses. Placenta cotylédonaire. *Cavicornes*............
    - Cornes verticales, 2 ou 4 mamelles........ *Antilopiens.*
    - Cornes arquées, lisses, 4 mamelles........ *Boviens.*
    - Cornes rapprochées sur la tête et courbées en hameçon... *Oviboviens.*
    - Cornes enroulées en hélice............. *Oviens.*
    - Cornes courbées en arrière.............. *Capréens.*

1° *Camélidés.* — Ils ont à l'âge adulte $\frac{1}{3}$ incisives. La lèvre supérieure est fendue, le cou long, la plante du pied calleuse, les globules du sang elliptiques. Ils sont originaires d'Afrique et d'Amérique. Ce sont les Chameaux (*Camelus*) à une bosse (*C. Dromadarius*) ou à deux bosses (*C. Bactrianus*), loupes graisseuses dorsales. Ce sont des bêtes de somme très utiles.

En Amérique, les Camélidés sont représentés par les Lamas (*Auchenia*), parmi lesquels il faut citer : *A. Huanaco*, le Guanaque, *A. Vicogna*, la Vigogne, *A. Lama*, le Lama proprement dit, bête de somme, et l'*A. Paco* ou Alpaca, domestique aussi.

2° *Tragulidés.* — Les canines de la mâchoire supérieure font saillie chez le mâle, l'estomac est dépourvu de feuillet. Ce sont des Ruminants de petite taille, le *Tragulus pygmæus* est de la taille d'un Lièvre.

3° *Moschidés.* — Une seule espèce, le Porte-musc (*Moschus moschiferus*), a l'aspect d'un Chevreuil, il porte sous le ventre une poche productrice de musc.

4° *Cervidés.* — Le crâne porte des *pivots*, apophyses frontales terminées par un plateau, sur lesquels se forment les cornes. Celles-ci sont d'abord velues, puis le peau se dessèche et tombe. Les cornes, sauf chez le Renne, se renouvellent chaque année en se compliquant. D'abord simple, la tige principale (*merrain*) se ramifie (*andouillers*). La *ramure*, ainsi formée, n'existe pas chez la femelle, sauf pour le Renne. Les yeux portent des fossettes lacrymales (*larmiers*), qui sécrètent un liquide huileux. L'os lacrymal, dans lequel ils sont creusés, est très développé. On peut distinguer des Cervidés à bois arrondis (Cerfs, Chevreuils) et des Cervidés à bois palmés (Daim, Renne, Élan). Le Renne est le seul Cervidé domestiqué, il est très utile dans les pays froids; c'est une bête de trait, dont on peut utiliser la peau, le lait et la chair. Il remplace dans les contrées arctiques le Bœuf, le Mouton et le Cheval.

5° *Girafidés.* — Les cornes se développent par un point d'ossification spécial à la suture fronto-pariétale: elles se soudent au crâne tardivement. Entre les yeux et les naseaux (*chanfrein*), le mâle porte un troisième tubercule osseux. Le cou est très long, la ligne dorsale très inclinée; pas de larmiers. Une seule espèce, la Girafe (*Camelcopardus Giraffa*) d'Afrique, le plus haut des Mammifères, qui ne trotte pas, mais galope très bien.

6° *Cavicornes.* — Chez ces animaux, les cornes se

développent autour d'une apophyse de l'os frontal, pleine ou creuse et recouverte d'une couche cutanée qui sécrète l'étui corné. On distingue cinq sous-groupes :

Les *Antilopiens*, peu représentés en Amérique. Deux espèces européennes, le Chamois (*Capella rupicapra*) des Alpes, des Pyrénées (Izard), et le Saïga (*Colus tartaricus*) de Russie. L'Asie nourrit le Tétracère (*Tetraceros quadricornis*) à quatre cornes, le Sassi (*Antilope cervicapra*) et le Nilgau ou Bœuf bleu (*Portax pictus*). En Afrique, on en rencontre de nombreuses espèces: la Gazelle (*Gazella dorcas*), l'Oryx (*Oryx leucoryx*), le Gnou (*Catoblepas Gnu*), etc.

Les *Boviens* sont des animaux à formes lourdes et trapues, contrastant avec l'aspect élégant et vif des Antilopiens. Ce sont les Buffles (*Bubalus*), les Bisons (*Bison*), les Yacks (*Poephagus*), les Bœufs (*Bos*) sauvages, redevenus sauvages, ou domestiques, animaux des plus précieux pour l'Homme, qui utilise leur viande, leur peau, leur lait et s'associe leur vigueur pour les travaux de l'agriculture. Les Zébus (*Bos indicus*) sont munis d'une bosse sur le garrot. Ce sont des bêtes de somme et de trait. Leur croisement avec l'Yack donne un produit, le Dzo, qui jouit d'une fécondité considérable et est une des meilleures bêtes de somme.

Les *Oviboviens* sont représentés par le Bœuf musqué (*Ovibos moschatus*), qui vit par troupes au Groenland ; il a le corps d'un Mouton et la tête d'un Bœuf.

Les *Oviens* comprennent les Moutons sauvages ou Mouflons (*Musimon*) et les Moutons domestiques (*Ovis*), dont on utilise la chair et la toison.

Les *Capréens* sont des animaux grimpeurs, sauteurs, parmi lesquels il faut citer le Bouquetin (*Ibex*) et les Chèvres (*Capra*). Celles-ci, domestiques, présentent de nombreuses variétés. Leur peau et leur lait sont utilisés pour l'économie humaine, mais leur chair ne s'emploie pas comme viande de boucherie.

Porcins. — Mammifères à quatre pattes ongulées, munies de quatre doigts. La dentition est complète, le nombre des incisives varie de deux à six à la mâchoire supérieure, de quatre à six à la mâchoire inférieure. Les canines sont fortes, l'estomac simple ou complexe. Les clavicules font défaut, les métacarpiens et métatarsiens sont au nombre de quatre, les pieds fourchus, à quatre doigts terminés chacun par un sabot.

On les divise ainsi :

PORCINS..	Les doigts reposent tous sur le sol. Peau nue. Mamelles inguinales	*Hippopotamidés.*
	Les deux doigts du milieu reposent seuls sur le sol. Mamelles abdominales. Peau couverte de soies.......	*Suidés.*

1° *Hippopotamidés.* — Un seul genre, l'Hippopotame d'Afrique, au corps énorme, au cuir épais, aux incisives cylindriques, développées en défenses.

2° *Suidés.* — Les canines supérieures forment avec les inférieures des défenses. On range parmi eux : le Sanglier (*Sus scrofa*) et les Cochons domestiques, les Potamochères et Pacochères d'Afrique, le Babiroussa d'Océanie et les Pécaris d'Amérique.

Jumentés. — Quadrupèdes ongulés, à moins de cinq doigts. Incisives nombreuses, canines médiocres, molaires séparées des dents antérieures par un intervalle, la *barre*. Estomac simple, cæcum développé. Mamelles inguinales. Utérus bicorne. Pas de clavicule. On les divise de la manière suivante :

JUMENTÉS..	Pieds antérieurs à 5 doigts et postérieurs à 3 doigts	*Hyracidés.*
	Pieds antérieurs à 4 doigts et postérieurs à 3 doigts	*Tapiridés.*
	Pieds à 3 doigts	*Rhinocéridés.*
	Pieds à un seul doigt	*Équidés.*

1° *Hyracidés.* — Ils ne dépassent pas la taille du Lapin ; ils ont trois paires de mamelles, une abdominale, une inguinale, une axillaire. Ce sont les seuls Ongulés qui possèdent un os du carpe. Ils ont $\frac{1}{2}$ incisives ; $\frac{1}{0}$ canines ; $\frac{7}{7}$ molaires.

2° *Tapiridés.* — Ils ont $\frac{3}{3}$ incisives, $\frac{1}{1}$ canines, une petite trompe allongée, non préhensile. Animaux de l'Inde et de l'Amérique.

3° *Rhinocéridés.* — Ils ont les incisives persistantes ou caduques, pas de canines $\frac{7}{8}$ et molaires. Au-dessus des os du nez, une ou deux cornes de nature épidermique. Le Rhinocéros des Indes est unicorne et le Rhinocéros d'Afrique bicorne.

4° *Équidés.* — Ils possèdent $\frac{3}{3}$ incisives, $\frac{1}{1}$ canines, $\frac{3}{3}$ prémolaires, $\frac{4}{4}$ molaires. Le cubitus et le péroné sont atrophiés ; un os, *canon*. Un seul doigt, le troisième, est conservé. Le cou est orné d'une crinière. Parmi les Équidés, on range :

A. Les *Chevaux*, à robe dépourvue de bandes et de raies, à queue garnie de crins, à crinière flottante et longue. A la face interne des quatre membres, on distingue une production cornée, la *châtaigne*. Il existe dans un grand nombre de contrées des Chevaux sauvages, ou au moins redevenus sauvages ; ce sont les Mustangs d'Amérique, les Kumrahs, d'Afrique, les Tarpans d'Asie, en France, les Chevaux de la Camargue et des Dunes de la Gascogne.

B. Les *Anes*, dont la robe présente une raie noire dorsale et une autre transversale sur les épaules; leur crinière est droite, les membres antérieurs seuls portent une châtaigne; la queue n'est garnie de crins qu'à l'extrémité; les oreilles sont plus longues que celles des Chevaux.

C. Les *Zèbres* ont le pelage rayé, la crinière courte et droite, les oreilles moyennes, et pas de châtaigne aux membres postérieurs. Ils sont tous africains.

Proboscidiens. — Mammifères ongulés, dont le nez s'unit à la lèvre supérieure en trompe préhensile. Les deux incisives supérieures sont énormes, arquées, non recouvertes d'émail et fournissent l'ivoire. Pas de canines. A chaque mâchoire, deux molaires considérables, composées de lames d'ivoire soudées par du cément et entourées d'émail. La trompe se termine par une sorte de doigt préhensile; c'est un organe de défense puissant. Les mamelles sont pectorales, l'utérus bicorne, les os incisifs considérables, le jugal suspendu au milieu de l'arcade zygomatique. Les clavicules manquent. Les membres, très volumineux, se terminent par cinq doigts, coiffés à l'extrémité par un petit sabot. Cerveau volumineux, à circonvolutions très nombreuses. Œil très petit, oreille à pavillon pendant très développé. Les plus gros Mammifères terrestres, type : l'*Éléphant*.

Il y a deux espèces d'Éléphants : l'*Éléphant des Indes*, à front concave et oreilles petites, et l'*Éléphant d'Afrique*, à front plat et à oreilles très développées.

Édentés. — Ce sont des Mammifères sans incisives ni canines. Quelquefois ils possèdent de nombreuses molaires; ce sont des animaux nocturnes à membres subongulés et à griffes arquées, puissantes; ils possèdent tous une clavicule bien développée. Ils ne sont pas représentés en Europe. On les classe ainsi :

ÉDENTÉS.	Tête globuleuse, queue courte		*Bradypodidés.*
	Tête allongée, queue longue.	Langue ordinaire	*Dasypodidés.*
		Langue vermiforme, très allongée	*Vermilingues.*

1° *Bradypodidés.* — Ils ont l'estomac multiple, des mamelles pectorales, les molaires portent une apophyse descendante caractéristique; ils sont arboricoles et rappellent les Singes. Le type en est le Paresseux (*Bradypus*).

2° *Dasypodidés.* — Ils ont des mamelles pectorales et le corps couvert d'un revêtement de plaques ossifiées (squelette externe), formant une cuirasse continue. Le type du groupe est le Tatou (*Dasypus*).

3° *Vermilingues.* — Ils ont des mamelles pectorales ou ventrales. Le type en est le Fourmilier (*Myrmecophaga*) de l'Amérique du Sud.

Rongeurs. — Placentaires, dépourvus de canines et pourvus d'ongles. Les incisives à croissance continue sont taillées en biseau (fig. 87) et dépourvues d'émail, les molaires sont plissées transversalement, la mâchoire inférieure est mobile d'avant en arrière.

Les condyles du maxillaire inférieur sont allongés d'avant en arrière.

Le crâne montre un os intrapariétal; la face, un jugal suspendu au milieu de l'arcade zygomatique; quelquefois les clavicules font défaut; ils sont plantigrades et pourvus de cinq doigts mobiles.

L'utérus est double, le placenta discoïde.

Ces animaux de petite taille sont adaptés à tous les genres de vie; ils sont d'une fécondité extraordinaire.

Voici comment on les classe :

Rongeurs.

- Claviculés.
  - $\frac{5}{4}$ ou $\frac{4}{4}$ molaires. *Sciuridés*. Queue
    - longue.... *Macrocerques*.
    - courte..... *Microcerques*.
    - aplatie.... *Platycerques*.
  - Queue arrondie, $\frac{4}{4}$ ou $\frac{3}{3}$ molaires. *Muridés*......... Queue
    - longue.... *Macrocerques*.
    - courte..... *Microcerques*.
- Clavicules nulles ou rudimentaires.
  - Clavicules rudimentaires ; $\frac{4}{4}$ molaires. *Hystricidés*... Corps
    - couvert de piquants. *Spinifères*.
    - couvert de laine..... *Lanigères*.
  - Pas de clavicules, $\frac{4}{4}$ molaires. *Subongulés*.
    - Molaires plissées.. *Rutidontes*.
    - Molaires divisées en lamelles transversales......... *Chorisodontes*.
  - Clavicules rudimentaires. $\frac{5}{5}$ ou $\frac{6}{5}$ molaires ; 4 incisives en haut. *Léporidés*.

1° *Sciuridés*. — Parmi ceux-ci, on range les Écureuils (*Sciurus*), dont quelques espèces sont munies

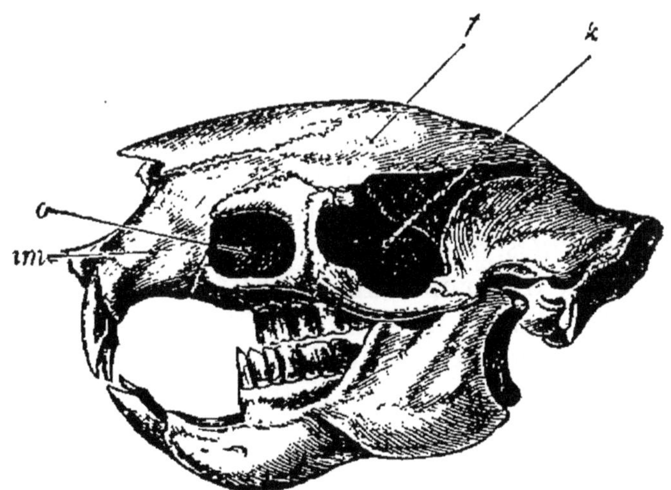

Fig. 87. — Dentition de Rongeur. — *f*, frontal. — *k*, sphénoïde. — *o*, orbite. — *im*, intermaxillaire.

d'un parachute membraneux, latéral ; les *Marmottes* (Microcerques), à fourrure estimée et qui habitent les hautes montagnes, et les Castors ou Bièvres (*Castor fiber*), répandus autrefois en France, localisés en Allemagne et en Russie, communs dans l'Amérique du Nord. Ils vivent solitaires en été, et, l'hiver, se réunissent en troupes pour construire sur les étangs des huttes de deux mètres de hauteur. On les détruit pour se procurer le *castoreum*, liquide odorant sécrété par des glandes spéciales.

2° *Muridés.* — Parmi les Muridés Macrocerques, on range les Loirs (*Myoxus*), se rapprochant des Marmottes par le sommeil hibernal, et des Rats par leur forme ; diverses espèces de Rats : Rat noir (*Mus Rattus*), le Surmulot ou Rat gris (*M. decumanus*), les Souris (*M. Musculus*), les Campagnols (*Arvicola*), et les Gerboises (*Dipus*), aux pattes postérieures beaucoup plus longues que les antérieures.

Dans les Microcerques, on range le Hamster (*Cricetes*), très nuisible à l'agriculture. Enfin, l'Ondatra (*Fiber Zibethicus*) est une sorte de Rat, qui a la queue aplatie en rame, et qui construit des huttes comme le Castor.

3° *Hystricidés.* — Il faut ranger parmi ceux-ci les Porcs-épics (*Hystrix*) et les Chinchillas (*Eriomys*).

4° *Subongulés.* — Le plus connu est le Cobaye *Cavia Cobaya*) et le Cabiai (*Hydrochœrus*).

5° *Léporidés.* — Lièvre (*Lepus timidus*) et Lapin (*Cuniculus*), très répandus en Europe.

Insectivores. — Ce sont des Placentaires, armés de griffes, aux molaires hérissées de pointes s'engrenant les unes dans les autres; les incisives sont grosses et les canines petites (fig. 88); les carnassières font défaut. Ils sont plantigrades. La femelle possède des mamelles ventrales. Clavicules courtes et fortes. La main est retournée. La tête est terminée souvent par un museau pointu. Le cerveau lisse, les oreilles grandes, les yeux petits, le crâne est dépourvu d'arcades zygomatiques. Ils manquent en Australie et dans l'Amérique méridionale.

On les divise comme il suit :

INSECTIVORES..	Molaires quadrangulaires munies de 4 pointes........................	*Érinacéidés.*
	Molaires triangulaires munies de 2 pointes........................	*Centétidés.*

1° *Érinacéidés.* — Ce sont :

a) Les Hérissons (*Erinaceus*), couverts de piquants sur le dos, détruisant les Insectes, les Souris, les Vipères : utiles à l'agriculture ;

b) Les Musaraignes (*Sorex*), qui ont l'aspect de Souris, mais leur queue est courte, nue, leurs dents

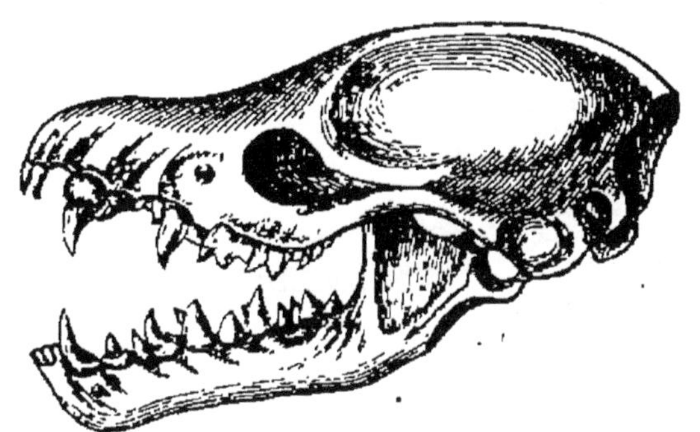

Fig. 88. — Dentition d'Insectivore.

aiguës, serrées, et sur les flancs, elles portent des glandes à sécrétion musquée ;

c) Les Desmans (*Myogale*), aquatiques, à pieds palmés, munis d'une trompe, la queue est comprimée ;

d). Les Taupes (*Talpa*), insectivores souterrains, aux yeux rudimentaires; creusant des galeries souterraines pour rechercher les Insectes. Elles sont plus utiles que nuisibles.

2° *Centétidés.* — Ce sont des animaux africains ou originaires de Madagascar : Tenrecs (*Centetes*) et Potamogales.

Carnivores. — Carnassiers, dont le système dentaire comprend $\frac{1}{1}$ incisives, $\frac{3}{3}$ canines, très saillantes ; les prémolaires sont très pointues; entre elles et les molaires existe une dent tranchante, la *carnassière*, très saillante aussi, munie de tubercules, et qui

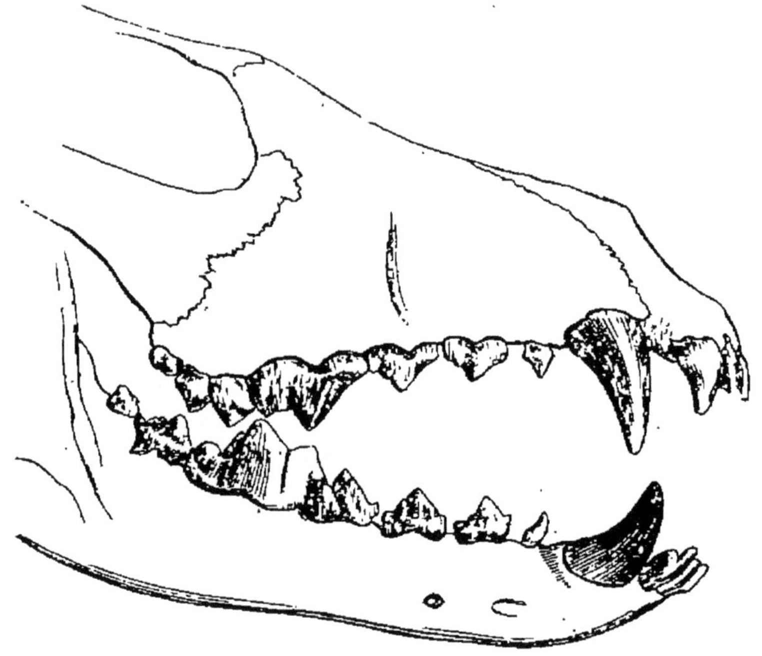

Fig. 89. — Dentition de Carnivore.

semble à la mâchoire inférieure être la première molaire et à la mâchoire supérieure la dernière prémolaire (fig. 89).

La disposition des condyles et de la cavité glénoïde s'oppose aux mouvements latéraux de la mâchoire, l'arcade zygomatique est très écartée. La bosse occipitale est très développée ; la soudure des pariétaux forme la crête pariétale, les clavicules sont rudimentaires, les deux os de l'avant-bras se croisent en X;

les membres sont terminés par quatre ou cinq doigts, armés de griffes : ils sont *Plantigrades* ou *Digitigrades*, et les griffes souvent sont rétractiles.

L'intestin, court, manque de cæcum.

L'ouïe et l'odorat sont très bien développés, les yeux peuvent être adaptés à la vision nocturne. Quatre circonvolutions concentriques caractérisent le cerveau (fig. 90); l'utérus est bicorne, et le pénis contient souvent un os pénial.

On les classe comme il suit :

Digitigrades, doigts en nombre variable.	5 doigts aux pattes antérieures, 4 aux postérieures, griffes non rétractiles. *Canidés*.	Pupilles circulaires.	Queue peu touffue..	*Chiens*.
			Queue très touffue..	*Loups*.
		Pupilles ovales ou verticales		*Renards*.
	Griffes non rétractiles, tétradactyles. *Hyénidés*.			
	5 doigts aux pattes antérieures, 4 aux pattes postérieures, griffes rétractiles ou non. *Félidés*...........	Griffes non rétractiles............		*Guépards*.
		Griffes rétractiles..		*Félins*.
	Pentadactyles et tétradactyles. *Viverridés*.	Griffes rétractiles..		*Ailuropodes*.
		Griffes non rétractiles, subdigitigrades.........		*Cynopodes*.
	Griffes non rétractiles, quelquefois plantigrades. *Mustélidés*..	Pattes palmées....		*Lutridés*.
		Griffes rétractiles, digitigrades.....		*Martidés*.
		Plantigrades		*Mélidés*.
Plantigrades, pentadactyles. *Ursidés*		42 dents, queue courte		*Ursins*.
		40 dents, queue longue..........		*Subursins*.

I. *Digitigrades*. — 1° *Canidés*. — Ce sont des Carnivores coureurs à ongles non rétractiles.

Parmi les *Chiens*, on distingue les Chiens sauvages et les Chiens domestiques. Les premiers habitent les cinq parties du monde sauf l'Europe, ils ont les oreilles droites et pointues. Quelques-uns vivent au voisinage de l'Homme sans être domestiqués par lui, tels sont les Chiens de Constantinople, qui ne contractent jamais la rage.

Les *Loups* ont la pupille ronde, les yeux obliques,

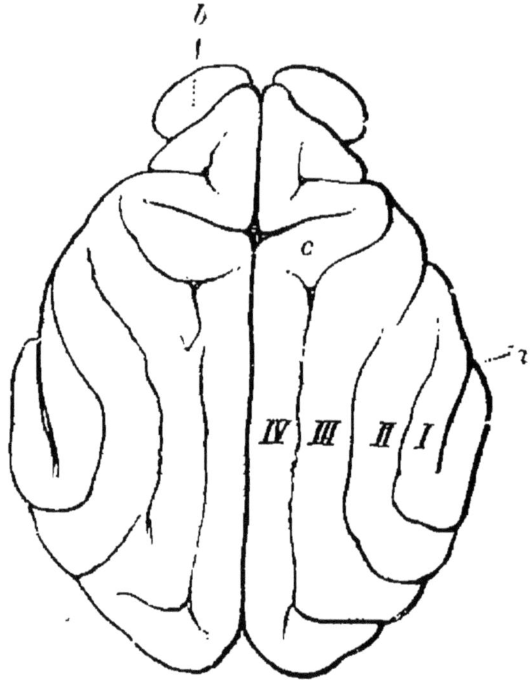

Fig. 90. — Cerveau de Carnivore. — *a*, scissure de Sylvius. — *b*, lobes olfactifs. — *c*, sillon en croix. — I, II, III et IV, circonvolutions.

la queue touffue et pendante, ils habitent l'Europe et l'Asie ; le Chacal est un Loup de petite taille, au museau pointu, qui habite l'Afrique, l'Inde et l'Amérique.

Les *Renards* ont la pupille fendue verticalement ou ovalaire, les jambes basses, le museau pointu. On connaît le Renard vulgaire (*Vulpes vulgaris*) et le Renard polaire (*V. isatis*), qui possède une fourrure bleuâtre très recherchée.

2° *Hyénidés.* — Corps robuste, animaux nocturnes, inoffensifs et se nourrissant de cadavres, faciles à apprivoiser. La *Hyène* est originaire d'Afrique : *Hyæna striata, H. crocuta, H. brunnea.*

3° *Félidés.* — Parmi ceux-ci : les *Guépards* forment le passage des Chiens aux Chats. Leur tête rappelle celle de ceux-ci ; le corps celui de ceux-là.

On distingue parmi les *Félins :* ceux de l'ancien monde, Lion (*Felis Leo*), le seul qui ne grimpe pas aux arbres, le Tigre (*F. Tigris*), les Panthères, d'Afrique et d'Asie, le Serval (*F. Serval*), d'Afrique, le Chat (*F. Catus*), sauvage et domestique.

Ceux du nouveau monde sont le Couguar (*F. concolor*), Lion sans crinière ; le Jaguar (*F. Onça*), l'Ocelot (*F. Pardalis*).

Les *Lynx* (*Lynx*) font le passage des Félidés aux Viverridés, ils ont 28 dents, et les ongles rétractiles, ils habitent l'ancien monde et l'Amérique du Nord.

4° *Viverridés.* — Bas sur jambes, possédant des glandes anales qui sécrétent un liquide musqué.

Parmi les *Ailuropodes*, il faut nommer la Civette (*Viverra*) d'Afrique et d'Asie, la Genette qui existe dans le Midi de la France.

Parmi les *Cynopodes*, l'Ichneumon (*Herpestes*), destructeur des Reptiles.

5° *Mustélidés.* — Animaux à fourrures, à glandes anales infectes, digitigrades pour la plupart, quelques-uns plantigrades.

Parmi les *Lutridés*, le type est la Loutre d'Europe aquatique, à membres courts et à pieds palmés. Le seul Mammifère marin est l'Enhydre, Loutre du détroit de Behring.

Les *Martidés* ont le corps allongé, vermiforme ; le Putois commun (*Putorius fœtidus*), la Belette

(*P. vulgaris*), les Martes, l'Hermine, le Glouton.

Les *Mélidés* ont le corps trapu, lourd, les pieds courts, fortement armés, ils sont plantigrades et creusent des terriers. Le type est le Blaireau (*Meles*) d'Europe. La Moufette (*Mephitis*) possède des glandes anales à liquide infect que l'animal lance à plusieurs mètres pour se défendre.

II. *Plantigrades.* — *Ursidés.* — Le type est l'Ours blanc, exclusivement carnivore. On compte un certain nombre d'espèces d'Ours : *Ursus ferox*, Ours gris d'Amérique ; *Ursus Arctos*, Ours brun d'Europe.

Parmi les *Subursins*, il faut nommer les Coatis (*Nasua*), le Raton (*Procyon*) d'Amérique.

Chiroptères. — Mammifères porteurs d'ailes.

Dentition complète, utérus bicorne, placenta discoïde, mamelles pectorales ; sternum muni d'une crête saillante, pour l'insertion des muscles de l'aile. Clavicules développées. Orteils libres, munis de griffes. La membrane alaire part du cou, enveloppe les bras et les doigts sauf le pouce, se continue sur les flancs et les membres postérieurs, laisse les pieds libres, et souvent enveloppe la queue. La face interne de l'aile est couverte de poils tactiles d'une sensibilité très grande. Le pouce est terminé par un ongle crochu. Yeux petits et impropres à diriger l'animal. Sur le nez, des appendices cutanés, tactiles. L'ouïe est très développée, l'odorat presque nul.

Chiroptères.	Molaires à couronne lisse, sillonnées longitudinalement. *Mégachiroptères.*	
	Molaires pointues, sillonnées transversalement. *Microchiroptères*.............	Nez lisse....... *Gymnorrhiniens.*
		Nez pourvu d'appendices..... *Phyllorrhiniens.*

1° *Mégachiroptères.* — Chauves-Souris frugivores. De grande taille, l'index est chez elles terminé en griffe : Roussettes (*Pteropus*).

2° *Microchiroptères.* — Chauves-Souris insectivores. De petite taille, pas de griffes à l'index. Celles de nos contrées sont utiles à l'agriculture.

Parmi les *Gymnorrhiniens*, il faut citer : les Vespertillons (*Vespertilio*), les Oreillards (*Plecotus*).

Parmi les *Phyllorrhiniens*, les Rhinolophes (*Rhinolophus*) et les Vampires (*Phyllostoma*) de l'Amérique du Sud.

Lémuriens. — Les Lémuriens sont des Mammifères pourvus de mains et à molaires pointues. Leur dentition est complète, le maxillaire inférieur est formé de deux portions distinctes ; ils ont plusieurs paires de mamelles, les unes pectorales, les autres abdominales. L'utérus est bicorne, le placenta diffus. Les membres antérieurs sont plus courts que les postérieurs. Les pieds et les mains sont préhensiles. Les pouces ont des ongles et les autres doigts des griffes ; la queue n'est pas préhensile. Le cerveau ne couvre pas le cervelet.

On les divise suivant leur patrie en :

1° *Lémuriens de Madagascar*, de petite taille et à museau allongé : Makis (*Lemur*), *Lichanotus*, *Cheromys*.

2° *Lémuriens d'Afrique : Perodicticus* à queue courte et *Otolicnus* à queue longue.

3° *Lémuriens des Indes*, parmi lesquels les *Galéopithèques* présentant sur les côtés du corps des expansions cutanées, parachutes inutilisables pour le vol.

Primates. — Les caractères qui distinguent les Primates sont les suivants :

Dentition complète ; molaires à tubercules arrondis, maxillaire inférieur soudé en une seule pièce, mamelles pectorales, membres antérieurs terminés par une main ; le pied qui termine les membres postérieurs est préhensile ou non ; cerveau recouvrant le cervelet.

On les divise en deux classes :

Primates....	Pieds préhensiles......................	*Singes.*
	Pieds non préhensiles..................	*Hommes.*

I. *Singes.* — Voûte du crâne portant des crêtes, trou occipital postérieur, menton fuyant, canines saillantes reçues dans un *diastème.*

Les membres servent tous à la locomotion et à la préhension ; le pouce de la main, opposable ou non, peut faire défaut, il est toujours court. Le membre postérieur n'est jamais plus court que l'antérieur. Les orteils sont pourvus d'ongles plats, et le plus gros est opposable. Les poils ne manquent que sur la face, et la paume des mains et des pieds, et parfois sur des *callosités fessières.* Le pénis est souvent traversé par un os.

Les singes se divisent comme l'indique le tableau suivant :

Des griffes.	Attitude quadrupède. *Arctopithéciens.*			

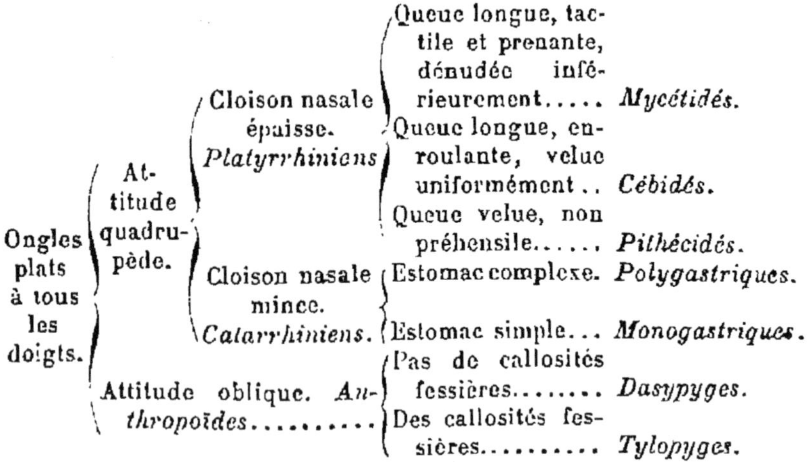

Ongles plats à tous les doigts.	Attitude quadrupède.	Cloison nasale épaisse. *Platyrrhiniens*	Queue longue, tactile et prenante, dénudée inférieurement.....	*Mycétidés.*
			Queue longue, enroulante, velue uniformément..	*Cébidés.*
			Queue velue, non préhensile......	*Pithécidés.*
		Cloison nasale mince. *Catarrhiniens.*	Estomac complexe.	*Polygastriques.*
			Estomac simple...	*Monogastriques.*
	Attitude oblique. *Anthropoïdes*..........		Pas de callosités fessières........	*Dasypyges.*
			Des callosités fessières..........	*Tylopyges.*

1° *Arctopithéciens.* — Singes de l'Amérique méridionale, à pouce non opposable, à queue longue touffue, non préhensile. Ils ont pour types les Ouistitis (*Hapale*).

2° *Platyrrhiniens.* — Singes du nouveau continent, répandus dans l'Amérique du Sud. Ils n'ont jamais de callosités, sont toujours munis d'une queue prenante.

Les *Mycétidés* ont pour type l'Atèle (*Ateles*) : deux membres grêles, allongés; pouces rudimentaires; queue prenante.

Les *Cébidés* sont représentés par les Sapajous (*Cebus*), à tête ronde.

Les *Pithécidés*, par les Sagouins (*Callithrix*) et les Nyctipithèques, Singes nocturnes.

3° *Catarrhiniens.* — Ce sont des Singes de l'ancien continent. Ils ont une queue non préhensile ; le placenta est double.

On peut donner comme types de *Polygastriques*, les Semnopithèques (*Semnopithecus*) de l'Inde, à queue longue et à pouces bien développés; ainsi que les Colobes (*Colobus*), aux pouces rudimentaires, animaux d'Afrique.

Parmi les *Monogastriques :* le Magot (*Inuus*) d'Algérie, le Macaque (*Macacus*) d'Asie, le Cynocéphale (*Cynocephalus*), etc.

4° *Anthropoïdes.* — Ce sont les Singes de l'ancien continent. Ils ont trente-deux dents; pendant la marche, ils s'appuient sur la face dorsale des doigts; ils n'ont pas de queue; ils ont des callosités.

Parmi les *Dasypyges :* le Gorille du Gabon, le Chimpanzé (*Troglodytes*) de Guinée, et l'Orang (*Satyrus*) des îles de la Sonde, qui se distinguent par leur taille et la longueur de leurs bras, ceux de l'Orang atteignent les chevilles et ceux du Gorille les genoux.

Parmi les *Tylopyges :* les Gibbons (*Hylobates*), dont les bras très longs touchent le sol ; ils habitent l'Inde et les îles de la Sonde.

II. *Hommes.* — L'Homme, outre les caractères ci-dessus énoncés, en possède un autre de la plus haute importance : il est doué du langage articulé.

La voute du crâne ne montre jamais de crêtes, le trou occipital est inférieur, le menton saillant, jamais il n'y a d'intervalles (*diastèmes*) pour recevoir les canines. Le pouce de la main est opposable aux autres doigts, le membre postérieur est plus long et plus gros que l'antérieur, les orteils sont courts et la plante du pied large.

L'étude du groupe humain est une branche de la Biologie, l'*Anthropologie* (1) : le groupe se divise en quatre sous-groupes définis comme il suit :

1° *Race noire.* — Peau noire, cheveux crépus, à coupe elliptique, nez large, plat, lèvres épaisses, avant-bras longs, talon saillant, menton peu accentué. Ce sont les Nègres du centre de l'Afrique, les Boschimans, les Australiens, les Mélanésiens.

2° *Race rouge.* — Peau cuivrée, cheveux noirs, raides, à coupe circulaire, nez aquilin, saillant, lèvres minces. Se trouve en Amérique méridionale et septentrionale : Patagons, Mexicains, Péruviens, Comanches.

3° *Race jaune.* — Peau jaune, cheveux noirs, forts, droits, à section circulaire, nez aplati, d'une largeur moyenne, pommettes saillantes, mamelles globuleuses ou hémisphériques ; yeux obliques relevés à l'angle externe, ou fendus horizontalement. Vit en Chine, Japon, Sibérie, Polynésie.

4° *Race blanche.* — Peau blanche, cheveux fins, bouclés ou droits, à coupe ovale, nez mince et saillant, avant-bras courts. Se trouve en Europe, Asie occidentale, Afrique septentrionale.

(1) Voyez H. Girard, *Aide-mémoire d'anthropologie.*

TABLE ALPHABÉTIQUE

TABLE DES CHAPITRES

8159-94. — Corbeil. Imprimerie Crété.

www.ingramcontent.com/pod-product-compliance
Ingram Content Group UK Ltd.
Pitfield, Milton Keynes, MK11 3LW, UK
UKHW020310230726
13925UKWH00001B/334

9 782013 612258